"十三五"职业教育规划教材

简明高等数学

主　编	高	宏
副主编	刘	清
编　写	刘	佳
主　审	王	彭

U0310463

中国电力出版社
CHINA ELECTRIC POWER PRESS

内 容 提 要

本书为"十三五"职业教育规划教材. 全书共分六章,主要内容包括极限与连续、导数与微分、微分中值定理与导数的应用、不定积分与定积分、空间解析几何与向量代数、常微分方程. 书中重视理论联系实际,将数学建模理论与专业问题相结合,既注重必要的理论基础,又有具体的应用;文字叙述简明扼要、通俗易懂.

本书可供建筑工程技术、工程造价、测量工程、市政工程以及工程管理等专业高职高专学生使用,也可供其他相关专业的本、专科生及相关人员参考.

图书在版编目(CIP)数据

简明高等数学/高宏主编. —北京:中国电力出版社,2015.8
"十三五"职业教育规划教材
ISBN 978-7-5123-7925-1

Ⅰ.①简… Ⅱ.①高… Ⅲ.①高等数学-高等职业教育-教材
Ⅳ.①O13

中国版本图书馆 CIP 数据核字(2015)第 173343 号

中国电力出版社出版、发行

(北京市东城区北京站西街 19 号 100005 http://www.cepp.sgcc.com.cn)
三河市航远印刷有限公司印刷
各地新华书店经售

*

2015 年 8 月第一版 2015 年 8 月北京第一次印刷
787 毫米×1092 毫米 16 开本 11 印张 262 千字
定价 **22.00** 元

前 言

近 10 年来，科技、教育领域都发生了十分可喜的变化，对当今中国社会的影响极为深刻和广泛．面对新的形势，人们的教育思想、教育观念也跟着发生变化．高职教材建设与高职教育快速发展的要求存在很大差距．针对现状，我们认真分析高职教材建设中存在的问题，确立了本书编写的基本原则：根据教育部最新制定的《高职高专教育高等数学课程教学基本要求》和高职教育工程专业的具体要求编写．

高职培养的学生是应用型人才，因而五年一贯制教材的编写注重培养学生的数学应用能力，基础理论贯彻坚持"以应用为目的，以必需够用为度，以创新为导向"的编写原则，基本知识广而不深，结合建筑专业增加实例及数学软件的使用；数学应用能力的学习贯穿教材的始终；文字叙述力求简明扼要、通俗易懂．

重视理论联系实际，贯彻"基础课与专业课相结合"的编写思路，注意将数学建模理论与专业问题相结合，既加强必要的理论基础，又注重数学理论的具体应用．解决"综合性"与"专门化"之间的矛盾，对知识与能力进行有目的的综合．教材内容留有余地，基础知识满足建筑类专业对理论、技能及其基本素质的要求；满足学有余力的学生深入学习的需要，给学生一定的学习空间，培养学生再学习的能力．

本书教学时数为 150 学时左右，可供建筑工程技术、工程造价、测量工程、市政工程以及工程管理等专业高职高专学生使用，也可供其他相关专业的本、专科生及相关人员参考．书中标有 * 的部分章节为选讲内容．

本书由山东城市建设职业学院高宏主编，副主编刘清，编写刘佳．山东城市建设职业学院赵佃波、吕昆、彭书新、郑金玲等为本书的编写提供了大量帮助．本书主审为山东城市建设职业学院王彭．

由于编者水平所限和时间仓促，书中不足之处在所难免，敬请读者提出宝贵意见．

编 者

2015 年 5 月

目　　录

第一章 极 限 与 连 续

  极限,作为高等数学中一个极其重要的概念,是在解决几何、物理等方面的一些实际问题的过程中,为求精确解而产生的. 极限理论是微分和积分坚实的逻辑基础,使得微积分在当今科学的各个领域得以更广泛而深刻地应用和发展. 当学完高等数学后,大家就会深刻领悟到极限概念就是微积分的灵魂.

  本章先从几何上,以直观形象的语言来描述极限的概念,接下来介绍极限的运算,并用极限的方法讨论无穷小及函数的连续性.

第一节 数 列

一、数列的定义

  先看一个实例:拉面师傅在拉面时,随着拉面的次数增加,面条逐渐拉成细丝. 一般情况下,拉面师傅都会把面做成直径为 20mm、长约 24cm 的面条,一般的拉伸 7 次即可,那么拉面最后的直径是多少毫米呢?

  将 7 次拉伸情况列于表中(见表 1-1),这样就得到一列数:20×0.72,20×0.72^2,20×0.72^3,20×0.72^4,20×0.72^5,20×0.72^6,20×0.72^7. 这是按拉伸次数得到的一列数;如果继续拉伸,随着次数的增加,面条就会越来越细.

表 1-1

拉伸次数	原来面条的直径(mm)	拉伸倍数	拉伸之后的面条直径(mm)
1	20	0.72	$20 \times 0.72 = 14.4$
2	14.4	0.72	$20 \times 0.72^2 = 10.37$
3	10.37	0.72	$20 \times 0.72^3 = 7.46$
4	7.46	0.72	$20 \times 0.72^4 = 5.37$
5	5.37	0.72	$20 \times 0.72^5 = 3.87$
6	3.87	0.72	$20 \times 0.72^6 = 2.79$
7	2.79	0.72	$20 \times 0.72^7 = 2.01$

  20×0.72,20×0.72^2,20×0.72^3,20×0.72^4,20×0.72^5,20×0.72^6,$20 \times 0.72^7 \cdots$,20×0.72^n,$\cdots$这是按照拉伸次数排列的无穷多个数,这样的一列数即是一个数列.

  数列可以理解为函数. 具体说来,将正整数集 N^* 理解成函数的定义域,即自变量取 1,2,3,$\cdots$,n,$\cdots$,并将数列中的"数",如上例中 20×0.72,20×0.72^2,20×0.72^3,20×0.72^4,20×0.72^5,20×0.72^6,$20 \times 0.72^7 \cdots$,20×0.72^n,$\cdots$理解成因变量,则数列中的"数"就是它所在"序号"的函数. 按此理解,上例中的数列可记作

$$x_n = f(n) = 20 \times 0.72^n, \quad n \in N^*$$

  一般地,按正整数顺序 1,2,3,$\cdots$排列的无穷多个数称为**数列**. 数列通常记作

$$x_1, x_2, x_3, \cdots, x_n, \cdots$$

或简记作 $\{x_n\}$. 数列的每个数称为数列的**项**, 依次称为第 1 项, 第 2 项, …第 n 项 x_n 称为**通项**或**一般项**.

若以函数表示数列, 则函数 $x_n = f(n)$, $n \in N^*$ 称为数列.

【例 1】 根据下面数列的通项公式, 写出它的前 5 项和第 100 项.

(1) $a_n = \dfrac{1}{n+1}$;　　(2) $a_n = (-1)^n n$.

解 (1) 在通项公式中依次取 $n = 1, 2, 3, 4, 5, 100$, 即可得该数列的前 5 项为 $a_1 = \dfrac{1}{2}$, $a_2 = \dfrac{1}{3}$, $a_3 = \dfrac{1}{4}$, $a_4 = \dfrac{1}{5}$, $a_5 = \dfrac{1}{6}$, 第 100 项 $a_{100} = \dfrac{1}{101}$.

(2) 同样, 在通项公式中依次取 $n = 1, 2, 3, 4, 5, 100$, 即可得该数列的前 5 项为 $a_1 = -1$, $a_2 = 2$, $a_3 = -3$, $a_4 = 4$, $a_5 = -5$, 第 100 项 $a_{100} = 100$.

【例 2】 写出以下各数列的一个通项公式.

(1) $1, -\dfrac{1}{3}, \dfrac{1}{5}, -\dfrac{1}{7}, \dfrac{1}{9}, \cdots$

(2) $1, \dfrac{1}{2}, \dfrac{1}{6}, \dfrac{1}{12}, \dfrac{1}{20}, \cdots$

(3) $\dfrac{3}{2}, \dfrac{8}{3}, \dfrac{15}{4}, \dfrac{24}{5}, \cdots$

解 (1) 数列的每一项分子为 1, 分母为奇数, 符号正负相间, 所以它的通项公式为

$$a_n = (-1)^n \frac{1}{2n-1}.$$

(2) 数列的每一项分子为 1, 分母为两个连续数相乘, 所以它的通项公式为

$$a_n = \frac{1}{n(n+1)}.$$

(3) 数列的每一项分母为项数加 1, 分子为分母的平方减 1, 所以它的通项公式为

$$a_n = \frac{(n+1)^2 - 1}{n+1}.$$

二、数列的分类

数列种类很多. 例如, $1, 2, 3, 4, 5, 6, \cdots, n, \cdots$ 就叫做自然数列; $1, 3, 5, 7, 9, 11, \cdots, 2n-1, \cdots$ 就叫做奇数数列.

按照数列的元素是离散的还是连续的, 可以分为离散数列和连续数列. 例如, 有理数数列是连续数列, 而自然数列是离散数列.

按照数列元素的多少, 分为有限数列和无限数列. 例如, 自然数列和有理数列等都是无限数列, 而 $1, 2, 3, 4, 5$ 这五个数也构成一个数列, 它是有限数列.

按照组成元素的大小, 分为有界数列和无界数列. 自然数列就是无界数列, 因为构成它的数可以无限大. 而数列 $\left\{\dfrac{1}{n}\right\}$ 的构成是: $1, \dfrac{1}{2}, \dfrac{1}{3}, \cdots, \dfrac{1}{n}, \cdots$ 最大的一个数是 1, 因而是有界数列.

按照项与项之间的大小关系来分, 还可以分为递增数列、递减数列、常数数列、周期摆动数列. 例如: 自然数列 $\{1, 2, 3, 4, 5, 6, \cdots, n, \cdots\}$ 就是递增数列, 数列 $\left\{1, \dfrac{1}{2}, \right.$

$\dfrac{1}{3}$，…，$\dfrac{1}{n}$，…} 就是递减数列，数列 {c，c，c，…，c，…} 就是常数数列，数列 {1，

$-\dfrac{1}{3}$，$\dfrac{1}{5}$，$-\dfrac{1}{7}$，$\dfrac{1}{9}$，…} 的前一项与后一项在正负之间摆动，称为摆动数列.

三、等差数列

我们看下面这几个数列都有什么特点：自然数列 {1，2，3，4，5，6，…，n，…}，奇数列 {1，3，5，7，9，11，…，$2n-1$，…}，这两个数列各项之间的差都相同，我们将这种类型的数列称为等差数列.

1. 定义

如果一个数列 {x_n，$n\in N^*$}，从第二项开始，后项与前项的差是常数，我们将这种数列称为**等差数列**，而这个常数称为**公差**，常用字母 d 表示，并且当 $d>0$ 时，为递增数列；$d<0$ 时，为递减数列；$d=0$ 时，为常数数列.

如果一个数列的第一项为 a_1，公差为 d，则第二项 $a_2=a_1+d$，第三项 $a_3=a_2+d=a_1+2d$，…. 以此类推，第 n 项 $a_n=a_{n-1}+d=\cdots=a_1+(n-1)d$，即 $a_n=a_1+(n-1)d$. 这个公式就是**等差数列的通项公式**. 根据这个公式，只要知道项数 n，可以确定这个数列中的任何一项 a_n.

【例3】 等差数列 {a_n} 的第 2 项为 4，第 5 项为 19，求该数列的第 15 项，并且判断 22 是不是数列中的项.

解 由于 {a_n} 为等差数列，并且 $a_2=4$，$a_5=19$，

根据等差数列通项公式有 $a_2=a_1+d=4$，$a_5=a_1+4d=19$，

解得 $a_1=-1$，$d=5$，即 $a_n=-1+(n-1)\times5=5n-6$.

所以，第 15 项 $a_{15}=-1+(14-1)\times5=64$.

假设 22 是数列中的项，则应满足 $a_n=-1+(n-1)\times5=22$，解得 $n=9.6$. 由于项数 n 只能是自然数，所以 22 不是这个等差数列 {a_n} 中的项.

如果在 a 与 b 之间插入一个数 A，使 a，A，b 成等差数列，那么 A 叫做 a 与 b 的**等差中项**，即 $A-a=b-A$，$A=\dfrac{a+b}{2}$.

【例4】 在 8 与 20 之间插入一个数，使它与这两个数构成等差数列，求这个数.

解 设插入的这个数为 A，则根据等差中项公式有 $A=\dfrac{8+20}{2}=14$. 所以，插入的这个数是 14.

【例5】 在 -1 与 7 之间插入三个数，使它们与这两个数构成等差数列，求这三个数.

解 设插入的三个数为 x，y，z，则 -1，x，y，z，7 构成等差数列. 显然，$a_1=-1$，$a_5=7$，$a_5=a_1+4d=7$（d 为公差），则 $d=\dfrac{7-(-1)}{4}=2$；

整个数列为：-1，1，3，5，7. 所求的三个数为 1，3，5.

2. 等差数列的前 n 项和公式

如图 1-1 所示，堆着一对钢管，最上层放了 4 根，下面每一层比上一层多放 1 根，一共 8 层，试计算这堆钢管共多少根.

解 我们将每层钢管数看作等差数列可以得出，$a_1=4$，

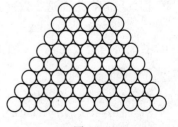

图 1-1

$d=1$，则 $a_8=11$. 这堆钢管可以看作是等腰梯形，根据等腰梯形的面积公式，可以得钢管总数为 $\dfrac{a_1+a_8}{2}\times 8=\dfrac{4+11}{2}\times 8=60$. 所以，一共有 60 根钢管.

从这个题目可以得出，等差数列也可以看作是一个梯形的面积，只不过这个梯形的上底是第一项 a_1，下底是第 n 项 a_n，高是项数 n，等差数列的前 n 项和记为 S_n，则可用下面的公式来计算

$$S_n=\frac{(a_1+a_n)n}{2}.$$

将等差数列通项公式 $a_n=a_1+(n-1)d$ 带入上面的公式，则

$$S_n=\frac{(a_1+a_n)n}{2}=\frac{[a_1+a_1+(n-1)d]n}{2}=na_1+\frac{n(n-1)}{2}d.$$

以上两式都是**等差数列的前 n 项和公式**.

【例 6】 根据条件求以下等差数列的前 n 项和.

(1) $a_1=6$，$d=3$，$n=10$；

(2) $a_1=2$，$a_n=16$，$n=8$.

解 (1) $S_{10}=10\times 6+\dfrac{1}{2}\times 10\times 9\times 3=195$；

(2) $S_8=\dfrac{(2+16)}{2}\times 8=72$.

【例 7】 为了参加冬季运动会的 5000m 长跑比赛，某同学给自己制订了 7 天的训练计划：第一天跑 5000m，以后每天比前一天多跑 500m，则该同学 7 天一共将跑多长的距离？

解 这个题目可以转化成数学问题，即 $a_1=5000$，$d=500$，$n=7$，带入等差数列的前 n 项和公式有 $S_7=7\times 5000+\dfrac{1}{2}\times 7\times 6\times 500=45500$. 所以，该同学 7 天一共将跑 45500m。

四、等比数列

有一数列 1，2，4，8，16，…，2^{63}. 从这个数列中我们看到，$\dfrac{2}{1}=\dfrac{4}{2}=\dfrac{8}{4}=\dfrac{16}{8}=\cdots=\dfrac{a_n}{a_{n-1}}=2$，也就是说从第 2 项起，后一项与前一项的比都等于同一个常数 2. 我们将这种数列称为等比数列.

1. 定义

一般地，如果一个数列从第 2 项起，每一项与它的前一项的比都等于同一个常数，那么这个数列就叫做**等比数列**，这个常数叫做等比数列的**公比**. 公比通常用字母 q 表示（$q\neq 0$），即 $q=\dfrac{a_n}{a_{n-1}}$ （$q\neq 0$）.

由此可知，上面这个数列就是等比数列，公比为 2.

2. 等比数列的通项公式

我们将等比数列 $a_n=q^n$ 的各项列出来，有

$a_2=a_1q$

$a_3=a_2q=(a_1q)q=a_1q^2$

$a_4=a_3q=(a_2q)q=[(a_1q)q]q=a_1q^3$

…

以此类推，可以知道

$a_n = a_{n-1}q = a_1 q^{n-1}$ ($a_1 \neq$，$q \neq 0$)，$n = 1$ 时，等式也成立，即对一切 $n \in N^*$ 成立. **等比数列通项公式为**

$$a_n = a_1 q^{n-1} \quad (a_1 \neq 0, q \neq 0).$$

【例8】 写出下列数列的通项公式：

(1) 5，25，125，625，…

(2) 1，$-\dfrac{1}{2}$，$\dfrac{1}{4}$，$-\dfrac{1}{8}$，…

解 (1) 先求公比

$$q = \frac{a_n}{a_{n-1}} = 5,$$

代入等比数列通项公式得

$$a_n = 5 \times 5^{n-1} = 5^n.$$

(2) 公比 $q = \dfrac{a_n}{a_{n-1}} = -\dfrac{1}{2}$，代入等比数列通项公式得

$$a_n = 1 \times \left(-\frac{1}{2}\right)^{n-1} = (-1)^{n-1}\frac{1}{2^{n-1}}.$$

【例9】 一个等比数列的第3项与第4项分别是12与18，求它的第1项与第2项.

解 设这个等比数列的首项为 a_1，公比为 q，得到方程组

$$\begin{cases} a_1 q^2 = 12 \\ a_1 q^3 = 18 \end{cases}$$

解得

$$q = \frac{3}{2},$$

代入方程组得

$$a_1 = \frac{16}{3},$$

代入等比数列通项公式得

$$a_n = a_1 q^{n-1} = \frac{16}{3} \times \left(\frac{3}{2}\right)^{n-1},$$

当 $n = 2$ 时，$a_2 = \dfrac{16}{3} \times \dfrac{3}{2} = 8$，故这个数列的第1项与第2项分别是 $\dfrac{16}{3}$ 和 8.

如果在 a 与 b 之间插入一个数 G，使 a，A，b 构成**等比数列**，那么 A 叫做 a 与 b 的**等比中项**，即

$$\frac{G}{a} = \frac{b}{G}, \quad G^2 = ab.$$

3. 等比数列的前 n 项和

一般地，等比数列 a_1，a_2，a_3，…，a_n，…的前 n 项和 $S_n = a_1 + a_2 + a_3 + \cdots + a_n$，由 $a_n = a_1 q^{n-1}$，得

$$S_n = a_1 + a_2 + a_3 + \cdots + a_n = a_1 + a_1 q + a_1 q^2 + \cdots + a_1 q^{n-2} + a_1 q^{n-1},$$

等式两边同时乘以公比 q，得

$$qS_n = a_1q + a_1q^2 + a_1q^3 + \cdots + a_1q^{n-1} + a_1q^n,$$

两式相减，得

$$(1-q)S_n = a_1 - a_1q^n.$$

当 $q \neq 1$ 时，$S_n = \dfrac{a_1(1-q^n)}{1-q}$ 或 $S_n = \dfrac{a_1 - a_nq}{1-q}$；

当 $q = 1$ 时，$S_n = na_1$.

以上两式都是**等比数列的前 n 项和公式**.

【例10】 写出等比数列 1，-3，9，-27，$\cdots$ 的前 n 项和公式，并求出数列的前 8 项之和.

解 因为 $a_1 = 1$，$q = \dfrac{-3}{1} = -3$，所以等比数列的前 n 项和公式为

$$S_n = \frac{1 \times [1-(-3)^n]}{1-(-3)} = \frac{1-(-3)^n}{4},$$

当 $n = 8$ 时

$$S_8 = \frac{1-(-3)^8}{4} = -1640.$$

【例11】 求等比数列 1，2，4，$\cdots$ 从第 5 项到第 10 项的和.

解 由 $a_1 = 1$，$a_2 = 2$ 得 $q = 2$，故

$$S_4 = \frac{1 \times (1-2^4)}{1-2} = 15,$$

$$S_{10} = \frac{1 \times (1-2^{10})}{1-2} = 1023,$$

所以从第 5 项到第 10 项的和为 $S_{10} - S_4 = 1008$.

习 题 1-1

1. 单项选择题：

（1）下列数列中不是等差数列的是（ 　　 ）.

A. 5，5，5，$\cdots$，5，$\cdots$　　　　　　　B. -2，-1，0，$\cdots$，$n-3$，$\cdots$

C. 4，7，10，$\cdots$，$3n+1$，$\cdots$　　　　D. 0，1，3，$\cdots$，$\dfrac{n^2-n}{2}$，$\cdots$

（2）已知数列 $\sqrt{3}$，3，$\sqrt{15}$，$\cdots$，$\sqrt{3(2n-1)}$，那么 9 是数列的（ 　　 ）.

A. 第 12 项　　　B. 第 13 项　　　C. 第 14 项　　　D. 第 15 项

（3）已知 $\{a_n\}$ 是等差数列，且 $a_2 + a_5 + a_8 + a_{11} = 48$，则 $a_6 + a_7 = ($ 　　 $)$.

A. 12　　　　　B. 16　　　　　C. 20　　　　　D. 24

2. 写出下列数列的一个通项公式：

（1）1，$\dfrac{1}{2}$，$\dfrac{1}{3}$，$\dfrac{1}{4}$，$\cdots$

（2）$\dfrac{1}{2}$，$\dfrac{2}{3}$，$\dfrac{3}{4}$，$\dfrac{4}{5}$，$\cdots$

(3) 1，3，5，7，…

(4) 1，2，4，8，…

(5) −0.1，0.01，−0.001，…

3. 若等差数列的前 n 项的和 $S_n=2n^2+n+1$，求其通项公式 a_n.

4. 黑白两种颜色的正六边形地面砖按下图所示的规律拼成若干个图案，则第 n 个图案中有白色地面砖有多少块？

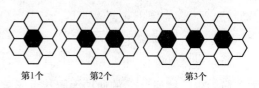

第1个　第2个　　　第3个

习题图 1-1

5. 求等比数列 $\dfrac{2}{3}$，2，6，…的通项公式与第 7 项.

6. 在等比数列 $\{a_n\}$ 中，$a_2=-\dfrac{1}{25}$，$a_5=-5$，判断 −125 是否为数列中的项；如果是，请指出是第几项.

7. 求等比数列 $\dfrac{1}{9}$，$\dfrac{2}{9}$，$\dfrac{4}{9}$，$\dfrac{8}{9}$，…的前 10 项的和.

8. 已知等比数列 $\{a_n\}$ 的公比为 2，$S_4=15$，求 S_8.

9. 在等比数列 $\{a_n\}$ 中，$a_5=-1$，$a_8=-\dfrac{1}{8}$，求 a_{13}.

10. 小明、小刚和小强进行钓鱼比赛，他们三人钓鱼的数量恰好组成一个等比数列. 已知他们三人一共钓了 14 条鱼，而每个人钓鱼数量的积为 64，并且知道，小强钓的鱼最多，小明钓的鱼最少. 问：他们三人各钓了多少条鱼？

第二节　数列的极限

一、数列极限的定义

前面已经介绍过数列的概念，现在进一步考察当自变量无限增加时，数列 $x_n=f(n)$ 的变化趋势.

有一数列 $\dfrac{1}{2}$，$\dfrac{1}{4}$，$\dfrac{1}{8}$，$\dfrac{1}{16}$，…，$\dfrac{1}{2^n}$，…，为清楚起见，我们把这个数列的前几项在数轴上表示出来，如图 1-2 所示.

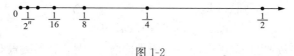

图 1-2

不难看到，随着自变量 n 的增大，相应的函数值越来越接近于 0；而当 n 无限增大时，数列的通项 $\dfrac{1}{2^n}$ 将无限接近于常数 0.

这个例子反映了一类数列的一种性质：对数列 $\{x_n\}$，随着其项数 n 无限增大，它的通项 x_n 会无限接近于某个确定的常数 A，这时称数列 $\{x_n\}$ 以 A 为极限.

定义 1　如果数列 $\{x_n\}$ 的项数 n 无限增大时，它的通项 x_n 会无限接近于某个确定的常数 A，则称**数列 $\{x_n\}$ 以 A 为极限**，记作 $\lim\limits_{n\to\infty}x_n=A$ 或 $x_n\to A(n\to\infty)$.

【例 1】 观察下列数列是否有极限：

(1) 1, $\dfrac{1}{2}$, $\dfrac{1}{3}$, $\cdots$, $\dfrac{1}{n}$, $\cdots$

(2) $\dfrac{1}{2}$, $\dfrac{2}{3}$, $\dfrac{3}{4}$, $\cdots$, $\dfrac{n}{n+1}$, $\cdots$

(3) -0.1, 0.01, -0.001, $\cdots$, $(-0.1)^n$, $\cdots$

(4) -1, 1, -1, $\cdots$, $(-1)^n$, $\cdots$

解 可以看出，随着 n 的无限增大：

(1) 中的数列 $\left\{\dfrac{1}{n}\right\}$ 的通项无限接近于数 0，即它以 0 为极限，记作

$$\lim_{n\to\infty}\frac{1}{n}=0 \quad \text{或} \quad \frac{1}{n}\to 0(n\to\infty).$$

(2) 中的数列 $\left\{\dfrac{n}{n+1}\right\}$ 的通项无限接近于数 1，即它以 1 为极限，记作

$$\lim_{n\to\infty}\frac{n}{n+1}=1 \quad \text{或} \quad \frac{n}{n+1}\to 1(n\to\infty).$$

(3) 中的数列 $\{(-0.1)^n\}$ 的通项无限接近于数 0，即它以 0 为极限，记作

$$\lim_{n\to\infty}(-0.1)^n=0 \quad \text{或} \quad (-0.1)^n\to 0(n\to\infty).$$

(4) 中的数列 $\{(-1)^n\}$ 的项取值在 -1 和 1 之间变换，不能接近于某一个确定的常数，因此该数列没有极限.

有极限的数列称为**收敛数列**，没有极限的数列称为**发散数列**.

【例 2】 已知数列的通项，试写出数列各项，并判定其是收敛数列还是发散数列：

$$(1)\ x_n=\frac{1+(-1)^n}{n}; \quad (2)\ x_n=2n; \quad (3)\ x_n=\left(\frac{1}{2}\right)^n.$$

解 (1) 由通项 $x_n=\dfrac{1+(-1)^n}{n}$ 可得到数列

$$0,1,0,\frac{1}{2},0,\frac{1}{3},\cdots,\frac{1+(-1)^n}{n},\cdots$$

该数列有极限，随着 n 无限增大，其偶数项趋于 0，而奇数项始终为 0，即 $\lim\limits_{n\to\infty}\dfrac{1+(-1)^n}{n}=0$，从而该数列是收敛数列.

(2) 由通项 $x_n=2n$ 可得到数列

$$2,4,6,\cdots,2n,\cdots$$

随着 n 无限增大，数列的各项取正值并且无限地增大，从而该数列没有极限，是发散数列.

(3) 由通项 $x_n=\left(\dfrac{1}{2}\right)^n$ 可得到数列

$$\frac{1}{2},\frac{1}{4},\frac{1}{8},\frac{1}{16},\cdots,\left(\frac{1}{2}\right)^n,\cdots$$

该数列有极限，随着 n 无限增大，数列的各项取正值并且无限地逼近 0，即 $\lim\limits_{n\to\infty}\left(\dfrac{1}{2}\right)^n=0$，从而该数列是收敛数列.

更一般地，$\lim\limits_{n\to\infty}q^n=0$，$|q|<1$.

定义 2 对于数列 $\{x_n\}$，如果存在正数 M，使得对于一切 x_n 都满足 $|x_n| \leqslant M$，则称数列 $\{x_n\}$ 是**有界**的；如果这样的正数 M 不存在，就说数列 $\{x_n\}$ 是**无界**的.

例如，数列 $\left\{\dfrac{2n}{n+1}\right\}$ 是有界的，因为对于一切 x_n 都满足 $\left|\dfrac{2n}{n+1}\right| \leqslant 2$.

数列 $\{(-1)^n 2n\}$ 是无界的，因为当 n 无限增大时，$|(-1)^n 2n|$ 也无限增大，可超过任何正数.

因此有如下一般结论：

定理 如果数列 $\{x_n\}$ 收敛，则数列 $\{x_n\}$ 一定有界.（证明略）

这就是说，数列有界是数列收敛的必要条件，而不是充分条件，有界数列未必收敛.

二、数列极限的运算

数列极限的运算法则：如果数列 $\{a_n\}$、$\{b_n\}$ 极限存在，$\lim\limits_{n \to \infty} a_n = A$，$\lim\limits_{n \to \infty} b_n = B$，那么

(1) $\lim\limits_{n \to \infty}(a_n \pm b_n) = A \pm B$；

(2) $\lim\limits_{n \to \infty}(a_n b_n) = AB$；

(3) $\lim\limits_{n \to \infty}\dfrac{a_n}{b_n} = \dfrac{A}{B}(B \neq 0)$.

特别地，如果当 $b_n = C$，C 是常数时，那么 $\lim\limits_{n \to \infty}(Ca_n) = \lim C \lim a_n = CA$.

数列极限的和可以转化成极限的和，加法运算与极限运算可以交换等，但一定要注意必须保证 $\{a_n\}$、$\{b_n\}$ 极限存在才能运用运算法则. 根据前面几个数列极限的变化趋势，结合数列极限的运算法则，可以计算简单数列的极限.

【例 3】 已知 $\lim\limits_{n \to \infty} a_n = 5$，$\lim\limits_{n \to \infty} b_n = 3$，求 $\lim\limits_{n \to \infty}(3a_n - 4b_n)$ 和 $\lim\limits_{n \to \infty}\dfrac{a_n - b_n}{a_n + b_n}$.

解 $\lim\limits_{n \to \infty}(3a_n - 4b_n) = 3 \lim\limits_{n \to \infty} a_n - 4 \lim\limits_{n \to \infty} b_n = 3 \times 5 - 4 \times 3 = 3$；

$$\lim\limits_{n \to \infty}\dfrac{a_n - b_n}{a_n + b_n} = \dfrac{\lim\limits_{n \to \infty}(a_n - b_n)}{\lim\limits_{n \to \infty}(a_n + b_n)} = \dfrac{5 - 3}{5 + 3} = \dfrac{1}{4}.$$

【例 4】 求下列各数列的极限：

(1) $\lim\limits_{n \to \infty}\left(3 - \dfrac{4}{n}\right)$；　　(2) $\lim\limits_{n \to \infty}\left(1 - \dfrac{2n}{n+1}\right)$.

解 (1) $\lim\limits_{n \to \infty}\left(3 - \dfrac{4}{n}\right) = 3$；

(2) $\lim\limits_{n \to \infty}\left(1 - \dfrac{2n}{n+1}\right) = 1 - \lim\limits_{n \to \infty}\dfrac{2n}{n+1} = 1 - \lim\limits_{n \to \infty}\dfrac{2}{1 + \dfrac{1}{n}} = 1 - 2 = -1$.

三、无穷递缩等比数列求和

若等比数列 $\{a_n\}$ 的公比为 q，并且满足 $0 < |q| < 1$，则称这种数列为**无穷递缩等比数列**；其前 n 项的和 S_n 当 $n \to \infty$ 时的极限叫做**无穷递缩等比数列的各项和**，并用符号 S 表示.

根据等比数列的前 n 项和公式有：

当 $q \neq 1$ 时

$$S_n = \dfrac{a_1(1 - q^n)}{1 - q} = \dfrac{a_1}{1 - q} - \dfrac{a_1 q^n}{1 - q};$$

当 $0 < |q| < 1$ 时，对等比数列前 n 项和取极限得

$$\lim_{n\to\infty}S_n = \lim_{n\to\infty}\frac{a_1(1-q^n)}{1-q} = \lim_{n\to\infty}\left(\frac{a_1}{1-q} - \frac{a_1q^n}{1-q}\right)$$

$$= \lim_{n\to\infty}\frac{a_1}{1-q} - \lim_{n\to\infty}\frac{a_1q^n}{1-q} = \frac{a_1}{1-q} - \lim_{n\to\infty}\frac{a_1q^n}{1-q}.$$

由于 $0 < |q| < 1$，则 $\lim_{n\to\infty}q^n = 0$，故

$$S = \lim_{n\to\infty}S_n = \frac{a_1}{1-q}.$$

【例 5】 求数列 1，$-\frac{1}{3}$，$\frac{1}{9}$，$\cdots$，$\left(-\frac{1}{3}\right)^{n-1}$，$\cdots$所有项的和.

解 由于 $q = -\frac{1}{3}$，因此该数列是无穷递缩等比数列，其所有项的和

$$S = \frac{a_1}{1-q} = \frac{1}{1+\frac{1}{3}} = \frac{3}{4}.$$

【例 6】 将循环小数 $0.\dot{2}\dot{9}$ 化为分数.

解 首先将循环小数写出各项

$$0.\dot{2}\dot{9} = 0.29 + 0.0029 + \cdots + \overset{2(n-1)\text{个}0}{0.00\cdots029} + \cdots$$

可以看出，这是一个首项为 0.29、公比为 0.01 的无穷递缩等比数列的所有项的和，所以

$$0.\dot{2}\dot{9} = \frac{0.29}{1-0.01} = \frac{29}{99}.$$

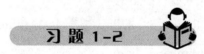

习 题 1-2

1. 单项选择题：

(1) 下列数列中收敛的是 (   ).

A. 3，-3，$\cdots$，$(-3)^{n-1}$，$\cdots$

B. $\frac{1}{3}$，$\frac{3}{5}$，$\frac{5}{7}$，$\frac{7}{9}$，$\cdots$，$\frac{2n-1}{2n+1}$，$\cdots$

C. $\frac{1}{2}$，$-\frac{3}{2}$，$\frac{4}{3}$，$\cdots$，$(-1)^{n-1}\frac{n+1}{n}$，$\cdots$

D. 0，1，0，1，$\cdots$，0，1，$\cdots$

(2) 下列数列中发散的是 (   ).

A. $\left\{1 - \frac{1}{2^n}\right\}$ B. $\left\{(-1)^n\frac{n}{n+1}\right\}$ C. $\left\{(-1)^n\frac{1}{n}\right\}$ D. $\left\{\frac{1}{2n-1}\right\}$

(3) 若数列 $\{x_n\}$ 与数列 $\{y_n\}$ 的极限分别为 a 与 b 且 $a \neq b$，则数列 x_1，y_1，x_2，y_2，x_3，y_3，$\cdots$的极限为 (   ).

A. a B. b C. $a+b$ D. 不存在

(4) $\lim_{n\to\infty}\frac{2n}{3n-1} = $ (   ).

A. $\frac{2}{3}$ B. 0 C. $\frac{1}{2}$ D. ∞

(5) $\lim_{n\to\infty}\frac{e^n-1}{3^n+1} = $ (   ).

A. $\frac{e}{3}$ B. $\frac{3}{e}$ C. 0 D. ∞

2. 已知 $\lim\limits_{n\to\infty}a_n=2$，$\lim\limits_{n\to\infty}b_n=-\dfrac{1}{3}$，求下列极限：

(1) $\lim\limits_{n\to\infty}(2a_n+3b_n)$；　　　　(2) $\lim\limits_{n\to\infty}\dfrac{a_n-b_n}{a_n}$．

3. 求下列极限：

(1) $\lim\limits_{n\to\infty}\left(4-\dfrac{1}{n}\right)$；　　　　(2) $\lim\limits_{n\to\infty}\dfrac{2}{-5+\dfrac{3}{n}}$；

(3) $\lim\limits_{n\to\infty}\dfrac{n+1}{n}$；　　　　(4) $\lim\limits_{n\to\infty}\dfrac{n}{3n-2}$；

(5) $\lim\limits_{n\to\infty}\dfrac{1+2+3+\cdots+n}{2n^2}$；　　　　(6) $\lim\limits_{n\to\infty}\left(\dfrac{2}{n}+\dfrac{1-4n^2}{1+n^2}\right)$；

(7) $\lim\limits_{n\to\infty}\dfrac{5n-2n^2}{3n^2-1}$；　　　　(8) $\lim\limits_{n\to\infty}\dfrac{1+\dfrac{1}{2}+\dfrac{1}{4}+\cdots+\dfrac{1}{2^n}}{1+\dfrac{1}{3}+\dfrac{1}{9}+\cdots+\dfrac{1}{3^n}}$．

4. 将循环小数 $0.\dot{8}$、$0.\dot{1}\dot{5}$、$3.4\dot{3}\dot{1}$ 化为分数．

第三节　函 数 的 极 限

数列 $\{x_n\}$ 可以看作自变量为 n 的函数：$x_n=f(n)$，$n\in N^*$，因此如果把数列极限中的函数 $f(n)$ 的定义域（$n\in N^*$）以及自变量的变化过程 $n\to\infty$ 等特殊性抽离出来，就可以得到函数极限的一般概念．函数极限问题与自变量的变化过程密切相关，下面主要讨论以下两种自变量的变化过程：

（1）自变量 x 的绝对值 $|x|$ 无限增大，即趋于无穷大（记作 $x\to\infty$），研究此时函数值 $f(x)$ 的变化情况．

（2）自变量 x 无限接近于或者说趋于有限值 x_0（记作 $x\to x_0$），研究此时函数值 $f(x)$ 的变化情况．

一、$x\to\infty$ 时函数 $f(x)$ 的极限

若 x 取正值且无限增大，记作 $x\to+\infty$，读作"x 趋于正无穷大"；若 x 取负值且其绝对值 $|x|$ 无限增大，记作 $x\to-\infty$，读作"x 趋于负无穷大"；若 x 既取正值又取负值且其绝对值 $|x|$ 无限增大，记作 $x\to\infty$，读作"x 趋于无穷大"．

这里，所谓"当 $x\to\infty$ 时函数 $f(x)$ 的极限"，就是讨论在自变量 x 趋于无穷大这样一个变化过程中，函数 $f(x)$ 的函数值的变化趋势．若 $f(x)$ 无限接近于某一确定的常数 A，就称当 x 趋于无穷大时，函数 $f(x)$ 以 A 为极限．

考察函数 $f(x)=1+\dfrac{1}{x}$，当 $x\to\infty$ 时，$f(x)$ 的变化趋势．

由图 1-3 容易看到，当 $x\to+\infty$ 时，函数 $f(x)$ 趋

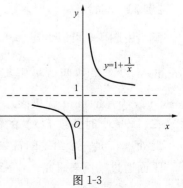

图 1-3

于常数 1，因此当 $x \to +\infty$ 时，函数 $f(x)$ 以 1 为极限，记作

$$\lim_{x \to +\infty}\left(1+\frac{1}{x}\right)=1. \tag{1-1}$$

同样，当 $x \to -\infty$ 时，函数 $f(x)$ 趋于常数 1．因此，当 $x \to -\infty$ 时，函数 $f(x)$ 以 1 为极限，记作

$$\lim_{x \to -\infty}\left(1+\frac{1}{x}\right)=1. \tag{1-2}$$

因为式（1-1）和式（1-2）同时成立，所以按前述 "$x \to \infty$" 的含义，就是说当 $x \to \infty$ 时，函数 $f(x)=1+\frac{1}{x}$ 趋于常数 1，或者说它以 1 为极限，记作

$$\lim_{x \to \infty}\left(1+\frac{1}{x}\right)=1.$$

定义 1　设函数 $f(x)$ 在 $|x|>M(M>0)$ 时有定义，若当 $x \to \infty$ 时，函数 $f(x)$ 的函数值无限接近于确定的常数 A，则称**函数 $f(x)$ 当 $x \to \infty$ 时以 A 为极限**，记作

$$\lim_{x \to \infty}f(x)=A \text{ 或 } f(x) \to A(x \to \infty).$$

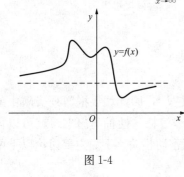

图 1-4

定义 1 的几何意义　曲线 $y=f(x)$ 沿着 x 轴的正方向和负方向无限延伸时，都以直线 $y=A$ 为水平渐近线，见图 1-4.

类似地有，当 $x \to +\infty$、$x \to -\infty$ 时，函数 $f(x)$ 以 A 为极限的定义，分别记作

$$\lim_{x \to +\infty}f(x)=A \quad \text{或} \quad f(x) \to A(x \to +\infty),$$

$$\lim_{x \to -\infty}f(x)=A \quad \text{或} \quad f(x) \to A(x \to -\infty).$$

由上述定义，可知有如下结论：

$x \to \infty$ 时函数 $f(x)$ 的极限存在且等于 A 的充分必要条件是：$x \to +\infty$ 及 $x \to -\infty$ 时，函数 $f(x)$ 的极限分别存在且都等于 A，即

$$\lim_{x \to \infty}f(x)=A \Leftrightarrow \lim_{x \to +\infty}f(x)=A=\lim_{x \to -\infty}f(x). \tag{1-3}$$

【例 1】　求 $\lim\limits_{x \to -\infty}2^x$ 以及 $\lim\limits_{x \to +\infty}\left(\frac{1}{2}\right)^{-x}$.

解　由图 1-5 可以看出 $\lim\limits_{x \to -\infty}2^x=0$，$\lim\limits_{x \to +\infty}\left(\frac{1}{2}\right)^{-x}=0$，但是指数函数只有单侧极限.

【例 2】　讨论 $x \to \infty$ 时函数 $y=\arctan x$ 的极限.

解　由图 1-6 可以看出，$\lim\limits_{x \to -\infty}\arctan x=-\frac{\pi}{2}$，$\lim\limits_{x \to +\infty}$

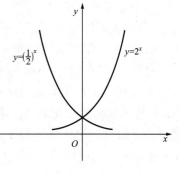

图 1-5

$\arctan x=\frac{\pi}{2}$，虽然两侧极限都存在但是不相等，故当 $x \to \infty$ 时，$y=\arctan x$ 无极限.

二、$x \to x_0$ 时函数 $f(x)$ 的极限

此处，x_0 是一个给定的常数.

下面通过举例来研究 "$x \to x_0$ 时函数 $f(x)$ 的极限".

【例3】 设 $f(x)=x+1$，试讨论当 $x \to 1$ 时函数 $f(x)$ 的变化情况.

需要注意，虽然函数 $f(x)$ 在 $x=1$ 处有定义，但这不是求函数 $f(x)$ 的函数值；并且，$x \to 1$ 的含义是 x 无限接近 1，但 x 始终不取 1.

当 $x \to 1$ 时，函数 $f(x)=x+1$ 相应的函数值的变化情况见表 1-2.

从表 1-2 可以看出，当 x 越来越接近于 1 时，相应的函数值越来越接近于 2. 容易想到，当 x 无限接近于 1 时，函数 $f(x)$ 的相应的函数值将无限地接近于 2.

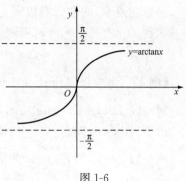

图 1-6

表 1-2

x	0	0.5	0.8	0.9	0.99	0.999	0.9999	0.99999	0.999999	…
$f(x)$	1	1.5	1.8	1.9	1.99	1.999	1.9999	1.99999	1.999999	…
x	2	1.5	1.2	1.1	1.01	1.001	1.0001	1.00001	1.000001	…
$f(x)$	3	2.5	2.2	2.1	2.01	2.001	2.0001	2.00001	2.000001	…

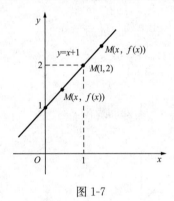

图 1-7

观察图 1-7 可以看到，曲线 $y=x+1$ 上的动点 $M(x, f(x))$，当其横坐标无接近于 1，即 $x \to 1$ 时，点 M 将向定点 $M_0(1, 2)$ 无限接近，即 $f(x) \to 2$.

此种情况，就称当 $x \to 1$ 时，函数 $f(x)=x+1$ 以 2 为极限，并记作

$$\lim_{x \to 1}(x+1) = 2.$$

若 $x < x_0$ 且 x 趋于 x_0，记作 $x \to x_0^-$；若 $x > x_0$ 且 x 趋于 x_0，记作 $x \to x_0^+$；若 $x \to x_0^-$ 和 $x \to x_0^+$ 同时发生，则记作 $x \to x_0$.

若当 $x \to x_0^-$ 时，函数 $f(x)$ 趋于定数 A，则称函数 $f(x)$ 以 A 为**左极限**，记作

$$\lim_{x \to x_0^-} f(x) = A \quad 或 \quad f(x) \to A(x \to x_0^-);$$

若当 $x \to x_0^+$ 时，函数 $f(x)$ 趋于定数 A，则称函数 $f(x)$ 以 A 为**右极限**，记作

$$\lim_{x \to x_0^+} f(x) = A \quad 或 \quad f(x) \to A(x \to x_0^+).$$

函数 $f(x)$ 在点 x_0 的左极限和右极限也分别记作 $f(x_0^-)$ 和 $f(x_0^+)$.

定义 2 设函数 $f(x)$ 在点 x_0 的某去心邻域内有定义，若当 $x \to x_0$ 时，函数 $f(x)$ 的函数值无限接近于确定的常数 A，则称函数 $f(x)$ 当 $x \to x_0$ 时以 A 为**极限**，记作

$$\lim_{x \to x_0} f(x) = A \quad 或 \quad f(x) \to A(x \to x_0).$$

定义 2 的几何意义 曲线 $y=f(x)$ 上的动点 $(x, f(x))$，当其横坐标无限接近于 x_0 时，它都趋于定点 (x_0, A)，见图 1-8.

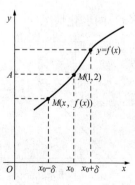

图 1-8

函数在点 x_0 的左、右极限与该函数在点 x_0 的极限有如下结论：

函数 $f(x)$ 当 $x \to x_0$ 时极限存在的充分必要条件是左极限和右极限都存在且相等，即

$$f(x_0^-) = f(x_0^+) = A \Leftrightarrow \lim_{x \to x_0} f(x) = A.$$

【例4】 考察极限 $\lim\limits_{x \to x_0} C$ 和 $\lim\limits_{x \to x_0} x$.

解 设 $f(x) = C$，$g(x) = x$.

由于当 $x \to x_0$ 时，$f(x)$ 的值恒等于 C，因此 $\lim\limits_{x \to x_0} C = C$；

由于当 $x \to x_0$ 时，$g(x)$ 的值无限接近于 x_0，因此 $\lim\limits_{x \to x_0} x = x_0$.

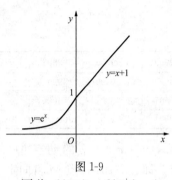

图 1-9

【例5】 设函数 $f(x) = \begin{cases} x+1, & x \geqslant 0 \\ e^x, & x < 0 \end{cases}$，讨论此函数在 $x = 0$ 处的极限.

解 此函数是分段函数，$x = 0$ 是分段点. 因为在 $x = 0$ 两侧，函数解析式不同，所以须先考察左、右极限. 由图 1-9 容易看出

$$f(0^-) = \lim_{x \to 0^-} f(x) = \lim_{x \to 0^-} e^x = 1,$$
$$f(0^+) = \lim_{x \to 0^+} f(x) = \lim_{x \to 0^-} (x+1) = 1.$$

因此 $f(0^-) = f(0^+) = 1$，从而函数 $f(x)$ 在 $x = 0$ 处的极限存在，且

$$\lim_{x \to 0} f(x) = 1.$$

【例6】 设函数 $f(x) = \begin{cases} (x-1)^2, & x > 1 \\ -x+2, & x \leqslant 1 \end{cases}$，讨论此函数在 $x = 1$ 处的极限.

解 $x = 1$ 是此分段函数的分段点，由图 1-10 易知

$$f(1^-) = \lim_{x \to 1^-} f(x) = \lim_{x \to 1^-} (-x+2) = 1,$$
$$f(1^+) = \lim_{x \to 1^+} f(x) = \lim_{x \to 0^-} (x-1)^2 = 0.$$

因此 $f(1^-) \neq f(1^+)$，从而此函数当 $x \to 1$ 时极限不存在.

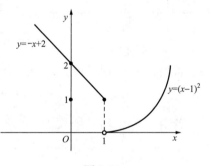

图 1-10

【例7】 设 $f(x) = \dfrac{x^2 - 1}{x - 1}$，讨论当 $x \to 1$ 时，函数 $f(x)$ 的变化情况.

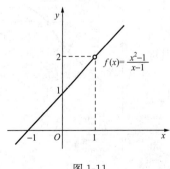

图 1-11

函数 $f(x)$ 在 $x = 1$ 处没有定义，但是，在 $x \to 1$ 的变化过程中，x 不取 1，所以当 $x \to 1$ 时，函数 $f(x)$ 的对应函数值也是趋于 2（见图 1-11），即函数 $f(x) = \dfrac{x^2 - 1}{x - 1}$ 以 2 为极限，记作

$$\lim_{x \to 1} \frac{x^2 - 1}{x - 1} = 2.$$

需要强调的是，在定义极限 $\lim\limits_{x \to x_0} f(x)$ 时，函数 $f(x)$ 在点 x_0 可以有定义，也可以没有定义；我们关心的是函

数 $f(x)$ 在点 x_0 附近的变化趋势，极限 $\lim\limits_{x \to x_0} f(x)$ 是否存在，与函数 $f(x)$ 在点 x_0 有没有定义以及有定义时取何值都无关系，不管数列还是函数，都是变量. 因此，对于取极限的方式，包括 $n \to \infty$，$x \to \infty$，$x \to +\infty$，$x \to -\infty$，$x \to x_0$，$x \to x_0^+$，$x \to x_0^-$ 等，都是对变量求极限. 所以，以上学习的各种极限的定义可以统一于下面的定义之中.

定义 3 在自变量（可以是 n 或 x）的某一变化过程中，如果变量 X〔可以是数列 $\{x_n\}$ 或函数 $f(x)$〕无限地接近于常数 A，就称**变量 X 以 A 为极限**，记为

$$\lim X = A \quad 或 \quad X \to A.$$

定义 3 的引入，可以使我们在讨论上述各类极限的共同性质时，避免重复叙述.

三、极限的性质

在函数极限的定义中，给出两类六种极限，即 $\lim\limits_{x \to x_0} f(x)$，$\lim\limits_{x \to x_0^-} f(x)$，$\lim\limits_{x \to x_0^+} f(x)$，$\lim\limits_{x \to \infty} f(x)$，$\lim\limits_{x \to -\infty} f(x)$，$\lim\limits_{x \to +\infty} f(x)$.

下面仅以 $\lim\limits_{x \to x_0} f(x)$ 为代表给出函数极限的一些性质，其他形式的极限性质类似.

性质 1 如果 $\lim\limits_{x \to x_0} f(x)$ 存在，则极限是唯一的.

性质 2 如果 $\lim\limits_{x \to x_0} f(x) = A$，则存在 $M > 0$ 和 $\delta > 0$，使得当 $0 < |x - x_0| < \delta$ 时，有 $|f(x)| \leqslant M$.

性质 3 如果 $\lim\limits_{x \to x_0} f(x) = A$，而 $A > 0$（或 $A < 0$），那么存在 $\delta > 0$，使得当 $0 < |x - x_0| < \delta$ 时，有 $f(x) > 0$〔或 $f(x) < 0$〕.

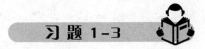

习 题 1-3

1. 单项选择题：

（1）下列结论中正确的是（　　）.

A. $\lim\limits_{x \to \infty} \left(\dfrac{1}{3} \right)^x = 0$ 　　B. $\lim\limits_{x \to -\infty} \left(\dfrac{1}{2} \right)^x = 0$ 　　C. $\lim\limits_{x \to -\infty} 2^x = 0$ 　　D. $\lim\limits_{x \to +\infty} 10^x = 0$

（2）函数 $f(x)$ 在 $x = x_0$ 处的极限不存在，则（　　）.

A. $f(x)$ 在 $x = x_0$ 处必有定义

B. $f(x)$ 在 $x = x_0$ 处没有定义

C. $f(x)$ 在 $x = x_0$ 处及其附近没有定义

D. $f(x)$ 在 $x = x_0$ 处可能有定义，也可能无定义

（3）$f(x_0^+)$ 与 $f(x_0^-)$ 都存在是函数 $f(x)$ 在 $x = x_0$ 处有极限的（　　）.

A. 充分条件　　　　B. 必要条件　　　　C. 充要　　　　D. 无关条件

（4）设函数 $f(x) = \begin{cases} 3x + 1, & x \leqslant 0 \\ x^2 - 1, & x > 0 \end{cases}$，则 $\lim\limits_{x \to 0^+} f(x) = （　　）.$

A. 4　　　　　　B. -1　　　　　　C. -2　　　　　　D. 0

（5）若 $\lim\limits_{x \to x_0^-} f(x) = A$，$\lim\limits_{x \to x_0^+} f(x) = A$，则下列说法中正确的是（　　）.

A. $\lim\limits_{x \to x_0} f(x) = A f$　　　　　　B. $(x_0) = A$

C. $f(x)$ 在 $x = x_0$ 处有定义　　　D. 以上说法都正确

2. 填空题：

(1) $\lim\limits_{x \to +\infty} (0.4)^x = $ _____；　　(2) $\lim\limits_{x \to -\infty} (1.2)^x = $ _____；

(3) $\lim\limits_{x \to \infty} (-1)^x = $ _____；　　(4) $\lim\limits_{x \to \infty} \dfrac{1}{x^4} = $ _____；

(5) $\lim\limits_{x \to +\infty} \left(\dfrac{1}{10}\right)^x = $ _____；　　(6) $\lim\limits_{x \to -\infty} \left(\dfrac{5}{4}\right)^x = $ _____；

(7) $\lim\limits_{x \to \infty} \dfrac{1}{x^2 + 1} = $ _____；　　(8) $\lim\limits_{x \to \infty} 5 = $ _____.

3. 设函数

$$f(x) = \begin{cases} x + 1, & x \leqslant 1 \\ 3x - 1, & x > 1 \end{cases},$$

求 $\lim\limits_{x \to 1^-} f(x)$ 和 $\lim\limits_{x \to 1^+} f(x)$，并判断 $\lim\limits_{x \to 1} f(x)$ 是否存在.

4. 设函数

$$f(x) = \begin{cases} x - 1, & x < 0 \\ 1, & x = 0, \\ 2^x, & x > 0 \end{cases}$$

请判断 $\lim\limits_{x \to 0} f(x)$ 是否存在.

5. 设函数

$$f(x) = \begin{cases} 3^x + 1, & x < 2 \\ 3x - b, & x \geqslant 2 \end{cases},$$

求使得 $\lim\limits_{x \to 2} f(x)$ 存在的 b 值.

第四节　极 限 的 运 算 法 则

本章前面介绍了函数极限的定义，由极限定义只能验证某个常数是否为函数的极限，而不能求函数的极限. 为了能方便地计算某些函数的极限，本节将介绍极限运算的有关性质.

一、极限的四则运算

下面同一定理中考虑自变量的同一变化过程，其主要定理如下：

定理 1　如果极限 $\lim X = A$ 和极限 $\lim Y = B$ 都存在，则

(1) 极限 $\lim(X \pm Y)$ 也存在，且 $\lim(X \pm Y) = \lim X \pm \lim Y = A \pm B$；

(2) 极限 $\lim(XY)$ 也存在，且 $\lim(XY) = \lim X \lim Y = AB$；

(3) 若 $B \neq 0$，则极限 $\lim\left(\dfrac{X}{Y}\right)$ 也存在，并有 $\lim\left(\dfrac{X}{Y}\right) = \dfrac{\lim X}{\lim Y} = \dfrac{A}{B}$.

注：函数极限四则运算的本质是极限运算与四则运算的次序可交换.

推论 1　如果极限 $\lim X$ 存在，而 c 为常数，则

$$\lim(cX) = c \lim X.$$

推论 1 说明，求极限时，常数因子可以提到极限符号的外面.

推论 2　如果极限 $\lim X$ 存在，而 n 为正整数，则

$$\lim X^n = [\lim X]^n.$$

下面应用以上定理和推论计算一些变量的极限.

【例 1】　求 $\lim\limits_{x \to 1}(2x+5)$.

解　$\lim\limits_{x \to 1}(2x+5) = \lim\limits_{x \to 1}2x + \lim\limits_{x \to 1}5 = 2\lim\limits_{x \to 1}x + 5 = 2 \times 1 + 5 = 7.$

【例 2】　求 $\lim\limits_{x \to 2}x^4$.

解　$\lim\limits_{x \to 2}x^4 = (\lim\limits_{x \to 2}x)^4 = 2^4 = 16.$

【例 3】　求 $\lim\limits_{x \to 1}\dfrac{x^2-2}{x^2-x+1}$.

解　因为 $\lim\limits_{x \to 1}(x^2-x+1) = 1 \neq 0$，所以

$$\lim_{x \to 1}\frac{x^2-2}{x^2-x+1} = \frac{\lim\limits_{x \to 1}(x^2-2)}{\lim\limits_{x \to 1}(x^2-x+1)} = \frac{\lim\limits_{x \to 1}x^2 - \lim\limits_{x \to 1}2}{\lim\limits_{x \to 1}x^2 - \lim\limits_{x \to 1}x + \lim\limits_{x \to 1}1}$$

$$= \frac{(\lim\limits_{x \to 1}x)^2 - 2}{(\lim\limits_{x \to 1}x)^2 - 1 + 1} = \frac{1-2}{1-1+1} = -1.$$

通过上面几个例子可以总结出，对于多项式 $P(x) = a_0 x^n + a_1 x^{n-1} + \cdots + a_n$，由定理 1 及推论 2 得到

$$\lim_{x \to x_0} P(x) = a_0 (\lim_{x \to x_0}x)^n + a_1 (\lim_{x \to x_0}x)^{n-1} + \cdots + a_n = a_0 x_0^n + a_1 x_0^{n-1} + \cdots + a_n = P(x_0)$$

对于有理分式函数 $\dfrac{P(x)}{Q(x)}$ [其中 $P(x)$、$Q(x)$ 为多项式]，当分母 $Q(x_0) \neq 0$ 时，依商式极限运算法则，就有

$$\lim_{x \to x_0}\frac{P(x)}{Q(x)} = \frac{\lim\limits_{x \to x_0}P(x)}{\lim\limits_{x \to x_0}Q(x)} = \frac{P(x_0)}{Q(x_0)}.$$

以上两式说明，对于多项式和有理函数，求 $x \to x_0$ 时的极限，只要将多项式和有理分式函数中的 x 换成 x_0 就得到了极限值. 但是，对于有理分式函数，若分母 $Q(x_0) = 0$，则关于商式的极限运算法则就不能使用了，那就需要用别的处理方法，请看下面的例题.

【例 4】　求 $\lim\limits_{x \to 3}\dfrac{x-3}{x^2-9}$.

解　当 $x \to 3$ 时，分子、分母的极限都是零，于是不能直接应用极限运算法则，但因 $x \to 3$ 时，$x \neq 3$，可先约去公因子 $(x-3)$，所以

$$\lim_{x \to 3}\frac{x-3}{x^2-9} = \lim_{x \to 3}\frac{x-3}{(x-3)(x+3)} = \lim_{x \to 3}\frac{1}{x+3} = \frac{1}{6}.$$

【例 5】　求下列各极限：

(1) $\lim\limits_{x \to \infty}\dfrac{1-x-3x^3}{1+x^2+4x^3}$;　　　(2) $\lim\limits_{x \to \infty}\dfrac{3x^2-2x-1}{x^3-x^2+2}$;　　　(3) $\lim\limits_{x \to \infty}\dfrac{2x^3+x^2-5}{x^2-3x+1}$.

解　这里所求极限都是在 $x \to \infty$ 时的情形.

(1) 有理分式函数中分子、分母同时除以 x^3，得

$$\lim_{x \to \infty}\frac{1-x-3x^3}{1+x^2+4x^3} = \lim_{x \to \infty}\frac{\dfrac{1}{x^3} - \dfrac{1}{x^2} - 3}{\dfrac{1}{x^3} + \dfrac{1}{x} + 4} = \frac{3}{4},$$

这是因为 $\lim\limits_{x\to\infty}\dfrac{1}{x^n}=\left(\lim\limits_{x\to\infty}\dfrac{1}{x}\right)^n=0$，其中 $n=1$，2，3.

一般情形，$\lim\limits_{x\to\infty}\dfrac{a}{x^n}=a\lim\limits_{x\to\infty}\dfrac{1}{x^n}=a\left(\lim\limits_{x\to\infty}\dfrac{1}{x}\right)^n=0$，其中 a 为常数，n 为正整数.

（2）有理分式函数中分子、分母同时除以 x^3，得

$$\lim_{x\to\infty}\frac{3x^2-2x-1}{x^3-x^2+2}=\lim_{x\to\infty}\frac{\dfrac{3}{x}-\dfrac{2}{x^2}-\dfrac{1}{x^3}}{1-\dfrac{1}{x}+\dfrac{2}{x^3}}=\frac{0}{1}=0.$$

（3）先求 $\lim\limits_{x\to\infty}\dfrac{x^2-3x+1}{2x^3+x^2-5}$，类似于（2）中，分子、分母同时除以 x^3，得

$$\lim_{x\to\infty}\frac{x^2-3x+1}{2x^3+x^2-5}=\lim_{x\to\infty}\frac{\dfrac{1}{x}-\dfrac{3}{x^2}+\dfrac{1}{x^3}}{2+\dfrac{1}{x}-\dfrac{5}{x^3}}=\frac{0}{2}=0,$$

由无穷小与无穷大的关系知，原极限 $\lim\limits_{x\to\infty}\dfrac{2x^3+x^2-5}{x^2-3x+1}=\infty$.

本题中 3 个小题是下面一般情形的特例，即当 $a_0\neq0$、$b_0\neq0$、m 和 n 为非负整数时，有

$$\lim_{x\to\infty}\frac{a_0x^m+a_1x^{m-1}+\cdots+a_m}{b_0x^n+b_1x^{n-1}+\cdots+b_n}=\begin{cases}\dfrac{a_0}{b_0}, & m=n\\[2mm] 0, & m<n\\[2mm] \infty, & m>n\end{cases}.$$

【例 6】　求下列各极限：

（1）$\lim\limits_{n\to\infty}\dfrac{3n^2-2n-3}{n^2+2}$；
$\qquad\qquad\qquad$（2）$\lim\limits_{n\to\infty}\left(\dfrac{1+2+\cdots+n}{n+2}-\dfrac{n}{2}\right)$.

解　这里所求都是 $n\to\infty$ 时的数列 $\{x_n\}$ 的极限.

（1）有理分式中分子、分母同时除以 n^2，得

$$\lim_{n\to\infty}\frac{3n^2-2n-3}{n^2+2}=\lim_{n\to\infty}\frac{3-\dfrac{2}{n}-\dfrac{3}{n^2}}{1+\dfrac{2}{n^2}}=\frac{3}{1}=3,$$

或直接利用 ［例 5］ 所归纳的结论，由于分子、分母都是关于 n 的多项式且次数最高项都是 n^2，因此分子的 n^2 系数与分母的 n^2 系数之比 3 即是其极限.

（2）因为

$$\frac{1+2+\cdots+n}{n+2}-\frac{n}{2}=\frac{n(n+1)}{2(n+2)}-\frac{n}{2}=\frac{n^2+n-n^2-2n}{2(n+2)}=\frac{-n}{2n+4},$$

所以

$$\lim_{n\to\infty}\left(\frac{1+2+\cdots+n}{n+2}-\frac{n}{2}\right)=\lim_{n\to\infty}\frac{-n}{2n+4}=-\frac{1}{2}.$$

【例 7】　求 $\lim\limits_{x\to1}\left(\dfrac{1}{1-x}-\dfrac{3}{1-x^3}\right)$.

解　当 $x\to1$ 时，$\dfrac{1}{1-x}$ 和 $\dfrac{3}{1-x^3}$ 的极限都不存在，因此不能直接用求和的极限法则，这

时应该先通分变形，再求极限.

$$\frac{1}{1-x}-\frac{3}{1-x^3}=\frac{1+x+x^2-3}{1-x^3}=\frac{(x+2)(x-1)}{(1-x)(x^2+x+1)}=-\frac{x+2}{x^2+x+1},$$

所以

$$\lim_{x\to 1}\left(\frac{1}{1-x}-\frac{3}{1-x^3}\right)=\lim_{x\to 1}\left(-\frac{x+2}{x^2+x+1}\right)=-1.$$

二、复合函数的极限运算法则

定理 2　设函数 $u=\varphi(x)$，当 $x\to x_0$ 时的极限存在，且等于 a，即

$$\lim_{x\to x_0}\varphi(x)=a,$$

而函数 $y=f(u)$ 在点 $u=a$ 处连续，则复合函数 $y=f[\varphi(x)]$ 当 $x\to x_0$ 时的极限存在，且等于 $f(a)$，即

$$\lim_{x\to x_0}f[\varphi(x)]=f(a).$$

在定理 2 中，因为 $\lim\limits_{x\to x_0}\varphi(x)=a$，因此上式又可写成

$$\lim_{x\to x_0}f[\varphi(x)]=f[\lim_{x\to x_0}\varphi(x)].$$

该式说明，在定理 2 的条件下，求复合函数 $f[\varphi(x)]$ 的极限时，函数符号 f 与极限符号可以交换次序.

【例 8】　求 $\lim\limits_{x\to 0}\sin\ln(1+x)$.

解　函数 $y=\sin\ln(1+x)$ 可看成是由 $y=\sin u$，$u=\ln(1+x)$ 复合而成的. 而 $\lim\limits_{x\to 0}\ln(1+x)=\ln 1=0$，且在点 $u=e$ 处函数 $y=\sin u$ 连续，故由定理 3 可得

$$\lim_{x\to 0}\sin\ln(1+x)=\lim_{x\to 0}\sin\ln 1=\sin 0=0.$$

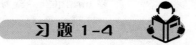

习 题 1-4

1. 单项选择题：

(1) 下列各式中不正确的是（　　）.

A. $\lim\limits_{x\to\infty}\dfrac{5x^3-4x^2+3x-2}{6x^3-10x+1}=\dfrac{5}{6}$　　　　B. $\lim\limits_{x\to\infty}\dfrac{4\sqrt{1\times 1}+5}{x-3}=0$

C. $\lim\limits_{x\to\infty}\dfrac{3x^3+5x^2-1}{9x^2+15x}=\dfrac{1}{3}$　　　　D. $\lim\limits_{x\to 2}\dfrac{x-2}{x^2-4}=\dfrac{1}{4}$

(2) $\lim\limits_{x\to\infty}\dfrac{x^2-1}{x^2+1}$ 的值是（　　）.

A. 0　　　　　　　B. 1　　　　　　　C. 不存在　　　　　D. -1

(3) $\lim\limits_{x\to\infty}\dfrac{(x+1)^3-(x-1)^3}{x^2+2x+3}=$（　　）.

A. 1　　　　　　　B. 0　　　　　　　C. $\dfrac{1}{2}$　　　　　　D. ∞

(4) $\lim\limits_{x\to 2}\dfrac{e^x-1}{x}=$（　　）.

A. 1　　　　　　　B. $\dfrac{e-1}{2}$　　　　　C. $\dfrac{e^2-1}{2}$　　　　D. ∞

(5) 若 $\lim\limits_{x\to 1}\dfrac{x^2+ax+3}{3x^3+1}=2$，则 a 等于（　　）.

A. 4　　　　　　　　B. 3　　　　　　　　C. 2　　　　　　　　D. 1

(6) $\lim\limits_{x\to -1}\dfrac{x^2-x-2}{x^3+1}$ 等于（　　）.

A. 不存在　　　　　　B. 1　　　　　　　　C. 0　　　　　　　　D. -1

2. 计算下列各极限：

(1) $\lim\limits_{x\to 1}(3x^2-2x+1)$；　　　　　　(2) $\lim\limits_{x\to 2}\dfrac{x^2-4}{x-2}$；

(3) $\lim\limits_{x\to\infty}\dfrac{x^2-4}{x-2}$；　　　　　　(4) $\lim\limits_{x\to 3}\dfrac{x-3}{\sqrt{x+3}}$；

(5) $\lim\limits_{x\to\infty}\dfrac{x^2-4}{2x^2-x}$；　　　　　(6) $\lim\limits_{x\to\infty}\left(1-\dfrac{1}{x}\right)\left(2+\dfrac{1}{x^2}\right)$.

3. 计算下列各极限：

(1) $\lim\limits_{n\to\infty}\dfrac{1+2+3+\cdots+n}{n^2}$；　　　　(2) $\lim\limits_{n\to\infty}\left(1+\dfrac{1}{2}+\dfrac{1}{4}+\cdots+\dfrac{1}{2^n}\right)$；

(3) $\lim\limits_{n\to\infty}\dfrac{\sqrt{n^2-3}}{3n-2}$；　　　　　(4) $\lim\limits_{x\to 1}\dfrac{\sqrt{5-4x}-\sqrt{x}}{x-1}$；

(5) $\lim\limits_{x\to 1}\left(\dfrac{1}{x-1}-\dfrac{2}{x^2-1}\right)$；　　　(6) $\lim\limits_{x\to 2}\left(\dfrac{1}{x-2}-\dfrac{12}{x^3-8}\right)$.

4. 已知 $\lim\limits_{x\to 1}\dfrac{x^2+ax+b}{1-x}=1$，求 a 与 b 的值.

5. 计算下列各极限：

(1) $\lim\limits_{x\to 0}\sqrt{x^2-\mathrm{e}^x+2}$；　　　　　(2) $\lim\limits_{x\to -\frac{\pi}{9}}\lg(2\cos 3x)$.

第五节　两个重要极限

这一节介绍极限存在的两个准则以及作为对准则的应用，讨论两个重要极限.

一、第一个重要极限：$\lim\limits_{x\to 0}\dfrac{\sin x}{x}=1$

观察当 $x\to 0$ 时函数的变化趋势，见表 1-3.

表 1-3

x（rad）	0.50	0.10	0.05	0.04	0.03	0.02	$\cdots$	$\to 0$
$\dfrac{\sin x}{x}$	0.9585	0.9983	0.9996	0.9997	0.9998	0.9999	$\cdots$	$\to 1$

当 x 取正值趋近于 0 时，$\dfrac{\sin x}{x}\to 1$，即 $\lim\limits_{x\to 0^+}\dfrac{\sin x}{x}=1$；

当 x 取负值趋近于 0 时，$-x\to 0$，$-x>0$，$\sin(-x)>0$. 于是

$$\lim\limits_{x\to 0^-}\dfrac{\sin x}{x}=\lim\limits_{-x\to 0^+}\dfrac{\sin(-x)}{(-x)}.$$

综上所述，得 $\lim\limits_{x\to 0}\dfrac{\sin x}{x}=1$.

$\lim\limits_{x \to 0} \dfrac{\sin x}{x} = 1$ 的特点：

（1）它是 "$\dfrac{0}{0}$" 型，即若形式地应用商求极限的法则，得到的结果是 $\dfrac{0}{0}$；

（2）在分式中同时出现三角函数和 x 的幂.

对于与三角函数相关的函数极限，可以使用第一个重要极限公式求函数极限.

【例 1】 求 $\lim\limits_{x \to 0} \dfrac{\tan x}{x}$.

解 $\lim\limits_{x \to 0} \dfrac{\tan x}{x} = \lim\limits_{x \to 0} \left(\dfrac{\sin x}{x} \dfrac{1}{\cos x} \right) = \lim\limits_{x \to 0} \dfrac{\sin x}{x} \lim\limits_{x \to 0} \dfrac{1}{\cos x} = 1 \times 1 = 1.$

【例 2】 求 $\lim\limits_{x \to 0} \dfrac{1 - \cos x}{x^2}$.

解 $\lim\limits_{x \to 0} \dfrac{1 - \cos x}{x^2} = \lim\limits_{x \to 0} \dfrac{2 \sin^2 \dfrac{x}{2}}{x^2} = \dfrac{1}{2} \lim\limits_{x \to 0} \left(\dfrac{\sin \dfrac{x}{2}}{\dfrac{x}{2}} \right)^2 = \dfrac{1}{2} \times 1^2 = \dfrac{1}{2}.$

【例 3】 求 $\lim\limits_{x \to \infty} x \sin \dfrac{1}{x}$.

解 令 $t = \dfrac{1}{x}$，则当 $x \to \infty$ 时，$t \to 0$，因此

$$\lim\limits_{x \to \infty} x \sin \dfrac{1}{x} = \lim\limits_{x \to \infty} \dfrac{\sin \dfrac{1}{x}}{\dfrac{1}{x}} = \lim\limits_{t \to 0} \dfrac{\sin t}{t} = 1.$$

【例 4】 求 $\lim\limits_{x \to 2} \dfrac{\sin(x^2 - 4)}{x - 2}$.

解 注意到当 $x \to 2$ 时，$x^2 - 4 \to 0$，因此

$$\lim\limits_{x \to 2} \dfrac{\sin(x^2 - 4)}{x - 2} = \lim\limits_{x \to 2} \dfrac{\sin(x^2 - 4)}{x^2 - 4} (x + 2) = \lim\limits_{x \to 2} \dfrac{\sin(x^2 - 4)}{x^2 - 4} \lim\limits_{x \to 2} (x + 2) = 1 \times 4 = 4.$$

二、第二个重要极限：$\lim\limits_{x \to \infty} \left(1 + \dfrac{1}{x} \right)^x = e$

第二个重要极限对应的函数为幂指函数，即在底数以及指数的位置都有自变量的函数，如 x^x、$\left(1 + \dfrac{1}{x} \right)^x$ 等. 需要注意的是，幂指函数既不是幂函数，也不是指数函数。

先列表考察 $x \to +\infty$ 以及 $x \to -\infty$ 时，函数 $\left(1 + \dfrac{1}{x} \right)^x$ 的变化趋势，见表 1-4.

表 1-4

x	1	2	5	10	100	1000	100000	…	$\to +\infty$
$\left(1 + \dfrac{1}{x} \right)^x$	2	2.25	2.49	2.59	2.705	2.717	2.71827	…	$\to e$
x	-10		-100		-1000		-10000	-1000000	…	$\to -\infty$
$\left(1 + \dfrac{1}{x} \right)^x$	2.88		2.732		2.72		2.7183	2.71828	…	$\to e$

从表 1-4 可以看出，当 $x \to +\infty$ 以及 $x \to -\infty$ 时，函数 $\left(1+\dfrac{1}{x}\right)^x$ 的对应值无限趋向于 2.71828…

可以证明，当 $x \to +\infty$ 以及 $x \to -\infty$ 时，函数 $\left(1+\dfrac{1}{x}\right)^x$ 的极限都存在而且相等，我们用 e 表示这个常数，即

$$\lim_{x \to \infty} \left(1+\frac{1}{x}\right)^x = e.$$

【例 5】 求 $\lim\limits_{x \to \infty} \left(1-\dfrac{1}{x}\right)^x$.

解法 1 作代换：令 $t=-x$，则 $x=-t$，且当 $x \to \infty$ 时，$t \to \infty$，则

$$\lim_{x \to \infty} \left(1-\frac{1}{x}\right)^x = \lim_{t \to \infty} \left(1+\frac{1}{t}\right)^{-t} = \lim_{t \to \infty} \frac{1}{\left(1+\dfrac{1}{t}\right)^t} = e^{-1}.$$

解法 2 适当变形，得

$$\lim_{x \to \infty} \left(1-\frac{1}{x}\right)^x = \lim_{x \to \infty} \left(1+\frac{1}{-x}\right)^x = \lim_{x \to \infty} \left(1+\frac{1}{-x}\right)^{(-x)(-1)} = \lim_{x \to \infty} \left[\left(1+\frac{1}{-x}\right)^{(-x)}\right]^{-1} = e^{-1}.$$

【例 6】 求 $\lim\limits_{x \to \infty} (1+x)^{\frac{1}{x}}$.

解 令 $t=\dfrac{1}{x}$，则 $x=\dfrac{1}{t}$，且当 $x \to \infty$ 时，$t \to 0$，则

$$\lim_{x \to \infty} (1+x)^{\frac{1}{x}} = \lim_{t \to 0} \left(1+\frac{1}{t}\right)^t = e.$$

［例 6］ 得到的结果也可以作为第二个重要极限的另一种形式，同样可以作为公式使用，即

$$\lim_{x \to \infty} (1+x)^{\frac{1}{x}} = e.$$

【例 7】 求 $\lim\limits_{x \to \infty} \left(\dfrac{x+1}{x-1}\right)^x$.

解 $\lim\limits_{x \to \infty} \left(\dfrac{x+1}{x-1}\right)^x = \lim\limits_{x \to \infty} \left(\dfrac{1+\dfrac{1}{x}}{1-\dfrac{1}{x}}\right)^x = \dfrac{\lim\limits_{x \to \infty} \left(1+\dfrac{1}{x}\right)^x}{\lim\limits_{x \to \infty} \left(1-\dfrac{1}{x}\right)^x} = \dfrac{e}{e^{-1}} = e^2.$

习题 1-5

1. 单项选择题：

(1) 下列各式中正确的是（ ）.

A. $\lim\limits_{x \to 0} \dfrac{x}{\sin x} = 0$

B. $\lim\limits_{x \to \infty} \dfrac{x}{\sin x} = 1$

C. $\lim\limits_{x \to 0} \dfrac{\sin x}{x} = 1$

D. $\lim\limits_{x \to \infty} \dfrac{\sin x}{x} = 1$

(2) $\lim\limits_{x \to 0} \dfrac{\sin 3x}{\tan 5x} = $（ ）.

A. $\dfrac{5}{3}$ B. 0   C. $\dfrac{3}{5}$ D. ∞

(3) $\lim\limits_{x\to 0}\left(x\sin\dfrac{1}{x}+\dfrac{1}{x}\sin x\right)=$（   ）.

A. 0   B. 1   C. 2   D. 不存在

(4) $\lim\limits_{x\to\infty}\left(1+\dfrac{2}{x}\right)^{2x}=$（   ）.

A. e   B. e^2 C. 1   D. ∞

(5) $\lim\limits_{n\to\infty}\left(1+\dfrac{2}{n}\right)^{n+2}=$（   ）.

A. e^2 B. e^4 C. e^3 D. e

(6) $\lim\limits_{x\to 0}(1+4x)^{\frac{1}{x}}=$（   ）.

A. e^{-4} B. e^4 C. $e^{\frac{1}{4}}$ D. $e^{-\frac{1}{4}}$

2. 计算下列各极限:

(1) $\lim\limits_{x\to 0}\dfrac{\tan 3x}{x}$;

(2) $\lim\limits_{x\to 0}\dfrac{x-\sin x}{x+\sin x}$;

(3) $\lim\limits_{x\to 0}\dfrac{1-\cos 2x}{x\sin x}$;

(4) $\lim\limits_{n\to\infty}3^n\sin\dfrac{2}{3^n}$.

3. 计算下列各极限:

(1) $\lim\limits_{x\to 0}(1-x)^{\frac{1}{x}}$;

(2) $\lim\limits_{x\to 0}(1+3x)^{\frac{2}{x}}$;

(3) $\lim\limits_{x\to\infty}\left(\dfrac{x+1}{x}\right)^{2x}$;

(4) $\lim\limits_{x\to\infty}\left(\dfrac{3x+2}{3x-1}\right)^{3x}$.

第六节　无穷小与无穷大

生活中常有无限或无穷的说法，如宇宙是无限大的，自然数的个数是无穷多的等. 人们常常只是朝大的方面考虑，其实无穷涉及朝大的和朝小的两种方向. 例如，用洗衣机洗衣服时，当洗涤次数越来越多时，衣服的污渍浓度是越来越小的. 在数学上，朝大的方向的问题称为无穷大问题，朝小的方向的问题称为无穷小问题. 无穷是一个抽象的说法，我们可以用上一节所学的极限概念来准确地定义无穷大和无穷小，它们反映了自变量在某个变化过程中时相应变量的两种特殊变化趋向.

一、无穷小与无穷大

定义 1　在自变量的某一变化过程中，变量 X 的极限为 0，则称 X 是自变量在此变化过程中的无穷小量（简称无穷小），记作 $\lim X=0$.

例如，因为 $\lim\limits_{n\to\infty}\dfrac{1}{n}=0$，所以数列 $\dfrac{1}{n}$ 是当 $n\to\infty$ 时的无穷小；又如因为 $\lim\limits_{x\to 1}\ln x=0$，所以函数 $\ln x$ 是当 $x\to 1$ 时的无穷小；因为 $\lim\limits_{x\to\infty}\dfrac{1}{x}=0$，所以函数 $\dfrac{1}{x}$ 是当 $x\to\infty$ 时的无穷小.

注 1：无穷小与自变量的变化过程是分不开的，不能脱离自变量的变化过程谈无穷小. 说一个变量是无穷小，必须指明自变量的变化趋向，如函数 $x-2$ 是 $x\to 2$ 时的无穷小，而

不是 $x \to 1$ 或 $x \to 0$ 时的无穷小.

注 2：无穷小与绝对值很小的数是有区别的. 无穷小体现的是一个变化的趋向，是动态的. 绝对值很小的数是常量，是静态的.

注 3：常数零是任何条件下的无穷小. 在自变量的变化过程中，无穷小可以是函数（包括数列），也可以是常数；但若是常数，必是零.

在自变量的同一变化过程中的无穷小满足下列性质：

性质 1 有限个无穷小之和仍为无穷小.

性质 2 有界变量与无穷小之积仍是无穷小.

推论 1 常数与无穷小之积仍是无穷小.

推论 2 有限个无穷小之积仍为无穷小.

【例 1】 求极限 $\lim\limits_{x \to \infty} \dfrac{\sin x}{x}$.

解 将 $\dfrac{\sin x}{x}$ 视为 $\dfrac{1}{x}$ 与 $\sin x$ 的乘积，由于 $\dfrac{1}{x}$ 是当 $x \to \infty$ 时的无穷小，而 $|\sin x| \leqslant 1$，所以由性质 2，得 $\lim\limits_{x \to \infty} \dfrac{\sin x}{x} = 0$.

无穷小是绝对值无限变小的变量，它的对立面就是绝对值无限增大的变量，称为无穷大量（简称无穷大）. 所谓"无限增大"，意思是：绝对值要多大，在变化到一定"时刻"后，就能有多大.

定义 2 在自变量的某一变化过程中，变量 X 的绝对值 $|X|$ 无限增大，则称 X 为自变量在此变化过程中的无穷大量（简称无穷大），记作 $\lim X = \infty$.

注：这里 $\lim X = \infty$ 只是沿用了极限符号，并不意味着变量 X 存在极限. 无穷大（∞）不是数，不可与绝对值很大的数（如 10^7、10^8 等）混为一谈. 无穷大是指绝对值可以任意变大的变量.

无穷大与无穷小之间有一种简单的关系，即

定理 在自变量的同一变化过程中：

(1) 如果 X 是无穷大，则 $\dfrac{1}{X}$ 是无穷小；

(2) 如果 $X \neq 0$ 且 X 是无穷小，则 $\dfrac{1}{X}$ 是无穷大.

【例 2】 求极限 $\lim\limits_{x \to 1} \dfrac{1}{x^2 - 1}$.

解 因为 $\lim\limits_{x \to 1}(x^2 - 1) = 0$，所以 $\lim\limits_{x \to 1} \dfrac{1}{x^2 - 1} = \infty$. 当 $x \to 1$ 时，$\dfrac{1}{x^2 - 1}$ 为无穷大量.

二、无穷小的阶

根据无穷小的性质，我们知道无穷小的和、差、积都是无穷小，那么，两个无穷小的商是不是无穷小呢？那就不一定了. 例如，当 $x \to 0$ 时，x、$3x$、x^2、$\sin x$ 都是无穷小，而两个无穷小之商的极限，却有着不同的情况：

$$\lim_{x \to 0} \frac{x^2}{3x} = 0; \quad \lim_{x \to 0} \frac{3x}{x^2} = \infty; \quad \lim_{x \to 0} \frac{3x}{x} = 3; \quad \lim_{x \to 0} \frac{\sin x}{x} = 1.$$

这是因为，虽然无穷小都是趋于零的变量，但它们趋于零的快慢程度并不相同. 为比较两个无穷小趋于零的快慢程度，我们引进无穷小阶的概念：

设 α 和 β 是在自变量同一变化过程中的无穷小，且 $\alpha \neq 0$，而 $\lim \dfrac{\beta}{\alpha}$ 也是这个变化过程中的极限：

(1) 如果 $\lim \dfrac{\beta}{\alpha}=0$，则称 β 是比 α **高阶的无穷小**，记作 $\beta=o(\alpha)$；

(2) 如果 $\lim \dfrac{\beta}{\alpha}=c$（$c \neq 0$），则称 β 与 α 是**同阶无穷小**；

(3) 如果 $\lim \dfrac{\beta}{\alpha}=1$，则称 β 与 α 是**等价无穷小**，记作 $\alpha \sim \beta$ 或 $\beta \sim \alpha$.

例如，$\lim\limits_{x \to 0} \dfrac{\sin x}{x}=1$，则 $\sin x \sim x$（$x \to 0$）；$\lim\limits_{x \to 0} \dfrac{x^2}{3x}=0$，则 $x^2=o(3x)$（$x \to 0$）.

三、等价无穷小替换定理

在自变量的同一变化过程中，α、β、α'、β' 都是无穷小，且 $\alpha \sim \alpha'$、$\beta \sim \beta'$，如果 $\lim \dfrac{\beta'}{\alpha'}$ 存在，则

$$\lim \frac{\beta}{\alpha} = \lim \frac{\beta'}{\alpha'}.$$

这个定理说明，求两个无穷小之商的极限时，分子和分母都可用等价无穷小来替换，只要用来替换的无穷小选得适当，可以简化极限的计算.

前面已经给出几个当 $x \to 0$ 时的等价无穷小，如 $\sin x \sim x$，$\tan x \sim x$，$1-\cos x \sim \dfrac{1}{2}x^2$.

【例3】 求 $\lim\limits_{x \to 0} \dfrac{\sin 5x}{\tan 2x}$.

解 函数 $f(x)=\dfrac{\sin 5x}{\tan 2x}$ 中，含有 $\sin 5x$ 和 $\tan 2x$ 两个无穷小因子，且当 $x \to 0$ 时，$\sin 5x \sim 5x$，$\tan 2x \sim 2x$，因此用等价无穷小替换，得

$$\lim_{x \to 0} \frac{\sin 5x}{\tan 2x} = \lim_{x \to 0} \frac{5x}{2x} = \frac{5}{2}.$$

常见的等价无穷小有（当 $x \to 0$ 时）：$x \sim \sin x \sim \tan x \sim \arcsin x \sim \arctan x \sim \ln(1+x) \sim e^x-1$；$1-\cos x \sim \dfrac{1}{2}x^2$；$(1+x)^\alpha-1 \sim \alpha x$（$\alpha \neq 0$）.

【例4】 求 $\lim\limits_{x \to 0} \dfrac{e^x-1}{3x}$.

解 $\lim\limits_{x \to 0} \dfrac{e^x-1}{3x}=\lim\limits_{x \to 0} \dfrac{x}{3x}=\dfrac{1}{3}$.

习题 1-6

1. 单项选择题：

(1) 当 $x \to 1$ 时，下列变量不是无穷小的是（ ）.

A. x^2-1 B. $3x^2+2x-5$ C. $x(x-2)+1$ D. $4x^2-2x-1$

（2）下列变量在自变量给定的变化过程中不是无穷大的是（　　）.

A. $\dfrac{x^2}{\sqrt{x^3-1}}(x\to+\infty)$　　　　　　　　B. $\lg x(x\to+\infty)$

C. $2^x(x\to0^-)$　　　　　　　　　　　　D. $\dfrac{1}{x}(x\to0^+)$

（3）下列变量在自变量给定的变化过程中不是无穷小的是（　　）.

A. $e^{-x}-1(x\to0)$　　　　　　　　　　B. $\dfrac{x}{\sqrt{x^3+1}}(x\to+\infty)$

C. $x^2\cos\dfrac{1}{x}(x\to0)$　　　　　　　　D. $e^x(x\to0)$

（4）$\lim\limits_{x\to0}\dfrac{\sin2x}{\tan3x}=$（　　）.

A. $\dfrac{2}{3}$　　　　　　B. $\dfrac{3}{2}$　　　　　　C. 1　　　　　　D. 0

（5）当 $x\to0$ 时，与无穷小 $\sqrt{1+x}-\sqrt{1-x}$ 等价的无穷小是（　　）.

A. x　　　　　　B. $2x$　　　　　　C. $\sqrt{x}$　　　　　　D. $2x^2$

（6）$x\to0$ 时，$1-\cos x$ 是 x^2 的（　　）.

A. 高阶无穷小　　　　B. 同阶无穷小　　　　C. 等价无穷小　　　　D. 低阶无穷小

（7）下列极限中，值为 1 的是（　　）.

A. $\lim\limits_{x\to\infty}\dfrac{\pi}{2}\dfrac{\sin x}{x}$　　　　B. $\lim\limits_{x\to0}\dfrac{\pi}{2}\dfrac{\sin x}{x}$　　　　C. $\lim\limits_{x\to\frac{\pi}{2}}\dfrac{\pi}{2}\dfrac{\sin x}{x}$　　　　D. $\lim\limits_{x\to\pi}\dfrac{\pi}{2}\dfrac{\sin x}{x}$

2. 指出下列函数哪些是无穷小，哪些是无穷大：

（1）$f(x)=100x^3(x\to\infty)$；　　　　　　（2）$f(x)=\dfrac{x}{x^2+1}(x\to+\infty)$；

（3）$f(x)=3^x(x\to+\infty)$；　　　　　　　　（4）$f(x)=\dfrac{1-(-1)^x}{x}(x\to\infty)$.

3. 当 $x\to0$ 时，比较 $\sin x$ 与 e^x-1 的阶数.

4. 当 $x\to1$ 时，比较 $1-\sqrt[3]{x}$ 与 $x-1$ 的阶数.

5. 利用等价无穷小的性质，计算下列各极限：

（1）$\lim\limits_{x\to0}\dfrac{\sin x^2}{\sin x}$；　　　　　　　　（2）$\lim\limits_{x\to0}\dfrac{\tan3x}{\arcsin x}$；

（3）$\lim\limits_{x\to0}\dfrac{\tan x^3}{\ln(1+x^3)}$；　　　　　　（4）$\lim\limits_{x\to\infty}\dfrac{2\ln(1+x)}{e^x-1}$.

第七节　函数的连续性与间断点

函数的连续性是与函数的极限密切相关的重要概念，这个概念的建立为进一步深入研究函数的微分和积分及其应用打下了基础.

一、函数的连续性

自然界中的许多现象，都在连续不断地运动和变化，如气温、气压的连续变化，河水的流动，植物的连续生长等. 这类现象反映到数学的函数关系上，就是函数的连续性. 例如，就气温作为时间的函数,当时间变动微小时,气温的变化也很微小,这种特点就是连续性. 在给出连续函数的精确定义前,先介绍增量的概念.

1. 增量

设变量 x 从它的一个初值 x_0 变到终值 x_1,终值与初值之差 x_1-x_0 称为变量 x 的**增量**,记作 Δx,即

$$\Delta x = x_1 - x_0.$$

增量 Δx 可以是正的,也可以是负的. 当 Δx 为正值时,变量 x 从 x_0 变到 $x_1=x_0+\Delta x$ 时是增大的;当 Δx 为负值时,变量 x 是减小的.

设函数 $y=f(x)$ 在 x_0 的某一邻域内有定义,当自变量 x 在该邻域内从 x_0 变到 $x_0+\Delta x$ 时,函数 y 相应地从 $f(x_0)$ 变到 $f(x_0+\Delta x)$,则称

$$\Delta y = f(x_0+\Delta x) - f(x_0)$$

为函数 $y=f(x)$ 的增量,如图 1-12 所示.

2. 函数在一点处连续的定义

在图 1-12 中,保持 x_0 不变,而让自变量的增量 Δx 变动,则函数 y 的增量 Δy 也随着变动. 函数的连续性概念可以这样直观地描述:如果 Δx 趋向于零时,函数 y 的对应增量 Δy 也趋于零,即

$$\lim_{\Delta x \to 0} \Delta y = 0,$$

或写成

$$\lim_{\Delta x \to 0} [f(x_0+\Delta x) - f(x_0)] = 0,$$

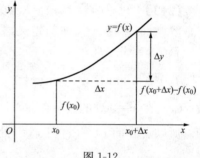

图 1-12

则称函数 $y=f(x)$ 在点 x_0 处是连续的. 于是,我们给出下面的定义.

定义 1 设函数 $y=f(x)$ 在点 x_0 的某一邻域内有定义,如果当自变量的增量 $\Delta x = x-x_0$ 趋于零时,对应的函数增量 $\Delta y=f(x_0+\Delta x)-f(x_0)$ 也趋于零,即 $\lim\limits_{\Delta x \to 0} \Delta y = 0$,那么就称函数 $y=f(x)$ 在点 x_0 处连续.

设 $x=x_0+\Delta x$,当 $\Delta x \to 0$ 时,有 $x \to x_0$,于是,定义 1 又可写为

$$\lim_{x \to x_0} [f(x) - f(x_0)] = 0,$$

即

$$\lim_{x \to x_0} f(x) = f(x_0).$$

所以,函数 $y=f(x)$ 在点 x_0 处连续的定义又可叙述如下.

定义 2 设函数 $y=f(x)$ 在点 x_0 的某一邻域内有定义,如果函数 $f(x)$ 在 $x \to x_0$ 时的极限存在,且等于它在 x_0 处的函数值 $f(x_0)$,即

$$\lim_{x \to x_0} f(x) = f(x_0),$$

那么就称函数 $y=f(x)$ 在点 x_0 处连续.

定义 3 如果左极限 $\lim\limits_{x \to x_0^-} f(x)$ [简记作 $f(x_0^-)$] 存在且等于 $f(x_0)$,即 $f(x_0^-)=f(x_0)$,那么就称函数 $f(x)$ 在点 x_0 处左连续.

如果右极限 $\lim\limits_{x \to x_0^+} f(x)$ [简记作 $f(x_0^+)$] 存在且等于 $f(x_0)$,即 $f(x_0^+)=f(x_0)$,那么就

称函数 $f(x)$ 在点 x_0 处右连续.

由于 $\lim\limits_{x \to x_0} f(x)$ 存在的充分必要条件是 $f(x_0^+) = f(x_0^-)$，因此函数 $y = f(x)$ 在点 x_0 处连续的定义也可叙述如下：

定义 4 设函数 $y = f(x)$ 在点 x_0 的某一邻域内有定义，如果函数 $f(x)$ 在点 x_0 处左连续且右连续，即

$$f(x_0^-) = f(x_0^+) = f(x_0),$$

那么就称函数 $y = f(x)$ 在点 x_0 处连续.

3. 区间上的连续函数

在开区间 (a, b) 内每一点都连续的函数，称为在开区间 (a, b) 内的连续函数，或者称函数在开区间 (a, b) 内连续.

如果函数在开区间 (a, b) 内连续，且在左端点 a 右连续，在右端点 b 左连续，那么称函数在闭区间 $[a, b]$ 上连续.

【例 1】 讨论函数 $f(x) = |x|$ 在 $x = 0$ 处是否连续.

解 $f(x)$ 在 $x = 0$ 处有定义，且 $f(0) = 0$，而

$f(0^-) = \lim\limits_{x \to 0^-} f(x) = \lim\limits_{x \to 0^-} (-x) = 0,$

$f(0^+) = \lim\limits_{x \to 0^+} f(x) = \lim\limits_{x \to 0^+} x = 0,$

故 $f(x)$ 在 $x = 0$ 处的极限存在，即 $\lim\limits_{x \to 0} f(x) = 0$，且有 $\lim\limits_{x \to 0} f(x) = f(0)$，即极限值等于函数值. 所以函数 $f(x) = |x|$ 在 $x = 0$ 处连续.

【例 2】 讨论函数 $f(x) = \begin{cases} x-1, & x<0 \\ 0, & x=0 \\ x+1, & x>0 \end{cases}$ 在 $x = 0$ 处是否连续.

解 $f(x)$ 在 $x = 0$ 处有定义，且 $f(0) = 0$，而

$$f(0^-) = \lim\limits_{x \to 0^-} f(x) = \lim\limits_{x \to 0^-} (x-1) = -1,$$

$$f(0^+) = \lim\limits_{x \to 0^+} f(x) = \lim\limits_{x \to 0^+} (x+1) = 1,$$

即 $f(x)$ 在 $x = 0$ 处的左、右极限都存在，但不相等，故在点 $x = 0$ 处函数 $f(x)$ 的极限不存在，所以函数 $f(x)$ 在 $x = 0$ 处不连续（见图 1-13）.

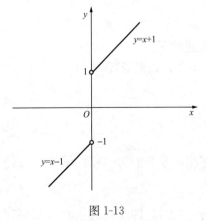

图 1-13

二、函数的间断点及其分类

1. 函数的间断点

由函数在一点处连续的定义 $\lim\limits_{x \to x_0} f(x) = f(x_0)$ 可知，函数 $f(x)$ 在点 x_0 处连续必须同时满足下列三个条件：

(1) $f(x)$ 在点 x_0 处有定义；

(2) 当 $x \to x_0$ 时，$f(x)$ 的极限 $\lim\limits_{x \to x_0} f(x) = f(x_0)$ 存在；

(3) 极限值等于 $f(x)$ 在点 x_0 处的函数值 $f(x_0)$.

如果函数 $f(x)$ 在点 x_0 连续的三个条件至少有一个不成立，则 $f(x)$ 在点 x_0 不连续，称 x_0 为函数 $f(x)$ 的间断点.

2. 间断点的分类

（1）第一类间断点. 如果 x_0 是函数 $f(x)$ 的间断点，且 $f(x)$ 在点 x_0 处的左、右极限 $f(x_0^-)$ 和 $f(x_0^+)$ 都存在，则称点 x_0 为函数 $f(x)$ 的**第一类间断点**.

（2）第二类间断点. 如果函数 $f(x)$ 在点 x_0 处的左、右极限 $f(x_0^-)$ 和 $f(x_0^+)$ 至少有一个不存在，则称点 x_0 为函数 $f(x)$ 的**第二类间断点**.

【例3】 判断函数 $f(x)=\dfrac{\sin x}{x}$ 的间断点.

解 已知 $f(x)=\dfrac{\sin x}{x}$ 在点 $x=0$ 处没有定义，所以 $f(x)$ 在点 $x=0$ 处间断，但 $\lim\limits_{x\to 0}\dfrac{\sin x}{x}=1$，故点 $x=0$ 是 $f(x)$ 的第一类间断点.

【例4】 判断函数 $f(x)=\dfrac{1}{x^2}$ 的连续性.

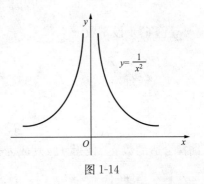

图 1-14

解 已知 $\lim\limits_{x\to 0}\dfrac{1}{x^2}=+\infty$（见图 1-14），所以 $f(x)=\dfrac{1}{x^2}$ 在 $x=0$ 处间断，且为第二类间断点. 因为 $x\to 0$ 时，$f(x)$ 趋于无穷大，故也称点 $x=0$ 为第二类间断点.

三、连续函数的运算

由函数在一点处连续的定义及极限的四则运算法则，立即得到：

定理1 如果函数 $f(x)$、$g(x)$ 在点 x_0 处连续，则它们的和、差、积、商（分母不为零）在点 x_0 也连续.

定理2 如果函数 $y=f(x)$ 在某区间上是单调增加（或单调减少）的连续函数，则它的反函数 $x=\varphi(y)$ 也在对应的区间上是单调增加（或单调减少）的连续函数.

定理3 设函数 $u=\varphi(x)$ 在点 $x=x_0$ 处连续，即

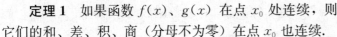

$$\lim_{x\to x_0}\varphi(x)=\varphi(x_0)=u_0,$$

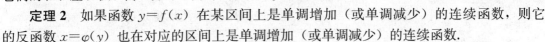

而函数 $y=f(u)$ 在点 $u=u_0$ 处连续，则复合函数 $y=f[\varphi(x)]$ 在点 $x=x_0$ 处连续.

四、初等函数的连续性

定理4 基本初等函数在其定义域内都是连续的.

前面证明了三角函数及其反三角函数在其定义域内都是连续的.

指数函数 $y=a^x (a>0,\ a\neq 1)$ 在区间 $(-\infty, +\infty)$ 内有定义，且单调和连续（证明略）.

由指数函数 $y=a^x$ 的单调性和连续性，根据反函数的连续性定理2可知，对数函数 $y=\log_a x (a>0,\ a\neq 1)$ 在其定义区间 $(0, +\infty)$ 内是单调且连续的.

幂函数 $y=x^\mu$，不论 μ 取何值，在区间 $(0, +\infty)$ 内是总有定义的，并且是连续的.

事实上，设 $x\in(0, +\infty)$，则 $y=x^\mu=\mathrm{e}^{\mu\ln x}$，从而幂函数 $y=x^\mu$ 可看作是 $u=\mu\ln x$ 复合而成的. 故由复合函数的连续性定理3可知，幂函数 $y=x^\mu$ 在区间 $(0, +\infty)$ 内是连续的.

综上所述，基本初等函数在其定义域内都是连续的.

定理5　初等函数在其定义区间内都是连续的.

根据初等函数的定义，由基本初等函数的连续性以及连续函数的和、差、积、商的连续性定理和复合函数的连续性定理，可得到一个重要结论：一切初等函数在其定义区间（即包含在定义域内的区间）内都是连续的.

由初等函数的连续性可知，求初等函数的极限方法很简单. 若 $f(x)$ 是初等函数，而 x_0 是 $f(x)$ 定义区间内的一点，那么

$$\lim_{x \to x_0} f(x) = f(x_0).$$

【例5】　求 $\lim\limits_{x \to \frac{\pi}{2}} \ln\sin x$.

解　因为 $x_0 = \dfrac{\pi}{2}$ 是初等函数 $f(x)$ 定义区间内的一点，所以

$$\lim_{x \to \frac{\pi}{2}} \ln\sin x = \ln\sin x \mid_{x = \frac{\pi}{2}} = \ln 1 = 0.$$

【例6】　设函数

$$f(x) = \begin{cases} \dfrac{\sin x}{x}, & x < 0 \\[2mm] a, & x = 0 \\[2mm] \dfrac{2(\sqrt{1+x}-1)}{x}, & x > 0 \end{cases},$$

选择合适的数 a，使得 $f(x)$ 成为在 $(-\infty, +\infty)$ 上的连续函数.

解　当 $x \in (-\infty, 0)$ 时，$f(x) = \dfrac{\sin x}{x}$ 是初等函数，由初等函数的连续性，$f(x)$ 连续；

当 $x \in (0, +\infty)$ 时，$f(x) = \dfrac{2(\sqrt{1+x}-1)}{x}$ 也是初等函数，所以也是连续的.

在 $x = 0$ 处，$f(0) = a$，又

$$f(0^-) = \lim_{x \to 0^-} f(x) = \lim_{x \to 0^-} \frac{\sin x}{x} = 1,$$

$$f(0^+) = \lim_{x \to 0^+} f(x) = \lim_{x \to 0^-} \frac{2(\sqrt{1+x}-1)}{x} = 1,$$

故 $\lim\limits_{x \to 0} f(x) = 1$，当选择 $a = 1$ 时，$f(x)$ 在 $x = 0$ 处连续.

综上，当 $a = 1$ 时，$f(x)$ 在 $(-\infty, +\infty)$ 上连续.

习题 1-7

1. 单项选择题：

（1）函数 $f(x) = 2x^2 + 1$，自变量增量为 Δx 时，函数 $f(x)$ 的相应增量 $\Delta y = $（　　）.

A. $2x\Delta x$ 　　　　　　　　　　　　B. $4 + 2\Delta x$

C. $4x\Delta x + 2(\Delta x)^2$ 　　　　　　D. $2\Delta x + (\Delta x)^2$

(2) 函数 $f(x) = \begin{cases} x-2, & 0 \leqslant x \leqslant 2 \\ 3-x, & 2 < x \leqslant 3 \end{cases}$ 在点 $x=2$ 处不连续，是因为（   ）．

A. $f(x)$ 在 $x=2$ 处无定义 　　 B. $\lim\limits_{x \to 2^-} f(x)$ 不存在

C. $\lim\limits_{x \to 2^+} f(x)$ 不存在 　　 D. $\lim\limits_{x \to 2} f(x)$ 不存在

(3) 函数 $f(x)$ 在点 $x=x_0$ 处有定义是 $f(x)$ 在点 $x=x_0$ 处连续的（   ）．

A. 必要条件 　　 B. 充分条件 　　 C. 充要条件 　　 D. 无关条件

(4) 函数 $f(x) = \begin{cases} e^x, & -1 \leqslant x \leqslant 0 \\ 1-x, & 0 < x \leqslant 1 \end{cases}$ 的连续区间是（   ）．

A. $[-1, 1]$ 　　 B. $(0, 1]$ 　　 C. $[-1, 0]$ 　　 D. $[-1, 0) \bigcup (0, 1]$

(5) 函数 $f(x) = \begin{cases} \ln x, & x \geqslant 1 \\ x+a, & x < 1 \end{cases}$ 在 $x=1$ 处连续，则 $a=$（   ）．

A. 0 　　 B. 1 　　 C. -1 　　 D. 2

2. 画出下列函数的图形，并研究其连续性：

(1) $f(x) = \begin{cases} 1-x, & 0 \leqslant x \leqslant 1 \\ x^2-1, & 1 < x \leqslant 2 \end{cases}$;

(2) $f(x) = \begin{cases} |x|, & |x| \leqslant 1 \\ 1, & 1 < |x| \leqslant 2 \end{cases}$.

3. 讨论下列函数的连续性，若有间断点，请指出其类型：

(1) $f(x) = x \sin x$; 　　 (2) $f(x) = \dfrac{x^2-4}{x^2-5x+6}$.

4. 求下列函数的极限：

(1) $\lim\limits_{x \to 3} \dfrac{1}{\sqrt{x^2-3x+2}}$; 　　 (2) $\lim\limits_{x \to 0} \ln(1-x^2)$;

(3) $\lim\limits_{x \to 3} (\sqrt{x-2} + \sqrt{4-x})$; 　　 (4) $\lim\limits_{x \to \frac{\pi}{2}} \ln \sin x$.

5. 设函数

$$f(x) = \begin{cases} \sqrt{x^2+1}, & x < 0 \\ b, & x = 0 \\ \dfrac{e^x-1}{2x} + a, & x > 0 \end{cases}$$

在 $x=0$ 处连续，求常数 a 和 b 的值．

第八节　闭区间上连续函数的性质

本节将给出闭区间上连续函数的几个重要性质，这些性质在几何直观上是比较明显的，但分析的证明却是不容易的，超出了本书的范围，故证明略去．

一、最大值与最小值定理

设函数 $f(x)$ 在区间 I 上有定义，如果至少存在一点 $x_0 \in I$，使得每一个 $x \in I$ 都有

$$f(x) \leqslant f(x_0) \quad [\text{或} f(x) \geqslant f(x_0)],$$

则称 $f(x_0)$ 是函数 $f(x)$ 在区间 I 上的**最大值（或最小值）**，并记

$$f(x_0) = \max_{x \in I}\{f(x)\} \quad [或 \ f(x_0) = \min_{x \in I}\{f(x)\}]$$

例如，函数 $f(x) = \cos x + 1$ 在区间 $[0，2\pi]$ 上有最大值 2 和最小值 0；函数 $f(x) = x - [x]$ 在区间 $[-1，1]$ 上有最小值 0，但没有最大值；函数 $f(x) = \dfrac{1}{x}$ 在 $(0，1)$ 内既没有最大值也没有最小值.

从上述几个例子可以看出，如果函数在闭区间上不连续或者仅在开区间内连续，就未必有最大值或最小值，但有下面的定理：

最大值与最小值定理　如果函数 $f(x)$ 在闭区间 $[a，b]$ 上连续，则在 $[a，b]$ 上一定有最大值和最小值. 这就是说，在 $[a，b]$ 上至少存在一点 ξ_1 和一点 ξ_2，使得对一切 $x \in [a，b]$，都有

$$f(\xi_1) \leqslant f(x) \leqslant f(\xi_2)$$

成立.

图 1-15 给出了该定理的几何直观图形.

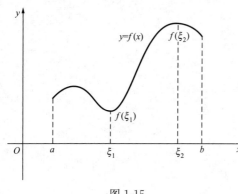

图 1-15

注：最大值与最小值定理的条件是充分的. 在不满足定理条件时，有的函数也可能取得最大值和最小值，如符号函数 $f(x) = \operatorname{sgn} x$ 在 $[-1，1]$ 上不连续，但有最大值 1 和最小值 -1.

由最大值与最小值定理容易推得下面的定理：

有界性定理　如果函数 $f(x)$ 在闭区间 $[a，b]$ 上连续，则它在 $[a，b]$ 上有界，即存在常数 $K > 0$，使得对一切 $x \in [a，b]$，都有 $|f(x)| \leqslant K$.

二、介值定理

如果 x_0 使得 $f(x_0) = 0$，则称 x_0 为函数 $f(x)$ 的零点. 下面给出零点定理：

零点定理　如果函数 $f(x)$ 在闭区间 $[a，b]$ 上连续，且 $f(a)f(b) < 0$，则在开区间 $(a，b)$ 内至少有一个 $f(x)$ 的零点，即至少存在一点 $\xi \in (a, b)$，使得

$$f(\xi) = 0.$$

从几何上看，零点定理表明：如果闭区间 $[a，b]$ 上的连续曲线弧 $y = f(x)$ 的两个端点位于 x 轴的不同侧，那么这段曲线弧与 x 轴至少有一个交点 ξ，如图 1-16 所示.

【例 1】　证明：五次代数方程 $x^5 - 4x^2 + 1 = 0$ 在 $(0，1)$ 内至少有一个根.

证　由于函数 $f(x) = x^5 - 4x^2 + 1$ 是初等函数，故它在闭区间 $[0，1]$ 上连续，又

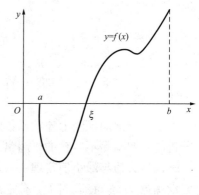

图 1-16

$$f(0) = 1 > 0, \quad f(1) = -2 < 0,$$

故 $f(0)f(1) < 0$. 所以由零点定理，至少存在一点 $\xi \in (0，1)$，使得

$$f(\xi) = 0 (0 < \xi < 1).$$

也就是说，五次代数方程 $x^5 - 4x^2 + 1 = 0$ 在（0，1）内至少有一个根.

【例 2】 证明：方程 $x + e^x = 0$ 在开区间（-1，0）内有唯一的根.

证 初等函数 $f(x) = x + e^x$ 在闭区间 [-1，0] 上连续，又

$$f(-1) = -1 + e^{-1} < 0, \quad f(0) = 1 > 0,$$

故 $f(-1) \cdot f(0) < 0$. 所以由零点定理，至少存在一点 $\xi \in (-1，0)$，使得 $f(\xi) = 0 (-1 < \xi < 0)$. 也就是说，$\xi$ 是所给方程在开区间（-1，0）内的根.

以上证明了根的存在性，下面证明根的唯一性.

由于函数 x 和 e^x 在闭区间 [-1，0] 上都是单调增加的，因而作为其和函数 $f(x) = x + e^x$ 也是单调增加的. 所以，对于任何的 $x \neq \xi$，必有 $f(x) \neq f(\xi)$，故 ξ 是所给方程在开区间（-1，0）内唯一的根.

介值定理 如果 $f(x)$ 在闭区间 [a，b] 上连续，且在此区间的端点处取不同的函数值

$$f(a) = A, \quad f(b) = B,$$

那么，对于 A 与 B 之间的任意一个数 μ，至少存在一点 $\xi \in (a，b)$，使得

$$f(\xi) = \mu.$$

从几何上看，介值定理表明：闭区间 [a，b] 上的连续曲线 $y = f(x)$ 与水平直线 $y = \mu$ 至少有一个交点（见图 1-17）.

推论 在闭区间上连续的函数一定能取得介于最大值 M 和最小值 m 之间的任何值.

设最大值为 $M = f(x_1)$，最小值为 $m = f(x_2)$，而 $M \neq m$. 在以 x_1、x_2 为端点的闭区间上，应用介值定理，就可以得到上述推论.

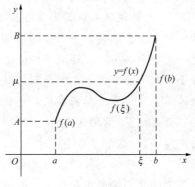

图 1-17

习题 1-8

1. 单项选择题：

(1) 函数 $y = 2x^2 + 1$ 在区间（-1，1] 内的最大值是（　　）.

A. 1 　　　　　 B. 3 　　　　　 C. 0 　　　　　 D. 不存在

(2) 函数 $y = \dfrac{1}{x}$ 在区间（1，3] 内的最大值是（　　）.

A. 1 　　　　　 B. $\dfrac{1}{3}$ 　　　　　 C. 2 　　　　　 D. 不存在

(3) 方程 $x^3 + 2x^2 - x - 2 = 0$ 在区间（-3，3）内（　　）.

A. 恰有一个实根 　　　　　　　　　 B. 恰有两个实根

C. 至少有一个实根 　　　　　　　　 D. 无实根

（4）如果函数 $f(x)$ 在区间 (a, b) 内至少存在一点 ξ，使得 $f(\xi)=0$，则 $f(x)$ 在区间 $[a, b]$ 上（　　　）.

A. 一定连续且 $f(a)f(b)<0$　　　　　　B. 不定连续，但必有 $f(a)f(b)<0$

C. 不定连续且不定有 $f(a)f(b)<0$　　　D. $f(x)$ 一定不连续

2. 证明：四次代数方程 $x^4+2x^2-2=0$ 在开区间 $(0, 1)$ 内至少有一个实根.

3. 证明：方程 $x^3+3x^2-1=0$ 在开区间 $(0, 1)$ 内至少有一个实根.

4. 证明：方程 $xe^x=1$ 至少有一个小于 1 的正根.

阅读欣赏一　极限的来源与发展

庞加莱说过：能够作出数学发现的人，是具有感受数学中的秩序、和谐、对称、整齐和神秘美等能力的人，而且只限于这种人.

一切数学概念都来自于社会实践，来源于生活现实的思想的火花，被数学家们捕捉到以后，经过千锤百炼，被提炼成概念. 再经过使用、推敲、充实、拓展，不断完善形成经典的理论. 数学中的概念、定理等无一例外都会经历这个过程. 毫无疑问，极限也是社会实践的产物.

一、中国古代极限思想

"一尺之棰，日取其半，万世不竭". 这是战国时期庄子在他的《天下篇》中记载的惠施的一段话. 意思是，一尺长的木棒，第一天取去一半，还剩二分之一尺，第二天再在这二分之一尺中取去一半，还剩下四分之一尺……按照这样的分法分下去，长度越来越小，但无论多小，永远分不完. 也就是说，随着分割次数的增加，棰会越来越短，长度接近于零，但又永远不会等于零. 墨家观点与惠施不同，提出一个"非半"的命题. 墨子说"非半弗，则不动，说在端". 意思是，将一线段按一半一半地无限分割下去，就必将出现一个不能再分割的"非半"，这个"非半"就是点. 墨家有无限分割最后会达到一个"不可分"的思想，名家则有"无限分割"的思想. 名家的命题论述了有限长度的"无限可分"性，墨家的命题指出了无限分割的变化和结果. 显然，名家和墨家的讨论，对数学理论的发展具有巨大推动作用. 现在看来，先秦诸子中的名、墨两家，对宇宙无限性与连续性的认识已相当深刻，在那时这些认识是片断的、零散的，更多地属于哲学范畴，但已反映出极限思想的萌芽，这无疑成为极限概念产生的丰厚的沃土.

公元 3 世纪，我国魏晋时期的数学家刘徽在注释《九章算术》时创立了有名的"割圆术". 他创造性地将极限思想应用到数学领域. 所谓"割圆术"，具体的方法是把圆周分割得越细，内接多边形的边数越多，其内接正多边形的周长就越接近圆周. 如此不断地分割下去，一直到圆周无法再分割为止，当到了圆内接正多边形的边数无限多时，它的周长就与圆周几乎"吻合"，进而完全一致了. 刘徽将正多边形的面积算到 3072 边形，由此求出的圆周率为 3.1416，是当时世界上最早也最准确的数据. 刘徽把这种思想方法推广到圆的有关计算. 刘徽的"割圆术"在人类历史上首次将极限和无穷小分割引入数学证明，成为人类文明史中不朽的篇章. 后来，祖冲之用这个方法把圆周率的值计算到小数点后七位. 这种对于某个值无限接近的思想就是后来建立极限概念的基础.

在中国数学的发展史上曾出现了刘徽、墨子、惠施等天才的数学家，但他们的数学研究和成就远远不及西方同时期的阿基米德、欧几里得等数学家，主要原因是我国古代数学理论研究没有得到相应的重视. 农业经济使人们终日疲于劳作, 经济的困顿使得没有多少人来学文化, 学数学的人自然更少, 有限的经济状况不允许人们的思想向实用以外的地方拓展; 隋朝开始的科举制度为"学而优则仕"努力奋斗的人们提供了搏杀的战场, 也扼杀了大批在数学研究上具有不凡才华的人; 农业社会的经济特点限制了人们对自然的探险和对理论的求索, 从而阻止了数学向理性的发展可能.

二、极限概念的发展

数学的发展与其社会背景紧密相关, 社会的发展一方面为数学的发展提供了条件, 另一方面又提出了大量需要解决的问题. 数学这个科学之母自然被推动向前发展. 16 世纪西方社会处于资本主义起步时期, 也是思想与科学技术的爆发时期, 科学、生产、技术中出现许多问题. 对此, 只研究常量的初等数学已面临困境. 大量的问题涌出, 像怎样求瞬时速度、曲线弧长、曲边形面积、曲面体体积这种无限、运动等问题困扰着数学家. 正是在这样的时代背景下, 极限概念被发展完善, 微积分也形成了系统的理论体系.

16 世纪初, 极限概念仍停留在粗浅的描述上, 由于人们习惯于常量数学的思维方法, 对无限与有限的辩证关系仍然是模糊的. 进入 17 世纪, 特别是牛顿在建立微积分的过程中, 由于极限没有准确的概念, 也就无法确定无穷小的身份, 利用无穷小运算时, 牛顿做出了自相矛盾的推导: 在用"无穷小"作分母进行除法时, 无穷小量不能为零; 而在一些运算中又把无穷小量看作零, 约掉那些包含它的项, 从而得到所要的公式. 显然, 这种数学推导在逻辑上是站不住脚的. 那么, 无穷小量是零还是非零? 这个问题困扰着牛顿, 也困扰着与牛顿同时代的众多数学家, 仅用旧的概念说不清"零"与"非零"的问题. 极限的本质没有触及. 真正意义上的极限概念产生于 17 世纪, 英国数学家约翰瓦里斯提出了变量极限的概念. 他认为变量的极限是当变量无限地逼近地一个常数时, 它们的差是一个给定的任意小的量. 他的这种描述, 把两个无限变化的过程表述出来, 揭示了极限的核心内容. 约翰的这个表述将极限思想向前做了延伸.

19 世纪, 法国数学家柯西在《分析教程》中比较完整地说明了极限概念及理论. 他认为, 当一个变量逐次所取的值无限趋于一个定值, 最终使变量的值和该定值之差要多小就多小, 这个定值就叫做所有其他值的极限. 柯西还指出, 数零是无穷小的极限. 这个思想已经摆脱了常量数学的束缚, 走向变量数学, 表现了无限与有限的辩证关系. 柯西的定义已经用数学语言准确地表达了极限的思想, 但这个表达还是定性的、描述性的. 被誉为"现代分析之父"的德国数学家魏尔斯特拉斯提出了极限定量的定义, 给微积分提供了严格的理论基础: "如果对任何 $\varepsilon > 0$, 总存在自然数 N, 使得当 $n > N$ 时, 不等式 $|-A| < \varepsilon$ 恒成立". 这个定义定量地、具体地刻画了两个"无限过程"之间的联系, 排除了以前极限概念中的直观痕迹, 将极限思想转化为数学的语言, 用数学的方法描述, 完成了从思想到数学的一个转变, 使极限思想在数学理论体系中占有了合法的地位, 在数学分析书籍中, 这种描述一直沿用至今.

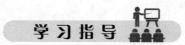

内容:

数列极限的概念, 函数极限的概念, 左、右极限的概念, 无穷小的概念与性质, 无穷大的概念, 无穷小与无穷大之间的关系, 极限的四则运算法则, 极限存在的准则, 两个重要极限, 无穷小的比较, 等价无穷小替换求极限, 函数连续的概念, 间断点的类型, 初等函数的连续性，闭区间上连续函数的性质.

基本要求：

理解数列极限的概念，理解函数极限的概念，了解左、右极限的概念. 理解无穷小的概念和性质，了解无穷大的定义及无穷大与无穷小的关系. 熟练运用极限四则运算法则和两个重要极限计算数列和函数的极限. 知道无穷小间的比较，会用等价无穷小替换求极限. 理解函数连续的概念，能区分间断点的类型. 知道连续函数的运算法则和初等函数的连续性. 知道闭区间上连续函数的性质. 会判断分段函数在分段点处的连续性.

重点与难点：

重点是极限的概念，函数连续的概念，极限四则运算法则，两个重要极限，求极限的若干方法.

难点是极限的概念，函数连续的概念，活用求极限的若干方法.

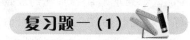

复习题一（1）

1. 填空题：

(1) 各项都是整数的等比数列 $\{a_n\}$，公比 $q \neq 1$，a_6、a_7、a_8 成等差数列，则公比 $q=$ _____.

(2) 已知等差数列 $\{a_n\}$，$a_n = 4n - 3$，则首项 $a_1 =$ _____，公差 $d=$ _____.

(3) $y = \arcsin \dfrac{x-2}{3}$ 的定义域是 _____.

(4) $\lim\limits_{x \to \infty} \dfrac{\sin x}{x} =$ _____.

(5) $y = \begin{cases} x-1, & x > 0 \\ \sin x, & x \leqslant 0 \end{cases}$ 的间断点是 _____.

2. 单项选择题：

(1) 下列数列中收敛的是（　　）.

A. $1,\ -1,\ 1,\ -1,\ \cdots$ 　　　　　　 B. $1,\ \dfrac{1}{2},\ \dfrac{1}{3},\ \cdots,\ \dfrac{1}{n},\ \cdots$

C. $0,\ 3,\ 0,\ 3,\ \cdots,\ 0,\ 3,\ \cdots$ 　　 D. $-\dfrac{1}{2},\ \dfrac{2}{3},\ -\dfrac{3}{4},\ \cdots,\ (-1)^n\dfrac{n}{n+1},\ \cdots$

(2) 下列函数中既是奇函数又单调增加的是（　　）.

A. $\sin^3 x$ 　　　　 B. $x^3 + 1$ 　　　　 C. $x^3 + x$ 　　　　 D. $x^3 - x$

(3) $\lim\limits_{n \to \infty} \dfrac{3n^3 - n}{5n^3 + n - 1} =$ （　　）.

A. $\dfrac{3}{5}$ 　　　　 B. 0 　　　　 C. $\dfrac{1}{2}$ 　　　　 D. ∞

(4) 当 $x \to 0$ 时，$\cos \dfrac{1}{x}$ 是（　　）.

A. 无穷小量 　　 B. 无穷大量 　　 C. 有界变量 　　 D. 无界变量

(5) 下列函数中是偶函数的是（　　）.

A. $y = x^3 + 1$ 　　 B. $y = x + \sin x$ 　　 C. $y = (1+x)^3$ 　　 D. $y = \cos(\sin x)$

(6) 当 $x \to 0$ 时，$\sin \dfrac{1}{x}$ 是（   ）.

A. 无穷小量   B. 无穷大量   C. 有界变量   D. 无界变量

3. 求下列函数的极限：

(1) $\lim\limits_{n\to\infty} \dfrac{n^2-6}{n^2+3}$;   (2) $\lim\limits_{x\to 5} \dfrac{x^2-7x+10}{x^2-25}$;

(3) $\lim\limits_{x\to\infty} \dfrac{1}{x-3} - \dfrac{6}{x^2-9}$;   (4) $\lim\limits_{x\to\infty} \dfrac{\sin x}{x^2}$.

4. 设函数 $f(x)=\begin{cases} x-3, & x<0 \\ 1, & x=0 \\ 2^x, & x>0 \end{cases}$，试判断 $\lim\limits_{x\to 0} f(x)$ 是否存在.

5. 设 $f(x)=\begin{cases} 1+x, & x>1 \\ x^2-1, & 0\leqslant x\leqslant 1 \end{cases}$，试判定 $f(x)$ 在 $x=\dfrac{1}{2}$、$x=1$、$x=2$ 处的连续性，并求出连续区间。

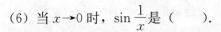

复习题-（2）

1. 填空题：

(1) $\lim\limits_{n\to\infty} \dfrac{1}{5^n} = $ _____ .

(2) $\lim\limits_{x\to 3}(3x-2) = $ _____ .

(3) 设 $y=\dfrac{1}{x+4}$，当 $x\to$ _____ 时，y 是无穷小量；当 $x\to$ _____ 时，y 是无穷大量.

(4) $f(x)=\dfrac{1}{\ln(x-3)}$ 的连续区间是 _____ .

(5) $x=0$ 是函数 $f(x)=x\sin\dfrac{1}{x}$ 的 _____ 间断点.

(6) $f(x)$ 的定义域是 $[0.4)$，则 $f(x^2)$ 的定义域是 _____ .

2. 单项选择题：

(1) $y=x^2+5$，$x\in(-\infty,0]$ 的反函数是（   ）.

A. $\sqrt{x}-5$，$x\in[5,+\infty)$ B. $y=-\sqrt{x}-5$，$x\in[0,+\infty)$

C. $y=\sqrt{x-5}$，$x\in[5,+\infty)$ D. $y=-\sqrt{x+5}$，$x\in[5,+\infty)$

(2) 当 $x\to x_0$ 时，α 和 $\beta(\beta\neq 0)$ 都是无穷小，当 $x\to x_0$ 时，下列变量中可能不是无穷小的是（   ）.

A. $\alpha+\beta$ B. $\alpha-\beta$ C. $\alpha\beta$ D. $\dfrac{\alpha}{\beta}$

(3) 函数 $f(x)=\sin(x^2-x)$ 是（   ）.

A. 有界函数   B. 周期函数   C. 奇函数   D. 偶函数

(4) 方程 $x^3-3x+1=0$ 在区间 $(0,1)$ 内（   ）.

A. 无实根   B. 有唯一实根   C. 有两个实根   D. 有三个实根

(5) $\lim\limits_{x\to a^+} f(x) = \lim\limits_{x\to a^-} f(x)$ 是函数 $f(x)$ 在 $x=a$ 处连续的 (　　).

A. 充分条件　　　　B. 必要条件　　　　C. 充要条件　　　　D. 无关条件

(6) 设函数 $f(x) = \begin{cases} x+1, & 0<x\leqslant 1 \\ 2-x, & 1<x\leqslant 3 \end{cases}$，则 $x=1$ 为函数的 (　　).

A. 连续点　　　　B. 可去间断点　　　　C. 跳跃间断点　　　　D. 振荡点

3. 求下列函数的极限：

(1) $\lim\limits_{x\to 0} \dfrac{\tan 3x}{x}$；

(2) $\lim\limits_{x\to 0} \dfrac{e^x-1}{x}$；

(3) $\lim\limits_{x\to 4} \dfrac{\sqrt{2x+1}-3}{\sqrt{x}-2}$；

(4) $\lim\limits_{x\to -1} \dfrac{x^2+4x+3}{x^2-x-2}$．

4. a、b 分别取何值时，$f(x) = \begin{cases} \dfrac{x^2+ax+b}{x-4}, & x\neq 4 \\ 2, & x=4 \end{cases}$ 在其定义域内连续？

5. 验证方程 $x\cdot 2^x-1=0$ 至少有一个小于 1 的正根．

第二章 导 数 与 微 分

微分学是微积分的重要组成部分,它的基本概念是导数与微分. 其中,导数反映的是函数相对于自变量变化的快慢速度,而微分则指明当自变量有微小变化时,函数大体上变化多少.

本章我们主要学习导数和微分的概念以及它们的计算方法,而导数的应用则在下一章讨论.

第一节 导 数 的 概 念

一、引例

在生产实践和科学实验中,常常要研究某个变量相对于另一个变量变化的快慢程度,这类问题统称为变化率问题. 我们先看自由落体的瞬时速度.

当物体做直线运动时,它的位移 s 为时间 t 的函数,记作 $s(t) = \dfrac{1}{2}gt^2$. 如

图 2-1 所示,物体做匀速直线运动时,其速度为

$$v = \frac{\Delta s}{\Delta t} = \frac{s(t + \Delta t) - s(t)}{\Delta t}$$

$$= \frac{\dfrac{1}{2}g(t + \Delta t)^2 - \dfrac{1}{2}gt^2}{\Delta t} = \frac{gt\Delta t + \dfrac{1}{2}(\Delta t)^2}{\Delta t} = gt + \frac{1}{2}\Delta t \quad (2\text{-}1)$$

由于时间选得越短,其比值就越能准确地反映质点在时刻 t_0 的快慢程度. 因此,更确切地应当令 $\Delta t \to 0$,取式(2-1)的极限,如果这个极限存在,设为 v_0,即

$$v_0 = \lim_{t \to t_0} \frac{s(t + \Delta t) - s(t)}{\Delta t} = \lim_{t \to t_0}\left(gt + \frac{1}{2}\Delta t\right) = gt.$$

极限值 v_0 反映了物体在时刻 t 的(瞬时)速度,与物理中的结论一致.

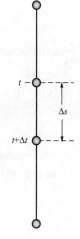

图 2-1

二、导数的定义与几何意义

上面所讨论的是物理问题,当我们抛开它们的具体意义而只考虑其中的数量关系时就会发现,它们本质上完全相同,都是以一类比值的极限

$$\lim_{x \to x_0} \frac{f(x) - f(x_0)}{x - x_0},$$

即因变量的改变量与自变量的改变量之比,当自变量的改变量趋于 0 时的极限. 与上述例子相似的还有很多概念,如电流强度、角速度、线密度等,虽然它们表达的实际意义不同,但从数量关系来看,都是研究函数的增量与自变量增量比的极限问题,反映某个变量相对于另一个变量变化的快慢程度的变化率问题. 由此,我们可以抽象出下面的导数概念.

1. 函数在某点 x_0 处的导数

定义 设函数 $y=f(x)$ 在点 x_0 的某个领域内有定义，当自变量 x 在 x_0 处取得改变量 Δx（点 $x_0+\Delta x$ 仍在该邻域内）时，相应地函数 $f(x)$ 取得改变量 $\Delta y=f(x_0+\Delta x)-f(x_0)$. 如果 Δy 与 Δx 之比在 $\Delta x \to 0$ 时的极限存在，则称函数 $y=f(x)$ 在点 x_0 处可导，并称这个极限为函数 $y=f(x)$ 在点 x_0 处的导数，记为 $y'|_{x=x_0}$，即

$$y'\big|_{x=x_0} = \lim_{\Delta x \to 0}\frac{\Delta y}{\Delta x} = \lim_{\Delta x \to 0}\frac{f(x_0+\Delta x)-f(x_0)}{\Delta x}, \tag{2-2}$$

也可记作 $f'(x_0)$，$\dfrac{\mathrm{d}y}{\mathrm{d}x}\Big|_{x=x_0}$ 或 $\dfrac{\mathrm{d}f(x)}{\mathrm{d}x}\Big|_{x=x_0}$.

函数 $f(x)$ 在点 x_0 处可导有时也说成 $f(x)$ 在点 x_0 处具有导数或导数存在. 如果上述极限不存在，则称函数 $f(x)$ 在点 x_0 处不可导；如果 $\Delta x \to 0$ 时，比值 $\dfrac{\Delta y}{\Delta x} \to \infty$，则称函数在点 x_0 处的导数为无穷大.

导数的定义式（2-2）也可取不同的形式，常见的有

$$f'(x_0) = \lim_{h \to 0}\frac{f(x_0+h)-f(x_0)}{h}$$

和

$$f'(x_0) = \lim_{x \to x_0}\frac{f(x)-f(x_0)}{x-x_0}.$$

2. 区间可导和导函数

（1）如果函数 $y=f(x)$ 在某个开区间 (a,b) 内每一点 x_0 均可导，则称函数 $y=f(x)$ 在开区间 (a,b) 内可导.

（2）若函数 $y=f(x)$ 在某一范围内每一点均可导，则在该范围内每取一个自变量 x 的值，就可得到一个唯一对应的导数值，这就构成了一个新的函数，称为原函数 $y=f(x)$ 的导函数. 导函数简称为导数.

如果函数 $y=f(x)$ 在开区间 (a,b) 内可导，且 $f'_+(a)$ 及 $f'_-(b)$ 都存在，就称 $f(x)$ 在闭区间 $[a,b]$ 上可导.

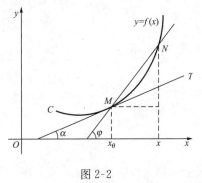

图 2-2

3. 导数的几何意义

我们就曲线 C 为函数 $y=f(x)$ 的图形的情形来讨论切线问题. 设 $M(x_0,y_0)$ 是曲线 C 上的一个点（见图 2-2），则 $y_0=f(x_0)$. 根据上述定义，要定出曲线 C 在点 M 处的切线，只要定出切线的斜率即可. 为此，在点 M 外另取 C 上的一点 $N(x,y)$，于是割线 MN 的斜率为

$$\tan\varphi = \frac{y-y_0}{x-x_0} = \frac{f(x)-f(x_0)}{x-x_0},$$

其中 φ 为割线 MN 的倾角. 当点 N 沿曲线 C 趋于点 M 时，$x \to x_0$. 如果当 $x \to x_0$ 时，上式的极限存在，设为 k，即

$$k = \lim_{x \to x_0}\frac{f(x)-f(x_0)}{x-x_0}$$

存在，则此极限 k 为割线斜率的极限，也就是切线的斜率. 这里 $k=\tan\alpha$，其中 α 为切线 MT

的倾角. 因此, 通过点 $M(x_0, f(x_0))$ 且以 k 为斜率的直线 MT 便是曲线 C 在点 M 处的切线.

事实上, 由 $\angle NMT = \varphi - \alpha$ 且 $x \to x_0$ 时 $\varphi \to \alpha$, 可见 $x \to x_0$ 时 (这时 $|MN| \to 0$), $\angle NMT \to 0$. 因此, 直线 MT 确为曲线 C 在点 M 处的切线.

函数在 x_0 处的导数 $f'(x)$ 在几何上表示曲线 $y = f(x)$ 在点 $M(x_0, y_0)$ 处的切线的斜率, 即 $f'(x) = \tan\alpha$, α 为切线与 x 轴正向的夹角.

根据点斜式直线方程, 可得曲线 $y = f(x)$ 在点 $M(x_0, y_0)$ 处的切线方程为

$$y - y_0 = f'(x_0)(x - x_0).$$

若 $f'(x_0) \neq 0$, 相应的曲线 $y = f(x)$ 在点 $M(x_0, y_0)$ 处的法线方程为

$$y - y_0 = \frac{1}{f'(x_0)}(x - x_0).$$

若 $f'(x_0) = 0$, 则曲线 $y = f(x)$ 在点 $M(x_0, y_0)$ 处的切线方程为 $y = y_0$, 法线方程为 $x = x_0$.

4. 求导练习

下面根据导数定义求一些简单函数的导数.

【例 1】 求函数 $f(x) = C$(C 为常数) 的导数.

解 $f'(x) = \lim\limits_{h \to 0} \dfrac{f(x + \Delta x) - f(x)}{h} = \lim\limits_{h \to 0} \dfrac{C - C}{h} = 0$, 即 $C' = 0$.

这就是说, 常数的导数等于零.

【例 2】 求函数 $f(x) = x^2$ 在 x_0 处的导数.

解 $f'(x_0) = \lim\limits_{x \to x_0} \dfrac{f(x) - f(x_0)}{x - x_0} = \lim\limits_{x \to x_0} \dfrac{x^2 - x_0^2}{x - x_0} = \lim\limits_{x \to x_0}(x + x_0) = 2x_0$,

把以上结果中的 x_0 换成 x 得 $f'(x) = 2x$, 即

$$(x^2)' = 2x.$$

更一般地, 对于幂函数 $y = x^\mu$(μ 为常数), 有

$$(x^\mu)' = \mu x^{\mu - 1}.$$

这就是幂函数的导数公式, 这个公式的证明后面给出. 利用该公式, 可以很方便地求出幂函数的导数. 例如

$$(\sqrt{x})' = (x^{\frac{1}{2}})' = \frac{1}{2}x^{\frac{1}{2} - 1} = \frac{1}{2}x^{-\frac{1}{2}},$$

即

$$(\sqrt{x})' = \frac{1}{2\sqrt{x}};$$

$$(x^{-1})' = (-1)x^{-1-1} = -x^{-2},$$

即

$$\left(\frac{1}{x}\right)' = -\frac{1}{x^2}.$$

【例 3】 求函数 $f(x) = e^x$ ($a > 0$, $a \neq 1$) 的导数.

解 $f'(x) = \lim\limits_{h \to 0} \dfrac{f(x + h) - f(x)}{h} = \lim\limits_{h \to 0} \dfrac{e^{x+h} - e^x}{h} = e^x \lim\limits_{h \to 0} \dfrac{e^h - 1}{h} = e^x \ln e = e^x$,

即

$$(e^x)' = e^x.$$

上式表明, 以 e 为底的指数函数的导数就是它本身. 这是以 e 为底的指数函数的一个重要特性.

【例 4】　函数 $f(x)=|x|$ 在点 $x=0$ 处是否可导?

解　$$\frac{f(0+\Delta x)-f(0)}{\Delta x}=\frac{|\Delta x|-0}{\Delta x}=\begin{cases} 1, & \Delta x>0 \\ -1, & \Delta x<0 \end{cases},$$

$$f'_+(0)=\lim_{\Delta x\to 0^+}f(\Delta x)=1,\quad f'_-(0)=\lim_{\Delta x\to 0^-}f(\Delta x)=-1,$$

由于 $f'_+(0)\neq f'_-(0)$,因此 $f(x)=|x|$ 在 $x=0$ 处不可导.

根据函数 $f(x)$ 在点 x_0 处的导数 $f'(x_0)$ 的定义是一个极限,因此 $f'(x_0)$ 存在,即 $f(x)$ 在点 x_0 处可导的充分必要条件是左、右极限

$$\lim_{h\to 0^-}\frac{f(x_0+h)-f(x_0)}{h},\quad \lim_{h\to 0^+}\frac{f(x_0+h)-f(x_0)}{h}$$

都存在且相等. 这两个极限分别称为函数 $f(x)$ 在点 x_0 处的左导数和右导数,记作 $f'_-(x_0)$ 及 $f'_+(x_0)$,即

$$f'_-(x_0)=\lim_{h\to 0^-}\frac{f(x_0+h)-f(x_0)}{h},\quad f'_+(x_0)=\lim_{h\to 0^+}\frac{f(x_0+h)-f(x_0)}{h}.$$

现在可以说,函数在点 x_0 处可导的充分必要条件是左导数 $f'_-(x_0)$ 和右导数 $f'_+(x_0)$ 都存在且相等.

【例 5】　求指数函数 $y=e^x$ 的图形在点 $(0,1)$ 处的切线方程和法线方程.

解　由 [例 4] 和导数的几何意义知,$y=e^x$ 的图形在点 $(0,1)$ 处的切线斜率为

$$y'\big|_{x=0}=e^0=1,$$

所以切线方程为 $y-1=1(x-0)$,即

$$y=x+1.$$

法线方程为 $y-1=-(x-0)$,即

$$y=-x+1.$$

【例 6】　求过点 $(2,0)$ 且与曲线 $y=\dfrac{1}{x}$ 相切的直线方程.

解　显然,点 $(2,0)$ 不在曲线 $y=\dfrac{1}{x}$ 上. 由导数的几何意义可知,若设切点为 (x_0,y_0),则 $y_0=\dfrac{1}{x_0}$,所求切线斜率为

$$k=\left(\frac{1}{x}\right)'\bigg|_{x=x_0}=-\frac{1}{x_0^2},$$

故所求切线方程为

$$y-\frac{1}{x_0}=-\frac{1}{x_0^2}(x-x_0).$$

又切线过点 $(2,0)$,所以有

$$-\frac{1}{x_0}=-\frac{1}{x_0^2}(2-x_0),$$

于是得 $x_0=1$,$y_0=1$,从而所求切线方程为

$$y-1=-(x-1),$$

即

$$y = 2 - x.$$

三、可导与连续的关系

定理　如果函数 $y = f(x)$ 在点 x 处可导，则函数在该点必连续.

证　若函数 $y = f(x)$ 在点 x 处可导，即

$$\lim_{\Delta x \to 0} \frac{\Delta y}{\Delta x} = f'(x)$$

存在，则由函数极限与无穷小的关系知道，$\dfrac{\Delta y}{\Delta x} = f'(x) + \alpha$，即 $\Delta y = f'(x)\Delta x + \alpha \Delta x$（其中 α 在 $\Delta x \to 0$ 时为无穷小），由

$$\lim_{\Delta x \to 0} \Delta y = \lim_{\Delta x \to 0} f'(x)\Delta x + \lim_{\Delta x \to 0} \alpha \Delta x = 0,$$

说明函数 $y = f(x)$ 在点 x 处连续.

但是，上述定理的逆定理不成立：函数 $y = f(x)$ 在某点连续，不一定在该点处可导.

【例 7】　研究函数 $f(x) = \begin{cases} x^2, & x \geqslant 0 \\ x+1, & x < 0 \end{cases}$ 在点 $x = 0$ 处的连续性和可导性.

解　因为 $\lim\limits_{x \to 0^+} f(x) = \lim\limits_{x \to 0}(x+1) = 1 \neq f(0)$，因此函数 $f(x)$ 在点 $x = 0$ 处不连续.

由上述定理的逆否命题可知，$f(x)$ 在点 $x = 0$ 处不可导.

如图 2-3 所示，函数 $y = |x|$ 在点 $x = 0$ 处连续，曲线 $y = |x|$ 在原点处没有切线，故不可导.

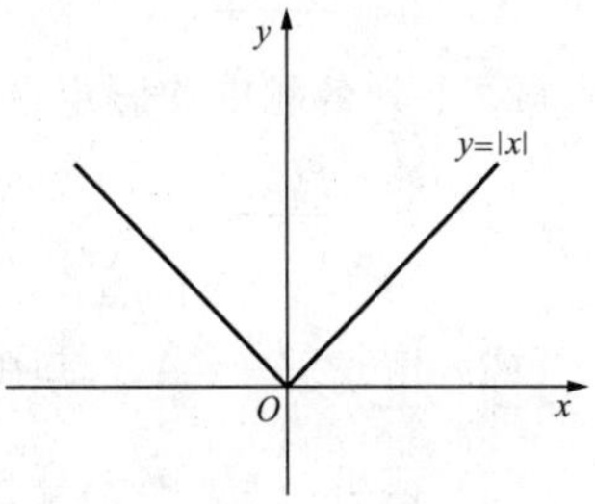

因此，函数在一个区间内是否可导，可以由其图形是否出现尖点来判断，可导函数的曲线应该是一条光滑的曲线.

图 2-3

【例 8】　建立等边三角形的面积 S 关于高 h 的函数关系式，并求当高 $h = 8\text{cm}$ 时，面积 S 对于高 h 的变化率.

解　由题意知等边三角形的高为 h，面积为 S，则

$$S = h^2 \tan \frac{\pi}{6} = \frac{\sqrt{3}}{3} h^2 (h > 0),$$

面积对高的变化率就是面积 S 对高 h 的导数，$\dfrac{\mathrm{d}S}{\mathrm{d}h} = \dfrac{2\sqrt{3}}{3} h$.

当 $h = 8$ 时，$\dfrac{\mathrm{d}S}{\mathrm{d}h}\Big|_{h=8} = \dfrac{2\sqrt{3}}{3} \times 8 = \dfrac{16\sqrt{3}}{3}$.

习 题 2-1

1. 单项选择题：

（1）当自变量 x 由 x_0 改变到 $x_0 + \Delta x$ 时，$y = f(x)$ 的改变量 $\Delta y = $（　　）.

A. $f(x_0 + \Delta x)$ 　　　　　　　　B. $f'(x_0 + \Delta x)$

C. $f(x_0 + \Delta x) - f(x_0)$ 　　　　D. $f(x_0)\Delta x$

（2）在曲线方程 $y = x^2 + 1$ 的图像上取一点 $(1, 2)$ 及邻近一点 $(1 + \Delta x, 2 + \Delta y)$，则 $\dfrac{\Delta y}{\Delta x}$ 为（　　）.

A. $\Delta x+\dfrac{1}{\Delta x}+2$　　　　　　　　B. $\Delta x-\dfrac{1}{\Delta x}-2$

C. $\Delta x+2$　　　　　　　　　　　D. $2+\Delta x-\dfrac{1}{\Delta x}$

（3）一质点的运动方程为 $s=5-3t^2$，则在时间 $[1，1+\Delta t]$ 内相应的平均速度为（　）.

A. $3\Delta t+6$　　　　B. $-3\Delta t+6$　　　　C. $3\Delta t-6$　　　　D. $-3\Delta t-6$

（4）设 $f(x)$ 在 $x=x_0$ 处可导，且 $f'(x_0)=-2$，则 $\lim\limits_{\Delta x\to 0}\dfrac{f(x_0)-f(x_0-\Delta x)}{\Delta x}$ 等于（　）.

A. 0　　　　　　B. 2　　　　　　C. -2　　　　　　D. 不存在

（5）在曲线 $y=x^2$ 上切线倾斜角为 $\dfrac{\pi}{4}$ 的点是（　）.

A. $(0，0)$　　　　B. $(2，4)$　　　　C. $\left(\dfrac{1}{4}，\dfrac{1}{16}\right)$　　　　D. $\left(\dfrac{1}{2}，\dfrac{1}{4}\right)$

（6）曲线 $y=2x^2+1$ 在点 $P(-1，3)$ 处的切线方程为（　）.

A. $y=-4x-1$　　　B. $y=-4x-7$　　　C. $y=4x-1$　　　D. $y=4x+7$

2. 下列各题中均假定 $f'(x_0)$ 存在，按照导数的定义观察，A 表示什么？

（1）$\lim\limits_{\Delta x\to 0}\dfrac{f(x_0-\Delta x)-f(x_0)}{\Delta x}=A$，则 $A=$＿＿＿＿＿.

（2）$\lim\limits_{x\to 0}\dfrac{f(x)}{x}=A$，其中 $f(0)=0$ 且 $f'(0)$ 存在，则 $A=$＿＿＿＿＿.

（3）函数 $y=x^3-2x+2$ 在 $x=2$ 处的切线的斜率为＿＿＿＿＿.

3. 设函数 $f(x)=\begin{cases} x^2，& x\leqslant 1 \\ ax+b，& x>1 \end{cases}$，为了使函数 $y=f(x)$ 在 $x=1$ 处可导，a、b 应取什么值？

4. 如果一个质点从固定点 A 开始运动，在时间 t 内的位移函数为 $y=f(t)=t^3+3$，则当 $t_1=4$ 且 $\Delta t=0.01$ 时，求：（1）Δy；（2）$\dfrac{\Delta y}{\Delta x}$.

5. 已知曲线 C：$y=x^3$.

（1）求曲线 C 上横坐标为 1 的点处的切线方程；

（2）第（1）小题中的切线与曲线 C 是否还有其他公共点？

第二节　函 数 求 导 法 则

在上一节中，我们根据导数的定义，求得一些简单函数的导数，但这样毕竟比较麻烦，因此有必要推导出一套简单适用的求导方法. 本节将给出各类基本初等函数的求导公式，以及关于函数四则运算、反函数、复合函数的求导法则.

一、函数和、差、积、商的求导法则

设函数 $u=u(x)$ 及 $v=v(x)$ 在点 x 处具有导数，根据导数定义，很容易得到和、差、积、商的求导法则，即

(1) $[u(x)\pm v(x)]'=u'(x)\pm v'(x)$;

(2) $[u(x)v(x)]'=u'(x)v(x)+u(x)v'(x)$;

(3) $\left[\dfrac{u(x)}{v(x)}\right]'=\dfrac{u'(x)v(x)-u(x)v'(x)}{v^2(x)}$.

利用上述定理，可以得到以下三个推论：

(1) $(cu)'=cu'$;

(2) $\left(\dfrac{1}{v}\right)'=\dfrac{-v'}{v^2}$;

(3) $(uvw)'=u'vw+uv'w+uvw'$.

学习了函数的和、差、积、商的求导法则后，由常函数、幂函数及正、余弦函数经加、减、乘、除运算得到的简单的函数，均可利用求导法则与导数公式求导，而不需要回到导数的定义去求.

一些基本初等函数的导数作为公式可以直接使用，即

$$c'=0 \qquad\qquad (x^n)'=nx^{n-1}(n\ \text{为常数})$$
$$(a^x)'=a^x\ln a \qquad\qquad (\mathrm{e}^x)'=\mathrm{e}^x$$
$$(\log_a x)'=\dfrac{1}{x\ln a} \qquad\qquad (\ln x)'=\dfrac{1}{x}$$
$$(\sin x)'=\cos x \qquad\qquad (\cos x)'=-\sin x$$

【例 1】 $y'=2x^3-5x^2+3x-7$，求 y'.

解 $y'=(2x^3-5x^2+3x-7)'=(2x^3)'-(5x^2)'+(3x)'-(7)'$

$=2\,(x^3)'-5\,(x^2)'+(3x)'=2\times 3x^2-5\times 2x+3=6x^2-10x+3.$

【例 2】 已知 $y=\sin x-\log_a x+\mathrm{e}^x$，求 y'.

解 $y'=(\sin x)'-(\log_a x)'+(\mathrm{e}^x)'=\cos x-\dfrac{1}{x\ln a}+\mathrm{e}^x$.

【例 3】 $f(x)=x^3+4\cos x-\sin\dfrac{\pi}{2}$，求 $f'\left(\dfrac{\pi}{2}\right)$.

解 $f'(x)=\left(x^3+4\cos x-\sin\dfrac{\pi}{2}\right)'=(x^3)'+(4\cos x)'-\left(\sin\dfrac{\pi}{2}\right)'$

$=3x^2-4\sin x.$

所以 $f'\left(\dfrac{\pi}{2}\right)=3\times\left(\dfrac{\pi}{2}\right)^2-4\sin\dfrac{\pi}{2}=\dfrac{3\pi^2}{4}-4.$

【例 4】 设 $y=2\sqrt{x}\sin x$，求 y'.

解 $y'=(2\sqrt{x}\sin x)'=2\,(\sqrt{x}\sin x)'=2\,(\sqrt{x})'\sin x+2\sqrt{x}(\sin x)'$

$=\dfrac{\sin x}{\sqrt{x}}+2\sqrt{x}\cos x.$

对于不能直接利用公式求导数的函数，可以通过一定的恒等变化，然后使用导数的运算法则求解.

【例 5】 设 $y=\tan x$，求 y'.

解 $y'=(\tan x)'=\left(\dfrac{\sin x}{\cos x}\right)'=\dfrac{(\sin x)'\cos x-\sin x\,(\cos x)'}{\cos^2 x}$

$$= \frac{\cos^2 x + \sin^2 x}{\cos^2 x} = \frac{1}{\cos^2 x} = \sec^2 x.$$

即
$$(\tan x)' = \sec^2 x.$$

这就是正切函数的导数公式.

【例 6】 $y = \sec x$，求 y'.

解 $y' = (\sec x)' = \left(\frac{1}{\cos x}\right)' = \frac{(1)' \cos x - 1 \cdot (\cos x)'}{\cos^2 x} = \frac{\sin x}{\cos^2 x} = \sec x \tan x,$

即
$$(\sec x)' = \sec x \tan x.$$

这就是正割函数的导数公式.

用类似方法，还可求得余切函数及余割函数的导数公式，即

$$(\cot x)' = -\csc^2 x,$$

$$(\csc x)' = -\csc x \cot x.$$

二、复合函数求导法则（链导法）

定理 如果 $u = \varphi(x)$ 在点 x_0 可导，而 $y = f(u)$ 在点 $u_0 = \varphi(x_0)$ 可导，则复合函数 $y = f[\varphi(x)]$ 在点 x_0 可导，且其导数为

$$\frac{\mathrm{d}y}{\mathrm{d}x}\bigg|_{x=x_0} = f'(u_0)\varphi'(x_0).$$

复合函数的求导法则可以推广到多个中间变量的情形. 我们以两个中间变量为例：设 $y = f(u)$，$u = \varphi(v)$，$v = \psi(x)$，则

$$\frac{\mathrm{d}y}{\mathrm{d}x} = \frac{\mathrm{d}y}{\mathrm{d}u}\frac{\mathrm{d}u}{\mathrm{d}x}, \quad \text{而} \frac{\mathrm{d}u}{\mathrm{d}x} = \frac{\mathrm{d}u}{\mathrm{d}v}\frac{\mathrm{d}v}{\mathrm{d}x},$$

故复合函数 $y = f\{\varphi[\psi(x)]\}$ 的导数为

$$\frac{\mathrm{d}y}{\mathrm{d}x} = \frac{\mathrm{d}y}{\mathrm{d}u}\frac{\mathrm{d}u}{\mathrm{d}v}\frac{\mathrm{d}v}{\mathrm{d}x}.$$

当然，这里假定上式右端所出现的导数在相应处都存在.

【例 7】 设 $y = \mathrm{e}^{x^5}$，求 $\dfrac{\mathrm{d}y}{\mathrm{d}x}$.

解 $y = \mathrm{e}^{x^5}$ 可以看作由 $y = \mathrm{e}^u$，$u = x^5$ 复合而成的，因此

$$\frac{\mathrm{d}y}{\mathrm{d}x} = \frac{\mathrm{d}y}{\mathrm{d}u}\frac{\mathrm{d}u}{\mathrm{d}x} = \mathrm{e}^u \cdot 5x^4 = 5x^4 \mathrm{e}^{x^5}.$$

【例 8】 $y = \ln\cos(\mathrm{e}^x)$，求 $\dfrac{\mathrm{d}y}{\mathrm{d}x}$.

解 所给函数可分解为 $y = \ln u$，$u = \cos v$，$v = \mathrm{e}^x$，

$$\frac{\mathrm{d}y}{\mathrm{d}u} = \frac{1}{u}, \ \frac{\mathrm{d}u}{\mathrm{d}v} = -\sin v, \ \frac{\mathrm{d}v}{\mathrm{d}x} = \mathrm{e}^x,$$

故
$$\frac{\mathrm{d}y}{\mathrm{d}x} = \frac{1}{u}(-\sin v)\mathrm{e}^x = -\frac{\sin(\mathrm{e}^x)}{\cos(\mathrm{e}^x)}\mathrm{e}^x = -\mathrm{e}^x \tan(\mathrm{e}^x).$$

不写出中间变量，此例可写为

$$\frac{\mathrm{d}y}{\mathrm{d}x} = [\ln\cos(\mathrm{e}^x)]' = \frac{1}{\cos(\mathrm{e}^x)}[\cos(\mathrm{e}^x)]' = \frac{-\sin(\mathrm{e}^x)}{\cos(\mathrm{e}^x)}(\mathrm{e}^x)' = -\mathrm{e}^x \tan(\mathrm{e}^x).$$

【例 9】 $y=\sqrt[3]{1-3x^2}$，求 $\dfrac{\mathrm{d}y}{\mathrm{d}x}$.

解 $\dfrac{\mathrm{d}y}{\mathrm{d}x}=\left[(1-3x^2)^{\frac{1}{3}}\right]'=\dfrac{1}{3}(1-3x^2)^{-\frac{2}{3}}(1-3x^2)'=\dfrac{-6x}{3\sqrt[3]{(1-3x^2)^2}}=\dfrac{-2x}{\sqrt[3]{(1-3x^2)^2}}$.

【例 10】 求函数 $y=\sqrt{\arcsin\dfrac{1}{x}}$ 的导数.

解 $y'=\left[\left(\arcsin\dfrac{1}{x}\right)^{\frac{1}{2}}\right]'=\dfrac{1}{2}\left(\arcsin\dfrac{1}{x}\right)^{-\frac{1}{2}}\left(\arcsin\dfrac{1}{x}\right)'$

$=\dfrac{1}{2\sqrt{\arcsin\dfrac{1}{x}}}\dfrac{1}{\sqrt{1-\left(\dfrac{1}{x}\right)^2}}\left(-\dfrac{1}{x^2}\right)=-\dfrac{1}{2|x|\sqrt{\arcsin\dfrac{1}{x}}}$.

三、初等函数求导

由导数的定义及求导法则，我们推导出了基本初等函数的导数公式. 由于初等函数是由基本初等函数经过有限次的四则运算和复合步骤所构成的，因此任何初等函数都是由基本初等函数的求导公式和上述求导的基本法则求出导数的. 由此可知，一切初等函数的导数仍为初等函数.

基本初等函数的导数公式如下：

(1) $(C)'=0$；

(2) $(x^\mu)'=\mu x^{\mu-1}$；

(3) $(a^x)'=a^x\ln a$；

(4) $(\mathrm{e}^x)'=\mathrm{e}^x$；

(5) $(\log_a x)'=\dfrac{1}{x\ln a}$；

(6) $(\ln x)'=\dfrac{1}{x}$；

(7) $(\sin x)'=\cos x$；

(8) $(\cos x)'=-\sin x$；

(9) $(\tan x)'=\sec^2 x$；

(10) $(\cot x)'=-\csc^2 x$；

(10) $(\sec x)'=\tan x\sec x$；

(12) $(\csc x)'=-\cot x\csc x$；

(13) $(\arcsin x)'=\dfrac{1}{\sqrt{1-x^2}}$；

(14) $(\arccos x)'=-\dfrac{1}{\sqrt{1-x^2}}$；

(15) $(\arctan x)'=\dfrac{1}{1+x^2}$；

(16) $(\text{arccot}\,x)'=-\dfrac{1}{1+x^2}$.

【例 11】 日常生活中的饮水通常是经过净化的. 随着水纯净度的提高，所需净化费用不断增加. 已知将 1t 水净化到纯净度为 $x\%$ 时所需费用（单位：元）为 $c(x)=\dfrac{5284}{100-x}$（$80<x<100$），求净化到纯净度 90% 时所需净化费用的瞬时变化率.

解 净化费用的瞬时变化率就是净化费用函数的导数.

$$c'(x)=\left(\dfrac{5284}{100-x}\right)'=\dfrac{5284'\times(100-x)-5284\times(100-x)'}{(100-x)^2}$$

$$=\dfrac{0\times(100-x)-5284\times(-1)}{(100-x)^2}=\dfrac{5284}{(100-x)^2}.$$

因为 $\qquad c'(90)=\dfrac{5284}{(100-90)^2}=52.84$，

所以，纯净度为 90% 时，费用的瞬时变化率为 52.84 元/t.

习题 2-2

1. 单项选择题：

(1) 下列运算中正确的是（　　）.

A. $(ax^2-bx+c)'=a(x^2)'+b(-x)'$

B. $(\sin x-2x^2)'=(\sin x)'-(2)'(x^2)'$

C. $(\cos x\sin x)'=(\sin x)'\cos x+(\cos x)'\cos x$

D. $[(3+x^2)(2-x^3)]'=2x(2-x^3)+3x^2(3+x^2)$

(2) 函数 $y=x+\dfrac{1}{x}$ 的导数是（　　）.

A. $1-\dfrac{1}{x^2}$ 　　　　 B. $1-\dfrac{1}{x}$ 　　　　 C. $1+\dfrac{1}{x^2}$ 　　　　 D. $1+\dfrac{1}{x}$

(3) 已知 $f(x)=ax^3+3x^2+2$，若 $f'(-1)=4$，则 a 的值是（　　）.

A. $\dfrac{19}{3}$ 　　　　 B. $\dfrac{16}{3}$ 　　　　 C. $\dfrac{13}{3}$ 　　　　 D. $\dfrac{10}{3}$

(4) 设函数 $f(x)=(1-2x^3)^{10}$，则 $f'(1)=$（　　）.

A. 0 　　　　 B. -1 　　　　 C. -60 　　　　 D. 60

(5) 函数 $y=\sin 4x$ 在点 M（π，0）处的切线方程为（　　）.

A. $y=x-\pi$ 　　　　 B. $y=0$ 　　　　 C. $y=4x-\pi$ 　　　　 D. $y=4x-4\pi$

2. 求下列函数在给定点处的导数：

(1) $y=\sin x-\cos x$，求 $y'|_{x=\frac{\pi}{6}}$；　(2) $f(x)=\dfrac{3}{5-x}+\dfrac{x^2}{5}$，求 $[f(0)]'$、$f'(0)$ 和 $f'(2)$.

3. 求下列函数的导数：

(1) $y=x^{12}$；　　　　　　　　　　　　(2) $y=\dfrac{1}{x^4}$；

(3) $y=\sqrt[5]{x^3}$；　　　　　　　　　　(4) $y=5x^3+3e^x+2$；

(5) $y=\left(2x^3-x+\dfrac{1}{x}\right)^4$；　　　　　(6) $y=\dfrac{1}{\sqrt{1-2x^2}}$；

(7) $y=\sin^2\left(2x+\dfrac{\pi}{3}\right)$；　　　　　(8) $y=\sqrt{1+x^2}$.

4. 求下列复合函数的导数：

(1) $y=(\ln x)^3$；　　　　　　　　　　(2) $y=e^{-\frac{x}{2}}\cos 3x$；

(3) $y=\sin\dfrac{1}{x}$；　　　　　　　　　(4) $y=\dfrac{\sin 2x}{x}$.

5. 已知函数 $y=x\ln x$，求：(1) 该函数的导数；(2) 该函数在点 $x=1$ 处的切线方程.

6. 曲线 $y=x(1-ax)^2$（$a>0$），且 $y'|_{x=2}=5$，求实数 a 的值.

7. 假设某国家在 20 年期间的通货膨胀率为 5%，物价 p（单位：元）与时间 t（单位：年）有如下关系：$p(t)=p_0(1+5\%)^t$，其中 p_0 为 $t=0$ 时的物价，假定某种商品的 $p_0=1$，那么在第 10 个年头，这种商品的价格上涨的速度大约是多少？（精确到 0.01）

8. 注水入深 8m、上顶直径为 8m 的正圆锥形容器中，其速率为 $4\text{m}^3/\text{min}$，当水深为 5m 时，其表面上升的速率为多少?

第三节　隐函数与反函数求导*

一、隐函数的导数

函数 $y=f(x)$ 表示两个变量 y 与 x 的对应关系，这种对应关系可以用不同的形式表达. 前面所遇到的函数，如 $y=\sin x\ln x$，$y=\arcsin\dfrac{1}{x}$ 等，都是直接给出自变量 x 的取值与因变量 y 之间的关系，即显函数关系.

如果在含变量 x 和 y 的关系式 $F(x,y)=0$ 中，当 x 取某区间 I 内的任一值时，相应地总有满足该方程的唯一的 y 值与之对应，那么就说方程 $F(x,y)=0$ 在该区间内确定了一个隐函数 $y=y(x)$. 这时 y 不一定都能用关于 x 的表达式表示.

若方程 $F(x,y)=0$ 确定了隐函数 $y=y(x)$，则将它代入方程中，得

$$F[x,y(x)]=0.$$

把一个隐函数化成显函数，叫做隐函数的显化. 例如，从方程 $x+y^3-1=0$ 解出 $y=\sqrt[3]{1-x}$，就把隐函数化成了显函数，然后根据显函数求导数.

【例 1】　求由方程 $x^2+y^2=R^2(y\geqslant 0)$ 所确定的函数的导函数.

解法 1　由方程 $x^2+y^2=R^2$ 可解得 $y=\sqrt{R^2-x^2}$，于是

$$y'=\frac{1}{2\sqrt{R^2-x^2}}(-2x)=\frac{-x}{\sqrt{R^2-x^2}}=-\frac{x}{y}.$$

隐函数的显化有时是有困难的，甚至是不可能的，如 $xy+\mathrm{e}^y=\mathrm{e}$，但在实际问题中，有时需要计算隐函数的导数，因此，我们希望一种方法，不管隐函数能否显化，都能直接由方程算出它所确定的隐函数的导数来.

解法 2　不具体地解出 y 来，而仅将 y 看作是 x 的函数：$y=y(x)$，故将此函数 $y=y(x)$ 带入该方程. 该方程便成为恒等式：$x^2+y(x)^2=R^2$，此恒等式两端同时对自变量 x 求导，利用复合函数的求导法则，得到

$$2x+2yy'=0,$$

由此即得

$$y'=-\frac{x}{y}.$$

解法 2 所用的方法称为隐函数的求导法.

隐函数求导步骤：

(1) 方程两端同时对 x 求导数，注意把 y 当作复合函数求导的中间变量来看待.

(2) 从求导后的方程解出 y'.

(3) 隐函数求导允许其结果中含有 y，但求一点的导数时不但要把 x 值代进去，还要把对应的 y 值代进去.

【例 2】　方程 $xy+\mathrm{e}^y=\mathrm{e}$ 确定了 y 是 x 的函数，求 $y'(0)$.

解　方程 $xy+\mathrm{e}^y=\mathrm{e}$ 两端同时对 x 求导得

$$y+xy'+\mathrm{e}^yy'=0,$$

$$y' = -\frac{y}{x + e^y},$$

因为 $x=0$ 时，解得 $y=1$，

所以
$$y'(0) = -\frac{y}{x + e^y}\Big|_{\substack{x=0 \\ y=1}} = -\frac{1}{e}.$$

【例 3】 求方程 $y=\cos(x+y)$ 所确定的导数 $\dfrac{dy}{dx}$.

解 方程两边对 x 求导，得
$$y' = -\sin(x+y)(1+y'),$$

所以
$$y' = \frac{-\sin(x+y)}{1+\sin(x+y)}[1+\sin(x+y) \neq 0].$$

对于幂指函数 $y=u(x)^{v(x)}$ 是不能直接求导的，我们可以通过方程两端取对数化幂指函数为隐函数，从而求出导数 y'. 这种方法称为对数求导法.

【例 4】 求 $y=x^{\sin x}(x>0)$ 的导数.

解 这个函数是幂指函数. 为求此函数的导数，先在方程两边取对数，得
$$\ln y = \sin x \ln x.$$

上式两边对 x 求导，注意到 y 是 x 的函数，得
$$\frac{1}{y}y' = \cos x \ln x + \sin x \frac{1}{x},$$

于是
$$y' = y\left(\cos x \ln x + \frac{\sin x}{x}\right) = x^{\sin x}\left(\cos x \ln x + \frac{\sin x}{x}\right).$$

由于对数具有化积商为和差的性质，因此，多因子乘积开方的求导运算可以通过取对数得到化简.

【例 5】 求 $y=\sqrt{\dfrac{(x^2+2)^3}{(x^4+1)(x^2+1)}}$ 的导数.

解 先在方程两边取对数，得
$$\ln y = \frac{1}{2}[3\ln(x^2+2) - \ln(x^4+1) - \ln(x^2+1)].$$

上式两边对 x 求导，得
$$\frac{y'}{y} = \frac{1}{2}\left(\frac{6x}{x^2+2} - \frac{4x^3}{x^4+1} - \frac{2x}{x^2+1}\right),$$

于是
$$y' = y\frac{1}{2}\left(\frac{6x}{x^2+2} - \frac{4x^3}{x^4+1} - \frac{2x}{x^2+1}\right),$$

即
$$y' = \frac{1}{2}\sqrt{\frac{(x^2+2)^3}{(x^4+1)(x^2+1)}}\left(\frac{6x}{x^2+2} - \frac{4x^3}{x^4+1} - \frac{2x}{x^2+1}\right)$$

注：关于幂指函数求导，除了取对数的方法外，也可以采取化指数的办法. 例如，$x^x = e^{x\ln x}$，这样就可把幂指函数求导转化为复合函数求导；再如，求 $y=x^{e^x}+e^{x^e}$ 的导数时，化指数方法比取对数方法简单，且不容易出错.

二、反函数求导

【例 6】 设 $y=\arcsin x$，求 y'.

解 $y=\arcsin x(-1\leqslant x\leqslant 1)$ 是函数 $x=\sin y\left(-\dfrac{\pi}{2}\leqslant y\leqslant\dfrac{\pi}{2}\right)$ 的反函数，而 $x=\sin y$ 在 $\left(-\dfrac{\pi}{2}\leqslant y\leqslant\dfrac{\pi}{2}\right)$ 区间内单调增加、可导，且

$$(\sin y)'_y=\cos y>0,$$

所以 $y=\arcsin x$ 在 $[-1,1]$ 内每点都可导，并有

$$y'=(\arcsin x)'=\frac{1}{(\sin y)'}=\frac{1}{\cos y},$$

又在 $\left(-\dfrac{\pi}{2},\dfrac{\pi}{2}\right)$ 内，$\cos y=\sqrt{1-\sin^2 y}=\sqrt{1-x^2}$，于是有

$$(\arcsin x)'=\frac{1}{\sqrt{1-x^2}}$$

同样我们可得到

$$(\arccos x)'=-\frac{1}{\sqrt{1-x^2}}.$$

【例 7】 求反正切函数 $y=\arctan x$ 的导数.

解 $y=\arctan x$ 是 $x=\tan y$ 的反函数，而 $x=\tan y$ 在 $\left(-\dfrac{\pi}{2},\dfrac{\pi}{2}\right)$ 区间内单调增加、可导，且 $(\tan y)'=\sec^2 y>0$，所以 $y=\arctan x$ 每点都可导，并有 $y'=(\arctan x)'=\frac{1}{(\tan y)'}=\frac{1}{\sec^2 y}$，又

$$\sec^2 y=1+\tan^2 y=1+x^2,$$

于是有

$$(\arctan x)'=\frac{1}{1+x^2}.$$

类似地，可求得

$$(\text{arccot}x)'=-\frac{1}{1+x^2}.$$

【例 8】 求对数函数 $y=\log_a x$ $(a>0,a\neq 1)$ 的导数.

解 $y=\log_a x$ $(a>0,a\neq 1)$ 是 $x=a^y(a>0,a\neq 1)$ 的反函数，而 $(a^y)'=a^y\ln a$，于是有

$$y'=(\log_a x)'=\frac{1}{a^y\ln a}=\frac{1}{x\ln a}.$$

特别地，当 $a=e$ 时，可以得到自然对数的导数公式

$$y'=(\ln x)'=\frac{1}{x}.$$

习 题 2-3

1. 求由下列方程所确定的隐函数的导数 $\dfrac{dy}{dx}$：

(1) $y^2-2xy+9=0$；

(2) $x^3+y^3-3axy=0$；

(3) $xy=e^{x+y}$；

(4) $y=1-xe^y$；

(5) $\sin(x+y)=\cos x\ln y$；

(6) $y^x=x^y$；

(7) $\sqrt{x}+\sqrt{y}=\sqrt{a}$;

(8) $x^3+y^3=a^3$;

(9) $xy+\ln y=1$;

(10) $\ln\sqrt{x^2+y^2}=\arctan\dfrac{y}{x}$.

2. 用对数求导法则求下列函数的导数:

(1) $y=\left(\dfrac{x}{1+x}\right)^x$;

(2) $y=\dfrac{\sqrt{x+2}(3-x)^4}{(x+1)^5}$;

(3) $y=(\sin x)^{\tan x}$;

(4) $y=(\sin x)^x+x^{\tan x}$.

第四节　高　阶　导　数*

一、高阶导数

前面已经看到, 当 x 变动时, $f(x)$ 的导数 $f'(x)$ 仍是 x 的函数, 因而可将 $f'(x)$ 再对 x 求导数, 所得出的结果 $\left[f'(x)\right]'$(如果存在) 就称为 $f(x)$ 的二阶导数.

定义　若函数 $f(x)$ 的导函数 $f'(x)$ 在点 x_0 处可导, 则称 $f'(x)$ 在点 x_0 处的导数为 $f(x)$ 在点 x_0 处的二阶导数, 记作 $f''(x_0)$, 即

$$\lim_{x\to x_0}\frac{f'(x)-f'(x_0)}{x-x_0}=f''(x_0),$$

此时称 $f(x)$ 在点 x_0 处二阶可导.

如果 $f(x)$ 在区间 I 上每一点都二阶可导, 则得到一个定义在区间 I 上的二阶可导函数, 记作 $f''(x)$, $x\in I$, 或记作 $f''(x)$、y'' 或 $\dfrac{\mathrm{d}^2 y}{\mathrm{d}x^2}$.

【**例 1**】　已知 $y=x^2+x+1$, 求 y''.

解　由 $y'=2x+1$, 得

$$y''=2.$$

函数 $y=f(x)$ 的二阶导数 $f''(x)$ 一般仍是 x 的函数. 如果对它再求导数, 导数存在, 则称为函数 $y=f(x)$ 的三阶导数, 记为 y'''、$f'''(x)$ 或 $\dfrac{\mathrm{d}^3 y}{\mathrm{d}x^3}$. 函数 $y=f(x)$ 的 $n-1$ 阶导数的导数称为函数 $y=f(x)$ 的 n 阶导数, 记为 $y^{(n)}$、$f^{(n)}(x)$ 或 $\dfrac{\mathrm{d}^n y}{\mathrm{d}x^n}$.

相应地, $y=f(x)$ 在 x_0 的 n 阶导数记为: $y^{(n)}\big|_{x=x_0}$, $f^{(n)}(x_0)$, $\dfrac{\mathrm{d}^n y}{\mathrm{d}x^n}\big|_{x=x_0}$.

所有二阶及二阶以上的导数都称为高阶导数.

【**例 2**】　$y=\mathrm{e}^x\cos x$, 求 y'''.

解
$$y'=\mathrm{e}^x\cos x+\mathrm{e}^x(-\sin x)=\mathrm{e}^x(\cos x-\sin x),$$
$$y''=\mathrm{e}^x(\cos x-\sin x)+\mathrm{e}^x(-\sin x-\cos x)=\mathrm{e}^x(-2\sin x),$$
$$y'''=-2(\mathrm{e}^x\sin x+\mathrm{e}^x\cos x)=-2\mathrm{e}^x(\sin x+\cos x).$$

【**例 3**】　求幂函数 $y=x^n$ (n 为正整数) 的 n 阶导数.

解　一般地, 任何首项系数为 1 的多项式 $x^n+a_1 x^{n-1}+a_2 x^{n-2}+\cdots+a_n$ 的 n 阶导数为 $n!$, $(n+1)$ 阶导数为零.

【例 4】 设函数 $y = e^{ax}$，求 $y^{(n)}$.

解 $y' = (e^{ax})' = ae^{ax}$；$y'' = (ae^{ax})' = a^2 e^{ax}$；$y''' = (a^2 e^{ax})' = a^3 e^{ax}$；
用数学归纳法可得

$$y^{(n)} = a^n e^{ax}.$$

二、二阶导数的物理意义

例如，已知运动规律 $s = s(t)$，则它的一阶导数为速度，即 $v = s'(t)$，对于变速运动，速度也是 t 的函数，即 $v = v(t)$. 如果在一段时间 Δt 内，速度 $v(t)$ 的变化为 $\Delta v = v(t + \Delta t) - v(t)$，那么在这段时间内，速度的平均变化率为 $\dfrac{\Delta v}{\Delta t} = \dfrac{v(t + \Delta t) - v(t)}{\Delta t}$，这就是在 Δt 这段时间内的平均加速度. 当 $\Delta t \to 0$ 时，极限 $\lim\limits_{\Delta t \to 0} \dfrac{\Delta v}{\Delta t}$ 就是速度在 t 时刻的变化率，也就是加速度，即

$$a(t) = \lim_{\Delta t \to 0} \frac{\Delta v}{\Delta t} = v'(t).$$

综上可知：$a(t) = v'(t) = [s'(t)]'$.

加速度是路程 $s(t)$ 对时间的导数的导数，即加速度是路程对时间的二阶导数，记为

$$a(t) = v'(t) = [s'(t)]' \qquad \text{或} \qquad \frac{\mathrm{d}^2 s}{\mathrm{d} t^2}.$$

这就是二阶导数的物理意义.

例如，自由落体运动规律为：$s = \dfrac{1}{2} g t^2 \Rightarrow v = gt \Rightarrow a = g$.

【例 5】 设一质点做简谐运动，其运动规律为 $s = A\sin\omega t$（A、ω 为常数），求该质点在时刻 t 的速度和加速度.

解 由一阶导数和二阶导数的物理意义知

$$v(t) = \frac{\mathrm{d} s}{\mathrm{d} t} = (A\sin\omega t)' = A\omega\cos\omega t,$$

$$a(t) = \frac{\mathrm{d}^2 s}{\mathrm{d} t^2} = (A\omega\cos\omega t)' = -A\omega^2\sin\omega t.$$

习题 2-4

1. 求下列函数的高阶导数：

(1) $y = ax^2 + bx + c$，求 y''、y'''、$y^{(4)}$；

(2) $y = \ln x(x + \sqrt{1 + x^2})$，求 y''；

(3) $y = \sin x \cos x$，求 y'''；

(4) $y = e^x \sin x$，求 y''.

2. 设 $f(x) = (x + 10)^6$，求 $f''(-4)$、$f^{(6)}(-4)$ 及 $f^{(20)}(-4)$.

3. 设函数 $f(x)$ 存在二阶导数，$y = f(\ln x)$，求 y''.

4. 已知 $y = \ln x$，求 $y^{(n)}$.

5. 已知 $y = x^n + a_1 x^{n-1} + \cdots + a_n$，求 $y^{(n)}$.

6. 设 $f^{(n)}(x)$ 存在，$y=f(ax+b)$，求 $y^{(n)}$.

第五节　微 分 及 其 应 用

一、微分的定义及其几何意义

1. 微分的定义

计算函数增量 $\Delta y=f(x_0+\Delta x)-f(x_0)$ 是我们非常关心的．一般说来，函数增量的计算是比较复杂的，我们希望寻求函数增量的近似计算方法．

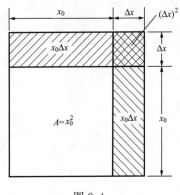

图 2-4

先分析一个具体问题，一块正方形金属薄片受温度变化的影响，其边长由 x_0 变到 $x_0+\Delta x$（见图 2-4），问此薄片的面积改变了多少？

设此薄片的边长为 x，面积为 A，则 A 是 x 的函数：$A=x^2$．薄片受温度变化的影响时面积的改变量，可以看成是当自变量 x 自 x_0 取得增量 Δx 时，函数 A 相应的增量 ΔA，即

$$\Delta A = (x_0+\Delta x)^2 - x_0^2 = 2x_0\Delta x + (\Delta x)^2.$$

从上式可以看出，ΔA 分成两部分，第一部分 $2x_0\Delta A$ 是 ΔA 的线性函数，即图 2-4 中带有斜线的两个矩形面积之和，而第二部分 $(\Delta x)^2$ 在图中是带有交叉斜线的小正方形的面积．当 $\Delta x\to 0$ 时，第二部分 $(\Delta x)^2$ 是比 Δx 高阶的无穷小，即 $(\Delta x)^2=o(\Delta x)$．由此可见，如果边长改变很微小，即 $|\Delta x|$ 很小时，面积的改变量 ΔA 可近似地用第一部分来代替．

一般地，如果函数 $y=f(x)$ 满足一定条件，则函数的增量 Δy 可表示为

$$\Delta y = A\Delta x + o(\Delta x),$$

其中 A 是不依赖于 Δx 的常数，因此 $A\Delta x$ 是 Δx 的线性函数，且它与 Δy 之差

$$\Delta y - A\Delta x = o(\Delta x)$$

是比 Δx 高阶的无穷小．所以，当 $A\neq 0$，且 $|\Delta x|$ 很小时，就可近似地用 $A\Delta x$ 来代替 Δy．

定义　设函数 $y=f(x)$ 在某区间内有定义，$x_0+\Delta x$ 及 x_0 在该区间内，如果函数的增量

$$\Delta y = f(x_0+\Delta x) - f(x_0) \tag{2-3}$$

可表示为

$$\Delta y = A\Delta x + o(\Delta x),$$

其中 A 是不依赖于 Δx 的常数，而 $o(\Delta x)$ 是比 Δx 高阶的无穷小，那么称函数 **$y=f(x)$ 在点 x_0 处是可微的**，而 $A\Delta x$ 叫做函数 **$y=f(x)$ 在点 x_0 处相应于自变量增量 Δx 的微分**，记作 $\mathrm{d}y$，即

$$\mathrm{d}y = A\Delta x.$$

按定义，$\Delta y = A\Delta x + o(\Delta x)$ 成立. 式（2-3）两边同时除以 Δx，得

$$\frac{\Delta y}{\Delta x} = A + \frac{o(\Delta x)}{\Delta x},$$

于是

$$A = \lim_{\Delta x \to 0} \frac{\Delta y}{\Delta x} = f'(x_0).$$

因此，如果函数 $f(x)$ 在点 x_0 处可微，则 $f(x)$ 在点 x_0 处也一定可导［即 $f'(x_0)$ 存在］，且 $A = f'(x_0)$.

由此可见，函数 $f(x)$ 在点 x_0 处可微的充分必要条件是函数 $f(x)$ 在点 x_0 处可导，且当 $f(x)$ 在点 x_0 处可微时，其微分 $\mathrm{d}y = f'(x_0)\Delta x$.

又由于 $\mathrm{d}y = f'(x_0)\Delta x$ 是 Δx 的线性函数，因此在 $f'(x_0) \neq 0$ 的条件下，$\mathrm{d}y$ 是 Δy 的线性主部（当 $\Delta x \to 0$）. 于是得到结论：在 $f'(x_0) \neq 0$ 的条件下，以微分 $\mathrm{d}y = f'(x_0)\Delta x$ 近似代替增量 $\Delta y = f(x_0 + \Delta x) - f(x_0)$ 时，相对误差当 $\Delta x \to 0$ 时趋于零. 因此，在 $|\Delta x|$ 很小时，有精确度较好的近似等式 $\Delta y \approx \mathrm{d}y$.

函数 $y = f(x)$ 在任意点 x 的微分，称为函数的微分，记作 $\mathrm{d}y$ 或 $\mathrm{d}f(x)$，即

$$\mathrm{d}y = f'(x)\Delta x.$$

【例1】 求函数 $y = \mathrm{e}^x$ 在点 $x = 0$ 和 $x = 1$ 处的微分.

解
$$\mathrm{d}y\big|_{x=0} = (\mathrm{e}^x)'\big|_{x=0}\,\mathrm{d}x = \mathrm{d}x,$$
$$\mathrm{d}y\big|_{x=1} = (\mathrm{e}^x)'\big|_{x=1}\,\mathrm{d}x = \mathrm{e}\,\mathrm{d}x.$$

【例2】 求函数 $y = x^2$ 在 $x = 3$、$\Delta x = 0.02$ 时的微分.

解 $\mathrm{d}y = (x^2)'\Delta x = 2x\Delta x$，所以

$$\mathrm{d}y\big|_{x=3,\Delta x=0.02} = 2x\Delta x\big|_{x=3,\Delta x=0.02} = 0.12.$$

2. 微分的几何意义

为了对微分有比较直观的了解，下面来说明微分的几何意义.

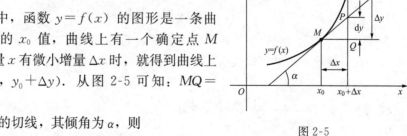

图 2-5

在直角坐标系中，函数 $y = f(x)$ 的图形是一条曲线. 对于某一固定的 x_0 值，曲线上有一个确定点 M (x_0, y_0). 当自变量 x 有微小增量 Δx 时，就得到曲线上另一点 $N(x_0 + \Delta x, y_0 + \Delta y)$. 从图 2-5 可知：$MQ = \Delta x$，$QN = \Delta y$.

过 M 点作曲线的切线，其倾角为 α，则

$$QP = MQ\tan\alpha = \Delta x f'(x_0),$$

即
$$\mathrm{d}y = QP.$$

由此可见，当 Δy 是曲线 $y = f(x)$ 上的 M 点的纵坐标增量时，$\mathrm{d}y$ 就是曲线的切线上 M 点的纵坐标的相应增量. 当 $|\Delta x|$ 很小时，$|\Delta y - \mathrm{d}y|$ 比 $|\Delta x|$ 小得多. 因此，在 M 点的邻近，可以用切线段来近似代替曲线段.

二、微分运算法则及微分公式

由 $\mathrm{d}y = f'(x)\mathrm{d}x$，很容易得到微分的运算法则及微分公式表（假定 u、v 都可导）.

1. 微分公式表（见表 2-1）

表 2-1

$d(x^\mu) = \mu x^{\mu-1} dx$	$d(\sin x) = \cos x dx$
$d(\cos x) = -\sin x dx$	$d(\tan x) = \sec^2 x dx$
$d(\cot x) = -\csc^2 x dx$	$d(\sec x) = \sec x \tan x dx$
$d(\csc x) = -\csc x \cot x dx$	$d(a^x) = a^x \ln a dx$
$d(e^x) = e^x dx$	$d(\log_a x) = \dfrac{1}{x\ln a} dx$
$d(\ln x) = \dfrac{1}{x} dx$	$d(\arcsin x) = \dfrac{1}{\sqrt{1-x^2}} dx$
$d(\arccos x) = -\dfrac{1}{\sqrt{1-x^2}} dx$	$d(\arctan x) = \dfrac{1}{1+x^2} dx$
$d(\text{arccot}\, x) = \dfrac{1}{1+x^2} dx$	

2. 微分运算法则

(1) $d(u \pm v) = du \pm dv$；

(2) $d(uv) = v\,du + u\,dv, d(Cu) = C\,du$；

(3) $d\left(\dfrac{u}{v}\right) = \dfrac{v\,du - u\,dv}{v^2}$.

3. 微分形式不变性

与复合函数的求导法则相应的复合函数的微分法则可推导如下：

设 $y = f(u)$ 及 $u = \varphi(x)$ 都可导，则复合函数 $y = f[\varphi(x)]$ 的微分为

$$dy = y'_x dx = f'(u)\varphi'(x)dx.$$

由于 $\varphi'(x)dx = du$，因此，复合函数 $y = f[\varphi(x)]$ 的微分公式也可以写成

$$dy = f'(u)du \text{ 或 } dy = y'_u du.$$

由此可见，无论 u 是自变量还是另一个变量的可微函数，微分形式 $dy = f'(u)du$ 都保持不变. 这一性质称为微分形式不变性. 该性质表示，当变换自变量（即设 u 为另一变量的任一可微函数）时，微分形式 $dy = f'(u)du$ 并不改变.

【例 3】 设 $y = \dfrac{1}{1+\sqrt{x}} - \dfrac{1}{1-\sqrt{x}}$，求 dy.

解
$$y = \frac{1}{1+\sqrt{x}} - \frac{1}{1-\sqrt{x}} = \frac{1-\sqrt{x}}{1-x} - \frac{1+\sqrt{x}}{1-x} = \frac{-2\sqrt{x}}{1-x}$$

$$dy = -2d\left(\frac{\sqrt{x}}{1-x}\right) = -2\frac{(1-x)d\sqrt{x} - \sqrt{x}d(1-x)}{(1-x)^2}$$

$$= -2\frac{(1-x)\dfrac{dx}{2\sqrt{x}} + \sqrt{x}dx}{(1-x)^2} = -\frac{1+x}{\sqrt{x}(1-x)^2}dx.$$

【**例 4**】 设 $y = \cos\sqrt{x}$，求 $\mathrm{d}y$.

解 $\mathrm{d}y = f'(x)\,\mathrm{d}x = (\cos\sqrt{x})'\,\mathrm{d}x = -\sin\sqrt{x}\,\mathrm{d}\sqrt{x} = -\dfrac{1}{2\sqrt{x}}\sin\sqrt{x}\,\mathrm{d}x$.

三、微分在近似计算的应用

1. 微分在近似计算中的应用

近似计算在工程中经常会遇到. 我们发现，利用微分往往可以将一些复杂的计算公式用简单的近似公式来代替，并能达到足够高的精度.

若函数 $y = f(x)$ 在点 x_0 处可导，则当自变量改变 Δx 时，函数在点 x_0 处的微分 $\mathrm{d}y$ 和函数改变量 Δy 分别为：$\mathrm{d}y = f'(x_0)\Delta x$，$\Delta y = f(x_0 + \Delta x) - f(x_0)$.

当 $|\Delta x|$ 很小时，可用 $\mathrm{d}y$ 近似代替 Δy，即

$$f(x_0 + \Delta x) - f(x_0) \approx f'(x_0)\Delta x. \tag{2-4}$$

式（2-4）表示函数 $y = f(x)$ 的增量 Δy 的近似值，$|\Delta x|$ 越小，近似程度越好. 将式（2-4）移项，得

$$f(x_0 + \Delta x) \approx f(x_0) + f'(x_0)\Delta x. \tag{2-5}$$

式（2-5）表示函数 $y = f(x)$ 在 x_0 附近的函数值近似值，$|\Delta x|$ 越小，近似程度越好. 再令 $x_0 + \Delta x = x$，此时 x 为变量，则有 $\Delta x = x - x_0$，所以式（2-5）变成如下的形式

$$f(x) \approx f(x_0) + f'(x_0)(x - x_0). \tag{2-6}$$

式（2-5）或式（2-6）告诉我们这样一个事实：要求函数 $y = f(x)$ 在某一点 x 处的值，可以通过求在点 x_0 处（x_0 为 x 附近的点）的 $f(x_0)$ 和 $f'(x_0)$ 来近似地计算，而且 $|\Delta x|$ 越小，近似程度越好.

【**例 5**】 求 $\sin 31°$ 的近似值.

解 设 $f(x) = \sin x$，$f'(x) = \cos x$，$x_0 = 30° = \dfrac{\pi}{6}$，$\Delta x = 1° = \dfrac{\pi}{180}$.

于是

$$f(x_0) = \sin\frac{\pi}{6} = \frac{1}{2}, \quad f'(x_0) = \cos\frac{\pi}{6} = \frac{\sqrt{3}}{2},$$

所以

$$\sin 31° = f(x_0 + \Delta x) \approx f(x_0) + f'(x_0)\Delta x$$

$$= \frac{1}{2} + \frac{\sqrt{3}}{2}\frac{\pi}{180} \approx 0.5151.$$

【**例 6**】 计算 $\arctan 1.05$ 的近似值.

解 设 $f(x) = \arctan x$，利用公式 $f(x_0 + \Delta x) \approx f(x_0) + f'(x_0)\Delta x$，有

$$\arctan(x_0 + \Delta x) \approx f(x_0) + \frac{1}{1 + x_0^2}\Delta x.$$

这里 $x_0 = 1$，$\Delta x = 0.05$，于是有

$$\arctan 1.05 = \arctan(1 + 0.05) \approx \arctan 1 + \frac{1}{1 + 1^2} \times 0.05 = \frac{\pi}{4} + \frac{0.05}{2} \approx 0.8104.$$

2. 常用微分近似计算公式

对于 $f(x) \approx f(x_0) + f'(x_0)(x - x_0)$，特别地，当 $x_0 = 0$，$|x|$ 很小时，有

$$f(x) \approx f(0) + f'(0)x. \tag{2-7}$$

应用式（2-7）可以得到几个工程上常用的近似计算公式（$|x|$ 很小时）：

(1) $\sqrt[n]{1+x} \approx 1 + \dfrac{1}{n}x$；(2) $\sin x \approx x$；

(3) $\tan x \approx x$；(4) $e^x \approx 1 + x$；(5) $\ln(1+x) \approx x$.

【例7】 证明如下近似公式：(1) $e^x \approx 1 + x$；(2) $\ln(1+x) \approx x$.

证 (1) 令 $f(x) = e^x$，$f'(x) = e^x$，当 $x = 0$ 时，$f(0) = 1$，$f'(0) = 1$，
由 $f(x) \approx f(0) + f'(0)x \Rightarrow f(x) \approx 1 + x$，即 $e^x \approx 1 + x$；

(2) 令 $f(x) = \ln(1+x)$，$f'(x) = \dfrac{1}{1+x}$，当 $x = 0$ 时，$f(0) = 0$，$f'(0) = 1$，
由 $f(x) \approx f(0) + f'(0)x \Rightarrow f(x) \approx x$，即 $\ln(1+x) \approx x$.

习题 2-5

1. 单项选择题：

(1) 当 $|\Delta x|$ 充分小，$f'(x_0) \neq 0$ 时，函数 $y = f(x)$ 的改变量 Δy 与微分 dy 的关系是（   ）.

A. $\Delta y = dy$ B. $\Delta y < dy$ C. $\Delta y > dy$ D. $\Delta y \approx dy$

(2) 若 $f(x)$ 可微，当 $\Delta x \to 0$ 时，在点 x 处的 $\Delta y - dy$ 是关于 Δx 的（   ）.

A. 高阶无穷小   B. 等价无穷小   C. 同阶无穷小   D. 低阶无穷小

(3) $y = f(x)$ 可微，则 dy（   ）.

A. 与 Δx 无关   B. 为 Δx 的线性函数

C. 当 $\Delta x \to 0$ 时是 Δx 的高阶无穷小   D. 当 $\Delta x \to 0$ 时是 Δx 的等价无穷小

(4) 当函数 $f(x) = x^2$ 在点 x_0 处有增量 $\Delta x = 0.2$，对应函数增量的主部为 -1.2 时，$x_0 =$（   ）.

A. 3   B. -3 C. 0.3   D. -0.3

(5) $f(x)$ 在点 $x = x_0$ 处可微，是 $f(x)$ 在点 $x = x_0$ 处连续的（   ）.

A. 充分且必要条件   B. 必要非充分条件

C. 充分非必要条件   D. 既非充分也非必要条件

2. 将适当的函数填入下列括号内，使等式成立：

(1) $d($ $) = 2dx$；   (2) $d($ $) = \dfrac{1}{1+x}dx$；

(3) $d($ $) = \dfrac{1}{\sqrt{x}}dx$；   (4) $d($ $) = e^{-2x}dx$；

(5) $d($ $) = \sin wx\, dx$；   (6) $d($ $) = \sec^2 3x\, dx$.

3. 求函数在给定条件下的增量 Δy 与微分 dy：

(1) $y = 2x + 1$，x 由 0 到 0.02；

(2) $y = x^2 + 2x + 3$，x 由 2 到 1.99.

4. 求下列函数的微分 dy：

(1) $y = e^{\frac{1}{x}} + x\sqrt{x}$；   (2) $y = e^{-x^2 + 2x - 1}$；

(3) $y = \ln(1 + e^x)$；   (4) $y = 2^{\cos x} + \dfrac{1}{e^x} + e^3$.

5. 利用微分求近似值（精确到 0.001）：

(1) sin1°;

(2) $\sqrt[3]{1.02}$；

(3) arctan0.95.

阅读欣赏二

数学家的故事：最早提出导数思想的人——费马（Fermat）.

费马，法国数学家，1601 年 8 月 17 日生于法国南部博蒙德洛马涅，1665 年 1 月 12 日卒于卡斯特尔. 他利用公务之余钻研数学，在数论、解析几何学、概率论等方面都有重大贡献，被誉为"业余数学家之王".

费马最初学习法律，但后来却以图卢兹议会议员的身份终其一生. 费马博览群书，精通数国文字，掌握多门自然科学. 虽然年近 30 才认真注意数学，但成果累累. 其 1637 年提出的费马大定理是数学研究中最著名的难题之一，至今尚未得到解决.

费马性情淡泊，为人谦逊，对著作无意发表. 去世后，很多论述都遗留在旧纸堆里，或书页的空白处，或在给朋友的书信中. 他的儿子将这些汇集成书，在图卢兹出版.

费马一生从未受过专门的数学教育，数学研究也不过是业余爱好. 然而，在 17 世纪的法国还没有一位数学家可以与之匹敌：他是解析几何的发明者之一；对于微积分诞生的贡献仅次于牛顿、莱布尼茨，同时也是概率论的主要创始人，以及独承 17 世纪数论天地的人. 此外，费马对物理学也有重要贡献. 一代数学天才费马堪称是 17 世纪法国最伟大的数学家.

17 世纪伊始，就预示了一个颇为壮观的数学前景. 而事实上，这个世纪也正是数学史上一个辉煌的时代. 几何学首先成为这一时代最引人注目的引玉之明珠. 由于几何学的新方法——代数方法在几何学上的应用，直接导致了解析几何的诞生；射影几何作为一种崭新的方法，开辟了新的领域；由古代的求积问题导致的极微分割方法引入几何学，使几何学有了新的研究方向，并最终促进了微积分的发明. 几何学的重新崛起是与一代勤于思考、富于创造的数学家分不开的，费马就是其中的一位.

费马于 1636 年与当时的大数学家梅森、罗贝瓦尔开始通信，对自己的数学工作略有言及. 但是，《平面与立体轨迹引论》的出版是费马去世 14 年以后的事，因而 1679 年以前，很少有人了解到费马的工作，而现在看来，费马的工作却是开创性的.

16、17 世纪，微积分是继解析几何之后最璀璨的明珠. 牛顿和莱布尼茨是微积分的缔造者，并且在其之前，至少有数十位科学家为微积分的发明做了奠基性的工作. 但在诸多先驱者当中，费马仍然值得一提，主要原因是他为微积分概念的引出提供了与现代形式最接近的启示，以至于在微积分领域，在牛顿和莱布尼茨之后再加上费马作为创立者，也会得到数学界的认可.

曲线的切线问题和函数的极大、极小值问题是微积分的起源之一. 这项工作较为古老，最早可追溯到古希腊时期. 阿基米德为求出一条曲线所包任意图形的面积，曾借助于穷竭法. 由于穷竭法烦琐笨拙，后来渐渐被人遗忘，直到 16 世纪才又被重视. 由于开普勒在探索行星运动规律时，遇到了如何确定椭圆形面积和椭圆弧长的问题，无穷大和无穷小的概念被引入并代替了烦琐的穷竭法. 尽管这种方法并不完善，但却为自卡瓦列里到费马以来的数学家开辟了一个十分广阔的思考空间.

学习指导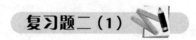

内容：

导数及左、右导数的概念，导数的几何意义，导数的基本公式与运算法则，反函数、复合函数，初等函数，隐函数的导数，简单函数的高阶导数，变化率的应用，微分的概念、运算以及应用.

基本要求：

理解导数的定义及其几何意义，了解连续与可导的关系. 熟练掌握导数的基本公式与运算法则，熟练掌握复合函数、初等函数、隐函数的求导方法. 掌握取对数的求导法. 理解高阶导数的概念及其几何意义，了解微分在近似计算中的应用.

重点与难点：

重点是导数的定义及运算法则，导数的几何意义，复合函数、初等函数、微分的概念，二阶导数的求解.

难点是商的导数公式的应用及二阶导数的求解.

复习题二（1）

1. 填空题：

（1）已知曲线 $y=f(x)$ 在点 $x=2$ 处的切线倾斜角为 $\dfrac{5}{6}\pi$，则 $f'(2)=$ _____.

（2）过曲线 $y=x^2$ 上点 $A(2,4)$ 的切线方程为_____，法线方程为_____.

（3）已知函数 $y=f(x)=x^2$，则 $\Delta y=$ _____，$\mathrm{d}y=$ _____.

（4）设 $y=x\ln x$，则 $y'=$ _____.

（5）一质点做直线运动，其运动方程为 $s(t)=5t-t^2$，则 $v\left(\dfrac{1}{2}\right)=$ _____.

（6）设 $y=y(x)$ 是由方程 $y=\sin(x+y)$ 所确定的隐函数，则 $y'=$ _____.

2. 单项选择题：

（1）设函数 $f(x)=|x|$，则函数在点 $x=0$（   ）.

A. 连续且可导　　　B. 连续且可微　　　C. 连续不可导　　　D. 连续不可微

（2）若 $f(x)$ 在 $x=a$ 处可导，则 $|f(x)|$ 在 $x=a$ 处（   ）.

A. 可导　　　B. 不可导　　　C. 连续但未必可导　D. 不连续

（3）$y=|\cos x|$ 在点 $x=0$ 处的导数是（   ）.

A. 1　　　B. -1　　　C. 0　　　D. 不存在

（4）函数在点处连续是在该点可导的（   ）.

A. 充分条件　　　B. 必要条件　　　C. 充要条件　　　D. 无关条件

（5）设 $y=\ln(1+x)$，则 $y^{(5)}=$（   ）.

A. $-\dfrac{4!}{(1+x)^5}$　　　B. $\dfrac{4!}{(1+5)^5}$　　　C. $\dfrac{4!}{(1+x)^5}$　　　D. $-\dfrac{5!}{(1+x)^5}$

(6) 设 $y=\mathrm{e}^{ax}$，则 $y^{(n)}=($).

A. $a\mathrm{e}^{ax}$ B. $a^n\mathrm{e}^{ax}$ C. e^{ax} D. $a^2\mathrm{e}^{ax}$

3. 计算题：

(1) 求下列函数的导数及微分：

1) $y=\sin(2x+1)$；   2) $y=\mathrm{e}^{5x+2}$；

3) $y=x\sin x$；   4) $y=a^x+x^a$.

(2) 求下列隐函数的导数：

1) $y=\sin(x+y)$；   2) $y=3+x\mathrm{e}^y$.

4. 一个高 4m 底面半径为 2m 的圆锥形容器，假设以 $2\mathrm{m}^3/\min$ 的速度将水注入该容器，求水深 3m 时的水面上升速率.

5. 求曲线 $y=\cos x$ 上点 $\left(\dfrac{\pi}{3}, \dfrac{1}{2}\right)$ 处的切线方程和法线方程.

复习题二 (2)

1. 填空题：

(1) 设函数 $f(x)=\begin{cases} x^2, & x\leqslant 1 \\ ax+b, & x>1 \end{cases}$ 在点 $x=1$ 处连续且可导，则 $a=$ _____ ，$b=$ _____ .

(2) 已知函数 $y=x^2+5x-3$，则 $f'(x)=$ _____ ，$f'(2)=$ _____ .

(3) 设 $y=\mathrm{e}^{2x-1}$，则 $y''(0)=$ _____ .

(4) $f(x)=x^3+x^2-x+3$，则 $f''(0)=$ _____ .

(5) 设函数 $y=\mathrm{e}^x$，则 $\mathrm{d}y|_{x=0}=$ _____ ，$\mathrm{d}y|_{x=1}=$ _____ .

(6) 已知 $y=(1+x)^4$，则 $f''(1)=$ _____ .

2. 单项选择题：

(1) 设 $f'(x)=1$，则 $\lim\limits_{x\to 1}\dfrac{f(x)-f(1)}{x^2-1}=($).

A. -1 B. 0 C. $\dfrac{1}{2}$ D. 1

(2) 设函数 $f(x)=\mathrm{e}^{5x}$，则 $f(x)$ 的 n 阶导数为（   ).

A. e^{5x} B. $5n\mathrm{e}^{5x}$ C. $5^n\mathrm{e}^{5x}$ D. $5\mathrm{e}^x$

(3) 设函数 $y=f(x)$ 是由方程 $\cos(x+y)+y=1$ 确定，则 $y'=($).

A. $\dfrac{\sin(x+y)}{1-\sin(x+y)}$ B. $\sin(x+y)$

C. $\cos(x+y)-1$ D. $\dfrac{\tan(x+y)}{1-\sin(x+y)}$

(4) 下列函数中在 $x=0$ 处可导的是（   ).

A. x^4 B. $y=x^{-3}$

C. $y=\begin{cases} \sin x, & x<0 \\ x^2, & x\geqslant 0 \end{cases}$ D. $y=|x|$

(5) 设 $u=u(x)$、$v=v(x)$ 都是可微函数，则 $\mathrm{d}(uv)=$（　　）.

A. $u\,\mathrm{d}u+v\,\mathrm{d}v$　　　　B. $v'\,\mathrm{d}v+v'\,\mathrm{d}u$　　　C. $u\,\mathrm{d}v+v\,\mathrm{d}u$　　　　D. $u\,\mathrm{d}v-v\,\mathrm{d}u$

(6) 设 $y=f(-2x^2)$ 可微，则 $\mathrm{d}y=$（　　）.

A. $-2xf'(-x^2)\mathrm{d}x$　　　　　　B. $xf'(-x^2)\mathrm{d}x$

C. $2f'(-x^2)\mathrm{d}x$　　　　　　　D. $2xf'(-x^2)\mathrm{d}x$

3. 求下列函数的导数及微分：

(1) $y=\ln\tan 2x$；　　　　　　　　(2) $y=\sin\sqrt{x^2+1}$；

(3) $y=\ln\ln(\ln x)$；　　　　　　　(4) $y=\arctan e^x$.

4. 验证 $y=\ln\dfrac{1}{1-x}$ 满足 $xy'-e^y+1=0$.

第三章 微分中值定理与导数的应用

函数的导数刻画了函数相对于自变量的变化快慢,几何上就是用曲线的切线倾斜度——斜率反映曲线在一个点附近的变化情况. 本章将利用函数的一阶、二阶导数进一步研究函数和曲线的性态,并介绍导数在一些实际问题中的应用.

第一节 拉格朗日中值定理

罗尔定理 如果函数 $f(x)$ 满足:①在闭区间 $[a, b]$ 上连续;②在开区间 (a, b) 内可微;③在区间端点处的函数值相等,即 $f(a) = f(b)$,则至少存在一点 $\xi \in (a, b)$,使得 $f'(\xi) = 0$.

拉格朗日中值定理 如果函数 $f(x)$ 满足:①在闭区间 $[a, b]$ 上连续;②在开区间 (a, b) 内可导,则至少存在一点 $\xi \in (a, b)$,使得

$$f'(\xi) = \frac{f(b) - f(a)}{b - a}.$$

如图 3-1 所示,上式右端为弦 AB 的斜率,于是 $f(x)$ 的图像在区间 $[a, b]$ 上不间断,且其上每一点都有不垂直于 x 轴的切线. $y = f(x)$ 的图像上,至少存在一点 C,使得过 C 点的切线平行于弦 AB. 当 $f(a) = f(b)$ 时,罗尔定理变为拉格朗日中值定理,即罗尔定理是拉格朗日中值定理的特例,而拉格朗日中值定理是罗尔定理的推广.

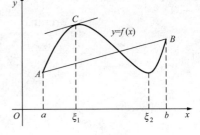

$$f'(\xi) = \frac{f(b) - f(a)}{b - a} \quad \xi \in (a, b)$$

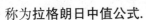

称为**拉格朗日中值公式**.

图 3-1

拉格朗日中值公式中,如果 $f(a) = f(b)$,则 $f'(\xi) = \dfrac{f(b) - f(a)}{b - a} = 0$,即罗尔定理是拉格朗日中值定理的特例,并且当 $a > b$ 时,拉格朗日中值公式也成立.

【例 1】 考察函数 $f(x) = \ln x$ 在区间 $[1, 2]$ 上是否满足拉格朗日中值定理的条件?若满足,则求出定理中的 ξ.

解 由于 $f(x) = \ln x$ 是基本初等函数,因此 $f(x)$ 在 $[1, 2]$ 上是连续的,在 $(1, 2)$ 内也是可导的,并且有 $f'(x) = \dfrac{1}{x}$.

所以,函数 $f(x) = \ln x$ 在 $[1, 2]$ 上满足拉格朗日中值定理的条件,即存在 $\xi \in (1, 2)$,使得

$$f(2) - f(1) = f'(\xi)(2 - 1),$$

即
$$f'(\xi)=\frac{\ln2-\ln1}{2-1}=\ln2.$$

又由
$$f'(\xi)=\frac{1}{\xi}=\ln2,$$

解得
$$\xi=\frac{1}{\ln2},$$

因此得到满足定理结论的
$$\xi=\frac{1}{\ln2}\in(1,2),$$

故函数 $f(x)=\ln x$ 在区间 $[1,2]$ 上满足拉格朗日中值定理，且 $\xi=\frac{1}{\ln2}$.

拉格朗日中值公式虽然仅仅指出了 ξ 的存在性，并没有指出究竟是哪一点，但并不影响应用. 拉格朗日中值定理的关键在于 ξ 的存在性.

推论1　如果函数 $f(x)$ 在区间 (a,b) 内的导数恒为零，则 $f(x)$ 在此区间内是一个常数，即
$$f'(x)=0\Leftrightarrow f(x)=C.$$

推论2　若函数 $f(x)$ 和 $g(x)$ 在区间 (a,b) 内可导，且 $f'(x)\equiv g'(x)$，则在该区间内 $f(x)=g(x)+C$.

【例2】　证明：当 $x>0$ 时，$\frac{x^2}{1+x^2}<\arctan x<x$.

证　令 $f(t)=\arctan t$，则 $f(t)$ 在 $[0,x]$ 上满足拉格朗日中值定理的条件，于是存在 $\xi\in(0,x)$，使得
$$\arctan x-\arctan0=\frac{1}{1+\xi^2}(x-0)=f'(\xi),$$

即
$$\arctan x=\frac{1}{1+\xi^2}x.$$

而
$$\frac{1}{1+x^2}<\frac{1}{1+\xi^2}<1,$$

故
$$\frac{x}{1+x^2}<\arctan x<x.$$

习 题 3-1

1. 验证罗尔定理对函数 $y=x^2-1$ 在区间 $[-1,1]$ 上的正确性.

2. 验证拉格朗日中值定理对函数 $y=\ln(x+1)$ 在区间 $[0,1]$ 上的正确性.

3. 验证函数 $f(x)=1-x^2$ 在 $[0,3]$ 上满足拉格朗日中值定理的条件，并求出定理结论中的 ξ.

4. 证明恒等式：$\arcsin x+\arccos x=\frac{\pi}{2}$.

5. 证明：当 $x>1$ 时，$e^x>ex$.

6. 证明：当 $x>0$ 时，$\dfrac{x}{1+x}<\ln(1+x)<x$.

7. 证明：$a>b>0$ 时，$\dfrac{a-b}{a}<\ln\dfrac{a}{b}<\dfrac{a-b}{b}$.

第二节　函数的单调性与极值

在函数学习中我们了解了函数单调性的概念，但是只根据定义判别函数的单调性往往是比较困难的．对于可导函数，我们有比较简便的判断.

一、函数的单调性

由图 3-2 可以看出，如果函数 $y=f(x)$ 在 $[a,b]$ 上单调增加（单调减少），那么它的图形是一条沿 x 轴正向上升（下降）的曲线．这时曲线上各点处的切线斜率是非负的（非正的），即 $y'=f'(x)\geqslant0$ [或 $y'=f'(x)\leqslant0$]．由此可见，函数的单调性与导数的符号有着密切的关系，即函数曲线的升降与函数的导数符号的关系定理.

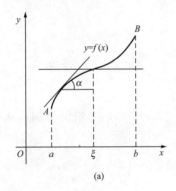 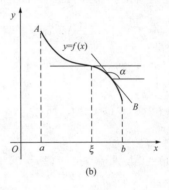

(a)　　　　　　　　　　　　　(b)

图 3-2

定理 1　设函数 $y=f(x)$ 在 $[a,b]$ 上连续，在 (a,b) 内可导：

(1) 如果在 (a,b) 内 $f'(x)>0$，那么函数 $y=f(x)$ 在 $[a,b]$ 上单调增加；

(2) 如果在 (a,b) 内 $f'(x)<0$，那么函数 $y=f(x)$ 在 $[a,b]$ 上单调减少.

判定法中的闭区间可换成其他各种区间（包括无穷区间），结论仍成立，我们称这些区间为函数的单调区间.

【例 1】　讨论函数 $y=x^3$ 的单调性.

解　如图 3-3 所示，函数的定义域为 $(-\infty,+\infty)$，函数的导数 $y'=3x^2$，除 $x=0$ 时，$y'=0$ 外，在其余各点处均有 $y'>0$．因此，当 $x\neq0$ 时，$y'>0$，所以函数在整个定义域 $(-\infty,+\infty)$ 内都是单调增加的.

一般地，如果 $f'(x)$ 在某区间内的有限个点处为零，在其余各点处均为正（或负），那么 $f(x)$ 在该区间上仍旧是单调增加（或单调减少）的.

【例 2】　讨论函数 $y=e^x-x-1$ 的单调性.

解　由于 $y'=e^x-1$ 且函数 $y=e^x-x-1$ 的定义域为

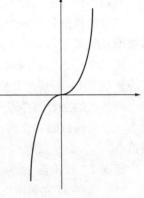

图 3-3

$(-\infty, +\infty)$，令 $y'=0$，得 $x=0$. 因为在 $(-\infty, 0)$ 内，$y'<0$，所以函数 $y=e^x-x-1$ 在 $(-\infty, 0]$ 上单调减少；又在 $(0, +\infty)$ 内 $y'>0$，所以函数 $y=e^x-x-1$ 在 $[0, +\infty)$ 上单调增加.

【例 3】 讨论函数 $y=\sqrt[3]{x^2}$ 的单调性.

解 显然，函数的定义域为 $(-\infty, +\infty)$，而函数的导数为 $y'=\dfrac{2}{3\sqrt[3]{x}}(x\neq 0)$，所以函数在 $x=0$ 处不可导. 但当 $x<0$ 时，$y'<0$，所以函数在 $(-\infty, 0]$ 上单调减少；当 $x>0$ 时，$y'>0$，所以函数在 $[0, +\infty)$ 上单调增加.

如果函数在定义区间上连续，除去有限个导数不存在的点外导数存在且连续，那么只要用方程 $f'(x)=0$ 的根及导数不存在的点来划分函数 $f(x)$ 的定义区间，就能保证 $f'(x)$ 在各个部分区间内保持固定的符号，因而函数 $f(x)$ 在每个部分区间上单调.

【例 4】 证明：当 $x>1$ 时，$2\sqrt{x}>3-\dfrac{1}{x}$.

证 只需证明当 $x>1$ 时，$2\sqrt{x}-\left(3-\dfrac{1}{x}\right)>0$.

为此，令 $f(x)=2\sqrt{x}-\left(3-\dfrac{1}{x}\right)$，则

$$f'(x)=\frac{1}{\sqrt{x}}-\frac{1}{x^2}=\frac{1}{x^2}(x\sqrt{x}-1),$$

因为当 $x>1$ 时，$f'(x)>0$，所以 $f(x)$ 在 $[1, +\infty)$ 上单调增加，从而当 $x>1$ 时，$f(x)>f(1)$，

又由于 $f(1)=0$，故 $f(x)>f(1)=0$，所以 $2\sqrt{x}-\left(3-\dfrac{1}{x}\right)>0$，

也就是 $2\sqrt{x}>3-\dfrac{1}{x}(x>1)$.

二、函数的极值

定义 1 设函数 $f(x)$ 在点 x_0 的邻域内有定义，如果：

(1) 在 x_0 的邻域内，$f(x_0)>f(x)$，$x\neq x_0$，则 x_0 称为极大点，$f(x_0)$ 为极大值；

(2) 在 x_0 的邻域内，$f(x_0)<f(x)$，$x\neq x_0$，则 x_0 称为极小点，$f(x_0)$ 为极小值.

函数的极大值与极小值统称为函数的**极值**，极大点、极小点称为**极值点**.

函数的极值只是一个局部性的概念，所以极大值与极小值之间没有必然的大小关系，函数极值只是某个邻域内的最大或最小值，而不是整个所考虑的区间上的最大或最小值.

定义 2 设函数 $f(x)$ 在点 x_0 的邻域内有定义，且 x_0 是 $f(x)$ 的极值点，如果 $f(x)$ 可导，则 $f'(x_0)=0$. 我们把点 x_0 称为**函数 $y=f(x)$ 的驻点**.

极值点的必要条件表明可导函数的极值点一定是驻点，但函数的驻点不一定是函数的极值点，不是函数的驻点的点也可能是函数的极值点. 下面的定理告诉我们怎样去判断驻点是极值点.

定理 2 设函数 $f(x)$ 满足：①在点 x_0 的邻域内可导；②$f'(x)=0$，那么：

(1) 若在 x_0 左侧附近 $f'(x)>0$，在 x_0 右侧附近 $f'(x)<0$，则 $f(x_0)$ 为极大值；

(2) 若在 x_0 左侧附近 $f'(x)>0$，在 x_0 右侧附近 $f'(x)<0$，则 $f(x_0)$ 为极小值；

(3) 若在 x_0 左、右两侧 $f'(x)$ 同号，则 $f(x_0)$ 不是极值点.

定理 2 表明：如果在点 x_0 两侧的导数符号相反，x_0 就一定是极值点；如果在点 x_0 两侧的导数符号相同，则 x_0 就一定不是极值点.

确定极值点和极值的步骤：

(1) 求出导数 $f'(x)$；

(2) 求出 $f(x)$ 的全部驻点和不可导点；

(3) 列表判断［考察 $f'(x)$ 的符号在每个驻点和不可导点的左右邻近的情况，以便确定该点是否为极值点. 如果是极值点，还要按定理 2 确定对应的函数值是极大值还是极小值］；

(4) 确定函数的所有极值点和极值.

【例 5】　求出函数 $f(x)=x^3-3x^2-9x+5$ 的极值.

解　$f'(x)=3x^2-6x-9=3(x+1)(x-3)$.

令 $f'(x)=0$，得驻点

$$x_1=-1,\ x_2=3.$$

列表讨论，见表 3-1.

表 3-1

x	$(-\infty,\ -1)$	-1	$(-1,\ 3)$	3	$(3,\ +\infty)$
$f'(x)$	$+$	0	$-$	0	$+$
$f(x)$	↗	极大值	↘	极小值	↗

所以，极大值 $f(-1)=10$，极小值 $f(3)=-22$.

【例 6】　求函数 $f(x)=(x-4)\sqrt[3]{(x+1)^2}$ 的极值.

解　显然，函数 $f(x)$ 在 $(-\infty,\ +\infty)$ 内连续，除 $x=-1$ 外处处可导，且

$$f'(x)=\frac{5(x-1)}{3\sqrt[3]{x+1}},$$

令 $f'(x)$，得驻点

$$x=1.$$

$x=-1$ 为 $f(x)$ 的不可导点.

列表判断，见表 3-2。

表 3-2

x	$(-\infty,\ -1)$	-1	$(-1,\ 1)$	1	$(1,\ +\infty)$
$f'(x)$	$+$	不可导	$-$	0	$+$
$f(x)$	↗	0	↘	$-3\sqrt[3]{4}$	↗

所以极大值为 $f(-1)=0$，极小值为 $f(1)=-3\sqrt[3]{4}$.

以上例子表明：在驻点和不可导点处，函数都可能取得极值，因此驻点和不可导点称为**函数的可能极值点**. 如［例 6］，虽然 $x=1$ 点不可导但是连续，这样的点 x_0 只要在左右两

侧的函数 $f'(x)$ 符号相反，仍然有可能是极值点.

以上是利用函数的一阶导数来讨论函数的极值，当函数在驻点处的二阶导数存在且不为零时，也可以利用下面的定理用二阶导数来判断函数在驻点处是取得极大值还是极小值.

定理 3　设函数 $f(x)$ 在点 x_0 处具有二阶导数且 $f'(x_0)=0$，$f''(x_0)\neq0$，那么

(1) 当 $f''(x_0)<0$ 时，函数 $f(x)$ 在 x_0 处取得极大值；

(2) 当 $f''(x_0)>0$ 时，函数 $f(x)$ 在 x_0 处取得极小值.

【例 7】　求出函数 $f(x)=x^3+3x^2-24x-20$ 的极值.

解　$f'(x)=3x^2+6x-24=3(x+4)(x-2)$，

令 $f'(x)=0$，得驻点

$$x_1=-4,\ x_2=2.$$

由于 $f''(x)=6x+6$，有 $f''(-4)=-18<0$，所以极大值 $f(-4)=60$，

而 $f''(2)=18>0$，所以极小值 $f(2)=-48$.

习 题 3-2

1. 单项选择题：

(1) $f(x)=\ln x$，则 (　　).

A. 在 $(-1,0)$ 内单调增加　　　　　B. 在 $(1,+\infty)$ 内单调减少

C. 在 $(0,+\infty)$ 内单调减少　　　　D. 在 $(0,+\infty)$ 内单调增加

(2) 下列函数中，在指定区间内单调减少的是 (　　).

A. $y=2^{-x}$　$(-\infty,+\infty)$　　　　B. $y=e^x$　$(-\infty,0)$

C. $y=\ln x$　$(0,+\infty)$　　　　　　D. $y=\sin x$　$(0,\pi)$

(3) $f(x)$ 在 $(-\infty,+\infty)$ 内可导，当 $x_1>x_2$ 时，$f(x_1)>f(x_2)$，则 (　　).

A. $f'(x)<0$　　　B. $f'(x)>0$　　　C. $f(x)>0$　　　D. $f(x)<0$

(4) 当 $x=\dfrac{\pi}{4}$ 时，函数 $f(x)=a\cos x-\dfrac{1}{4}\cos 4x$ 取得极值，则 $a=$ (　　).

A. -2　　　　　B. $-\sqrt{2}$　　　　C. $\sqrt{2}$　　　　D. 2

2. 当 $x>0$ 时，应用单调性证明下列不等式成立：

(1) $\sqrt[2]{1+x}<2+x$；

(2) $x-\dfrac{1}{2}x^2<\ln(1+x)<x$.

3. 确定下列函数的单调区间和极值：

(1) $y=x^2-6x-7$；　　　　　　　　(2) $y=2x^3-6x^2-18x-7$；

(3) $f(x)=2x^3+3x^2-12x+10$；　　　(4) $f(x)=2x^2-\ln x$.

4. 试问 a 为何值时，$f(x)=a\sin x+\dfrac{1}{3}\sin 3x$ 在 $x=\dfrac{\pi}{3}$ 处取得极值？它是极大值还是极小值？并求此极值.

第三节　函数的最大值与最小值

一、闭区间 $[a, b]$ 上的最大值与最小值

观察图 3-4 中一个定义在闭区间 $[a, b]$ 上的函数 $f(x)$ 的图像. 图中 $f(x_0)$ 是极大值, 也是函数 $f(x)$ 在 $[a, b]$ 上的最大值, 而最小值是 $f(b)$.

一般地, 在闭区间 $[a, b]$ 上连续的函数 $f(x)$ 在 $[a, b]$ 上必有最大值与最小值. 连续函数在闭区间 $[a, b]$ 上的最大值和最小值仅可能在区间内的极值点和区间的端点处取得. 因此, 为了求出函数 $f(x)$ 在闭区间 $[a, b]$ 上的最大值与最小值, 可先求出函数在 $[a, b]$ 内的一切可能的极值点 (所有驻点和导数不存在的点) 处的函数值和区间端点处的函数值 $f(a)$、$f(b)$, 比较这些函数值的大小, 其中最大的就是最大值, 最小的就是最小值.

在开区间 (a, b) 内连续的函数 $f(x)$ 不一定有最大值与最小值. 如函数 $f(x)=\dfrac{1}{x}$ 在 $(0, +\infty)$ 内连续, 但没有最大值与最小值, 如图 3-5 所示.

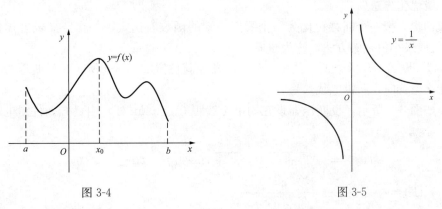

图 3-4　　　　　　　　　　　　图 3-5

【例 1】 求函数 $y=x^4-2x^2+5$ 在区间 $[-2, 2]$ 上的最大值与最小值.

解　$y'=4x^3-4x$, 令 $y'=0$, 有 $4x^3-4x=0$, 从而得 $x=-1, 0, 1$.

当 x 变化时, y'、y 的变化情况见表 3-3.

表 3-3

x	-2	$(-2, -1)$	-1	$(-1, 0)$	0	$(0, 1)$	1	$(1, 2)$	2
y'		$-$	0	$+$	0	$-$	0	$+$	
y'	13	↘	4	↗	5	↘	4	↗	13

从表 3-3 可知, 函数 $y=x^4-2x^2+5$ 在区间 $[-2, 2]$ 上的最大值为 13, 最小值为 4.

【例 2】 求函数 $f(x)=(x-1)\sqrt[3]{x^2}$ 在 $\left[-1, \dfrac{1}{2}\right]$ 上的最大值和最小值.

解　当 $x\neq0$ 时, $f'(x)=\dfrac{5x-2}{3\sqrt[3]{x}}$. 由 $f'(x)=0$ 得 $x=\dfrac{2}{5}$、$x=0$ 为 $f'(x)$ 不存在的点. 由于

$$f(-1)=-2, f\left(\frac{1}{2}\right)=-\frac{1}{4}\sqrt[3]{2}, f(0)=0, f\left(\frac{2}{5}\right)=-\frac{3}{5}\sqrt[3]{\frac{4}{25}},$$

因此，函数的最大值 $f(0)=0$，最小值 $f(-1)=-2$.

若 $f(x)$ 在一个开区间或无穷区间可导，且有唯一的一个极大值点，而无极小值点，则该极大值点一定是最大值点．对于极小值点，也可得出同样的结论．

若函数 $f(x)$ 在 $[a,b]$ 上单调增加（或减少），则 $f(x)$ 必在区间 $[a,b]$ 的端点上达到最大值和最小值.

【例3】 求函数 $f(x)=\dfrac{1}{x}+\dfrac{1}{1-x}$ 在 $(0,1)$ 内的最小值.

解 $f'(x)=-\dfrac{1}{x^2}+\dfrac{1}{(1-x)^2}=\dfrac{2x-1}{x^2\,(1-x)^2}$. 在 $(0,1)$ 上，令 $f'(x)=0$，得 $x=\dfrac{1}{2}$.

当 $0<x<\dfrac{1}{2}$ 时，$f'(x)<0$；当 $\dfrac{1}{2}<x<1$ 时，$f'(x)>0$，故 $f(x)$ 在 $x=\dfrac{1}{2}$ 处取得极小

值. 函数 $f(x)$ 在 $(0,1)$ 只有唯一的极小值点，故在 $x=\dfrac{1}{2}$ 处，取得最小值 $f\left(\dfrac{1}{2}\right)=4$.

二、最优化方法

建模初步：把一个问题转化为一个我们熟知的函数表达式，并在定义域上优化该函数（求最大值或最小值）的方法，称为**建模**.

【例4】 设 A、B 两个工厂共用一台变压器，其位置如图 3-6 所示，问变压器设在输电干线的什么位置时，所需电线最短？

解 如图 3-6 所示，设变压器设在输电干线距 C 点 x km 处，由已知条件得电线的总长度为

$$f(x)=\sqrt{2^2+x^2}+\sqrt{3^2+(6-x)^2}\quad(0\leqslant x\leqslant 6),$$

求导得 $f'(x)=\dfrac{x}{\sqrt{4+x^2}}-\dfrac{6-x}{\sqrt{9+(6-x)^2}}$，

令 $f'(x)=0$，在 $[0,6]$ 内，得 $x=2.4$ 为唯一驻点.

容易判断，此时函数有最小值，故变压器设在输电干线距 C 点 2.4 km 处，所需电线最短.

建立优化问题模型的提示：

（1）全面思考问题，确认优化的量或函数；

（2）如有可能，画出草图来显示变量之间的关系；

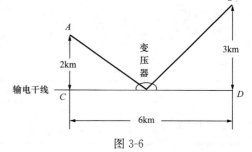

图 3-6

（3）设法得出用上述确认的变量表示要优化的函数，在公式中保留一个变量而消去其他变量，确认此变量的变化区间；

（4）求出该函数的最大值或最小值.

【例5】 把一根直径为 d 的圆木锯成矩形横梁．已知梁的抗弯强度与矩形的宽度成正比，又与它的高的平方成正比，问宽与高如何选择能使横梁的抗弯强度为最大？

解 如图 3-7 所示，设梁的底宽为 x，则高 $y=\sqrt{d^2-x^2}$. 梁的强度与它的底宽成正比，

又与它的高的平方成正比，所以强度

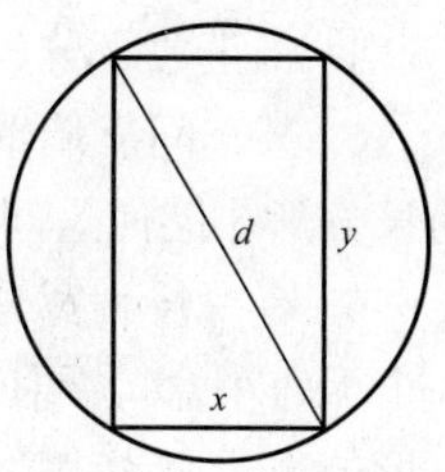

$$W = kxy^2 = kx(d^2 - x^2)，\quad k > 0，\quad 0 < x < d.$$

由 $W' = k(d^2 - 3x^2) = 0$ 解出

$$x = \frac{d}{\sqrt{3}}，\left(x = -\frac{d}{\sqrt{3}}\text{ 不合理,舍去}\right).$$

当 $x = \dfrac{d}{\sqrt{3}}$ 时，$W'' = -6kx < 0$，此时高为

$$y = \sqrt{d^2 - x^2} = \sqrt{d^2 - \frac{d^2}{3}} = \sqrt{\frac{2}{3}}d.$$

图 3-7

因此，横梁若锯成宽为 $\sqrt{\dfrac{1}{3}}d$、高为 $\sqrt{\dfrac{2}{3}}d$ 时，抗弯强度最大.

在生产实践及科学实验中，常遇到"最好""最省""最低""最大"和"最小"等问题，这类问题在数学上常常归结为求函数的最大值或最小值问题.

习题 3-3

1. 单项选择题：

(1) 下列说法中正确的是 (　　).

A. 函数的极大值就是函数的最大值　　　B. 函数的极小值就是函数的最小值

C. 函数的最值一定是极值　　　　　　　D. 在闭区间上的连续函数一定存在最值

(2) 函数 $y = f(x)$ 在区间 $[a, b]$ 上的最大值是 M，最小值是 m，若 $M = m$，则 $f'(x)$ (　　).

A. 等于 0　　　　　B. 大于 0　　　　　C. 小于 0　　　　　D. 以上都有可能

(3) 函数 $y = \dfrac{1}{4}x^4 + \dfrac{1}{3}x^3 + \dfrac{1}{2}x^2$ 在 $[-1, 1]$ 上的最小值为 (　　).

A. 0　　　　　　B. -2　　　　　C. -1　　　　　D. $\dfrac{13}{12}$

(4) 函数 $y = \dfrac{\sqrt{2x - x^2}}{x + 1}$ 的最大值为 (　　).

A. $\dfrac{\sqrt{3}}{3}$　　　　B. 1　　　　　C. $\dfrac{1}{2}$　　　　D. $\dfrac{3}{2}$

(5) 设 $y = |x|^3$，那么 y 在区间 $[-3, -1]$ 上的最小值是 (　　).

A. 27　　　　　B. -3　　　　　C. -1　　　　　D. 1

2. 求下列函数的最大值与最小值：

(1) $y = 2x^3 - 3x^2$，$-1 \leqslant x \leqslant 4$；

(2) $f(x) = \sin 2x - x$，$-\dfrac{\pi}{2} \leqslant x \leqslant \dfrac{\pi}{2}$；

(3) $y = x + \sqrt{1 - x}$，$-5 \leqslant x \leqslant 1$.

3. 问函数 $y = \dfrac{x}{x^2 + 1}$ $(x \geqslant 0)$ 在何处取得最大值？

4. 将正数 a 分成两部分，使其平方和为最小，应如何分？

5. 某车间靠墙壁要盖一间长方形小屋，现有存砖只够砌 20m 长的墙壁，问应围成怎样的长方形才能使这间小屋的面积最大？

6. 有一长和宽分别为 8 与 5 的长方形，在各角剪去相同的小正方形，把四边折起作成一个无盖小盒，要使纸盒的容积最大，问剪去的小正方形的边长应为多少？

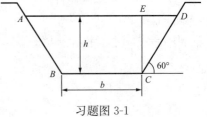

7. 一条水渠，断面为等腰梯形，如习题图 3-1 所示，在确定断面尺寸时，希望在断面 $ABCD$ 的面积为定值 S 时，使得湿周 $l=AB+BC+CD$ 最小，这样可使水流阻力小、渗透少，求此时的高 h 和下底边长 b.

习题图 3-1

第四节　函 数 的 凹 凸 性

一、曲线的凹凸与拐点

从图 3-8 可以看出，曲线弧 $\overset{\frown}{ABC}$ 在区间 (a, c) 内是向下凹入的，此时曲线弧 $\overset{\frown}{ABC}$ 位于该弧上任一点切线的上方；曲线弧 $\overset{\frown}{CDE}$ 在区间 (c, b) 内是向上凸起的，此时曲线弧 $\overset{\frown}{CDE}$ 位于该弧上任一点切线的下方. 关于曲线的弯曲方向，我们给出下面的定义：

定义 1　如果在某区间内的曲线弧位于其任一点切线的上方，那么此曲线弧叫做在该区间内是**凹的**；如果在某区间内的曲线弧位于其任一点切线的下方，那么此曲线弧叫做在该区间内是**凸的**.

例如，图 3-8 中曲线弧 $\overset{\frown}{ABC}$ 在区间 (a, c) 内是凹的，曲线弧 $\overset{\frown}{CDE}$ 在区间 (c, b) 内是凸的.

由图 3-8 还可以看出，对于凹的曲线弧，切线的斜率随 x 的增大而增大；对于凸的曲线弧，切线的斜率随 x 的增大而减小. 由于切线的斜率就是函数 $y=f(x)$ 的导数，因此凹的曲线弧，导数是单调增加的，而凸的曲线弧，导数是单调减少的. 由此可见，曲线 $y=f(x)$ 的凹凸性可以用导数 $f'(x)$ 的单调性来判定. 而 $f'(x)$ 的单调性又可以用它的导数，即 $y=f(x)$ 的二阶导数 $f''(x)$ 的符号来判定，故曲线 $y=f(x)$ 的凹凸性与 $f''(x)$ 的符号有关.

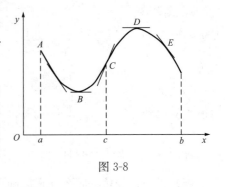

图 3-8

定义 2　设 $f(x)$ 在区间 I 上连续，如果对 I 上任意两点 x_1、x_2，恒有

$$f\left(\frac{x_1+x_2}{2}\right) < \frac{f(x_1)+f(x_2)}{2},$$

那么称 $f(x)$ 在 I 上的图形是（向上）凹的（或凹弧）；如果恒有

$$f\left(\frac{x_1+x_2}{2}\right) > \frac{f(x_1)+f(x_2)}{2},$$

那么称 $f(x)$ 在 I 上的图形是（向上）凸的（或凸弧）.

二、曲线凹凸性的判定定理

定理　设 $y=f(x)$ 在 $[a, b]$ 上连续，在 (a, b) 内具有一阶和二阶导数，那么

(1) 若在 (a, b) 内 $f''(x)>0$，则 $f(x)$ 在 $[a, b]$ 上的图形是凹的；

(2) 若在 (a, b) 内 $f''(x)<0$，则 $f(x)$ 在 $[a, b]$ 上的图形是凸的.

【例 1】　判断曲线 $y=\ln x$ 的凹凸性.

解　$y'=\dfrac{1}{x}$，$y''=-\dfrac{1}{x^2}$.

因为在函数 $y=\ln x$ 的定义域 $(0, +\infty)$ 内，$y''<0$，所以曲线 $y=\ln x$ 是凸的.

【例 2】　判断曲线 $y=x^3$ 的凹凸性.

解　因为 $y'=3x^2$，$y''=6x$. 令 $y''=0$，得 $x=0$.

当 $x<0$ 时，$y''<0$，所以曲线在 $(-\infty, 0]$ 内为凸的；当 $x>0$ 时，$y''>0$，所以曲线在 $[0, +\infty)$ 内为凹的. $(0, 0)$ 为曲线凹凸的分界点.

三、曲线的拐点

我们知道由 $f''(x)$ 的符号可以判定曲线的凹凸性. 如果 $f''(x)$ 连续，那么当 $f''(x)$ 的符号由正变负或由负变正时，必定有一点 x_0 使 $f''(x_0)=0$. 这样，点 $(x_0, f(x_0))$ 就是曲线的一个**拐点**. ［例 2］中 $(0, 0)$ 为曲线的拐点.

因此，如果 $y=f(x)$ 在区间 (a, b) 内具有二阶导数，我们就可以按下面的步骤来判定曲线 $y=f(x)$ 的拐点：

(1) 确定函数 $y=f(x)$ 的定义域；

(2) 求 $y''=f''(x)$；

(3) 令 $f''(x)=0$，解出这个方程在区间 (a, b) 内的实根；

(4) 对解出的每一个实根 x_0，考察 $f''(x)$ 在 x_0 的左右两侧邻近的符号. 如果 $f''(x)$ 在 x_0 的左右两侧邻近的符号相反，那么点 $(x_0, f(x_0))$ 就是一个拐点；如果 $f''(x)$ 在 x_0 的左右两侧邻近的符号相同，那么点 $(x_0, f(x_0))$ 就不是拐点.

【例 3】　求曲线 $y=x^3-3x^2$ 的凹凸区间和拐点.

解　(1) 函数的定义域为 $(-\infty, +\infty)$；

(2) $y'=3x^2-6x$，$y''=6x-6=6(x-1)$；

(3) 令 $y''=0$，得 $x=1$；

(4) 列表考察 y'' 的符号，见表 3-4（表中"⌣"表示曲线是凹的，"⌢"表示曲线是凸的）.

表 3-4

x	$(-\infty, 1)$	1	$(1, +\infty)$
y''	$-$	0	$+$
y	⌢	拐点	⌣

由表 3-4 可知，曲线在 $(-\infty, 1)$ 内是凸的，在 $(1, +\infty)$ 内是凹的；且 $x=1$ 时，$y=-2$，所以拐点为 $(1, -2)$.

【例 4】　求曲线 $y=3x^4-4x^3+1$ 的拐点及凹凸区间.

解　(1) 函数 $y=3x^4-4x^3+1$ 的定义域为 $(-\infty, +\infty)$；

(2) $y'=12x^3-12x^2=12x^2(1-x)=0$，解得 $x_1=0$，$x_2=1$；

$y''=36x^2-24x=36x\left(x-\dfrac{2}{3}\right)=0$；解得 $x_1=0$，$x_3=\dfrac{2}{3}$；

(3) 共有 3 个驻点：$x_1=0$，$x_2=1$，$x_3=\dfrac{2}{3}$；

（4）列表判断，见表 3-5.

表 3-5

x	$(-\infty, 0)$	0	$(0, 2/3)$	2/3	$(2/3, +\infty)$
$f''(x)$	$+$	0	$-$	0	$+$
$f(x)$	$\smile$	拐点	$\frown$	拐点	$\smile$

当 $x=1$ 时，$y=1$；$x=\dfrac{2}{3}$ 时，$y=\dfrac{11}{27}$.

综上，在区间 $(-\infty, 0]$ 和 $\left[\dfrac{2}{3}, +\infty\right)$ 上曲线是凹的，在区间 $\left[0, \dfrac{2}{3}\right]$ 上曲线是凸的. 曲线的拐点是 $(0，1)$ 和 $\left(\dfrac{2}{3}, \dfrac{11}{27}\right)$.

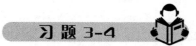

习题 3-4

1. 单项选择题：

（1）下列函数中在 $(-\infty, +\infty)$ 内是凹函数的是（　　）.

A. $y=x^3$　　　　　　B. $y=x^2+1$　　　　　C. $y=\ln x$　　　　　D. $y=\sin x$

（2）下列函数中在 $(-\infty, +\infty)$ 内是凸函数的是（　　）.

A. $y=x^3$　　　　　　B. $y=e^x$　　　　　　C. $y=\cos x$　　　　D. $y=\ln x+1$

（3）$f(x)$ 在 (a, b) 内连续，$x_0\in(a, b)$，$f'(x_0)>0$，$f''(x_0)<0$，则 $f(x)$ 在 $x=0$ 处（　　）.

A. 单调增、凹的　　B. 单调减、凹的　　C. 单调增、凸的　　D. 单调减、凸的

（4）设 $f'(x)=(x-1)(2x+1)$，$x\in(-\infty, +\infty)$，则在 $\left(\dfrac{1}{2}, 1\right)$ 内曲线 $f(x)$（　　）.

A. 单调增、凹的　　B. 单调减、凹的　　C. 单调增、凸的　　D. 单调减、凸的

（5）下列函数中没有拐点的是（　　）.

A. $y=x^3+2$　　　　B. $y=4x^2+3$　　　　C. $y=\dfrac{1}{x}$　　　　D. $y=\cos x$

2. 求下列函数的拐点及凹凸区间：

（1）$y=\sqrt[3]{x}$；　　　　　　　　　　（2）$y=\arctan x$；

（3）$y=x^3-5x^2+3x+5$；　　　　　（4）$y=\ln(x^2+1)$.

3. 试确定曲线 $y=ax^3+bx^2+cx+d$ 中的 a、b、c、d，使得 $x=-2$ 处曲线有水平切线，$(1，-10)$ 为拐点，且点 $(-2，44)$ 在曲线上.

第五节　函数图像的描绘

一、曲线的渐近线

为了刻画曲线的延伸趋势，人们引入了曲线渐近线的概念. 二次曲线的学习中了解了双曲线的斜渐近线，这里主要介绍水平渐近线与垂直渐近线.

定义 若函数 $y=f(x)$ 的定义域是无限区间，且有 $\lim\limits_{x\to\infty}f(x)=a$ [或 $\lim\limits_{x\to+\infty}f(x)=a$，$\lim\limits_{x\to-\infty}f(x)=a$]，则直线 $y=a$ 称为曲线 $y=f(x)$ 的水平渐近线. 若 x_0 是函数 $y=f(x)$ 的间断点，且 $\lim\limits_{x\to x_0}f(x)=\infty$ [或 $\lim\limits_{x\to x_0^+}f(x)=\infty$，$\lim\limits_{x\to x_0^-}f(x)=\infty$]，则直线 $x=x_0$ 称为曲线 $y=f(x)$ 的垂直渐近线.

【例1】 求 $f(x)=\arctan x$ 的渐近线.

解 对于曲线 $f(x)=\arctan x$，由于 $\lim\limits_{x\to+\infty}\arctan x=\dfrac{\pi}{2}$，$\lim\limits_{x\to-\infty}\arctan x=-\dfrac{\pi}{2}$，

因此 $f(x)=\arctan x$ 的水平渐近线为直线 $y=\dfrac{\pi}{2}$ 与 $y=-\dfrac{\pi}{2}$.

由图 3-9 可以看出，$f(x)=\arctan x$ 没有垂直渐近线.

【例2】 求 $f(x)=\dfrac{1}{x-1}$ 的水平和垂直渐近线.

解 因为 $\lim\limits_{x\to1}\dfrac{1}{x-1}=\infty$，

所以，$x=1$ 是曲线的一条垂直渐近线.

因为 $\lim\limits_{x\to\infty}\dfrac{1}{x-1}=0$，

所以，$y=0$ 是曲线的一条水平渐近线.

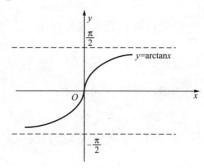

图 3-9

二、函数图像作图

初等函数中我们利用描点法作图，这样作出的图形往往与实际图形相去甚远. 这是因为，尽管我们比较准确地描出了曲线上的一些点，但两点之间的其他点未能更细地描出，尤其是曲线的升降、凹凸性及有无极值点等问题不明了. 为了提高作图的准确程度，现在我们可以利用函数的一阶与二阶导数，根据曲线的升降、极值点、凹凸性、拐点与渐近线等特性来作图，使图形能正确反映函数的性态.

全面考察函数的性态，并最终画出函数 $y=f(x)$ 的图形的一般步骤如下：

(1) 确定函数的定义域；

(2) 考察函数的奇偶性（对称性）、周期性；

(3) 确定水平渐近线与垂直渐近线；

(4) 求 y' 与 y''，找出 y' 和 y'' 的零点及它们不存在的点；

(5) 利用（4）中所得的点将定义域划分为若干个区间，列表讨论各个区间上曲线的升降与凹凸性，并讨论每个分界点是否为极值点或产生拐点；

(6) 描出极值点、拐点与特殊点，再根据上述性质逐段描出曲线.

【例3】 画出函数 $y=x^3-x^2-x+1$ 的图形.

解 (1) 函数的定义域为 $(-\infty,+\infty)$.

(2) $y'=3x^2-2x-1=(3x+1)(x-1)$，

$\qquad y''=3x+1+x-1=4x$.

令 $y'=0$，$y''=0$，

解得 $x_1=-\dfrac{1}{3}$，$x_2=1$，$x_3=\dfrac{1}{3}$.

（3）列表讨论，见表 3-6。

表 3-6

x	$\left(-\infty, -\dfrac{1}{3}\right)$	$-\dfrac{1}{3}$	$\left(-\dfrac{1}{3}, \dfrac{1}{3}\right)$	$\dfrac{1}{3}$	$\left(\dfrac{1}{3}, 1\right)$	1	$(1, +\infty)$
y'	$+$	0	$-$	$-$	$-$	0	$+$
y''	$-$	$-$	$-$	0	$+$	$+$	$+$
$y=f(x)$ 的图形	⌒↗	极大	⌒↘	拐点	⌣↘	极小	⌣↗

综上，得到极大值的点 $\left(-\dfrac{1}{3}, \dfrac{32}{27}\right)$，极小值的点 $(1, 0)$，拐点 $\left(\dfrac{1}{3}, \dfrac{16}{27}\right)$。

（4）计算特殊点：$f(0)=1$，$f(-1)=0$，$f\left(\dfrac{3}{2}\right)=\dfrac{5}{8}$。描出这些点并用光滑曲线连接，画出图形，如图 3-10 所示。

【例 4】　作函数 $y=\mathrm{e}^{-\frac{x^2}{2}}$ 的图形.

解　（1）函数定义域为 $x\in(-\infty, +\infty)$. $y=f(x)$ 为偶函数，图形关于 y 轴对称. 我们可先讨论 $[0, +\infty)$ 上函数的图形，再据对称性作出左边的图形.

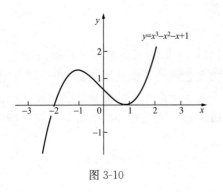

图 3-10

（2）$\lim\limits_{x\to\infty}f(x)=0$，有水平渐近线 $y=0$，但无垂直渐近线.

（3）$y'=-2x\mathrm{e}^{-\frac{x^2}{2}}$，$y''=2(x^2-1)\mathrm{e}^{-\frac{x^2}{2}}$.

令 $y'=0$，$y''=0$，得 $[0, +\infty)$ 上的两点 $x_1=0$，$x_2=\dfrac{1}{\sqrt{2}}$.

（4）列表讨论，见表 3-7。

表 3-7

x	0	$\left(0, \dfrac{\sqrt{2}}{2}\right)$	$\dfrac{\sqrt{2}}{2}$	$\left(\dfrac{\sqrt{2}}{2}, +\infty\right)$
$f''(x)$	0	$-$	$-$	$-$
$f''(x)$	$-$	$-$	0	$+$
$y=f(x)$ 的图形	极大	⌒↘	拐点	⌣↘

综上，得极大值点 $M_1(0, 1)$，拐点 $M_2\left(\dfrac{\sqrt{2}}{2}, \dfrac{\sqrt{\mathrm{e}}}{\mathrm{e}}\right)$.

（5）描出点 M_1、M_2 和点 $M_3\left(2, \dfrac{1}{\mathrm{e}^2}\right)$，根据表 3-7 所列性质，描出 $y=f(x)$ 在 $[0, +\infty)$ 上的图形，再利用对称性描出函数在 $(-\infty, 0)$ 上的图形，所得图形如图 3-11 所示.

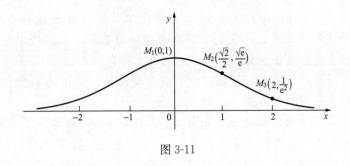

图 3-11

习题 3-5

1. 求下列曲线的渐近线:

(1) $y = \operatorname{arccot} x$;

(2) $y = \dfrac{1}{x^2 - 1}$;

(3) $y = \dfrac{x+1}{x^2} - 1$;

(4) $y = \dfrac{x^2 + x}{x^2 - 1}$.

2. 对下列函数作全面讨论,并作函数图像:

(1) $y = x^3 + 6x^2 - 15x - 20$;

(2) $y = \dfrac{x^2}{2(1+x)^2}$;

(3) $y = 3x^5 - 5x^3$.

阅读欣赏三 名师与高徒——陈省身和丘成桐

当今世界数坛设有两项奖励,可谓举世瞩目,堪比诺贝尔奖:一项是在国际数学家大会颁发的菲尔兹奖,该奖项只授予不超过 40 岁的年轻数学家;另一项是由以色列沃尔夫基金会于 1978 年颁发的沃尔夫奖;每奖 10 万美元(数目最初与诺贝尔奖接近),授予当代最伟大的数学家. 1983 年,旅美中国年轻数学家丘成桐教授荣获菲尔兹奖,而他的老师——美籍中国数学家陈省身教授则获沃尔夫奖.

陈省身教授为美国科学院院士、1975 年美国国家科学奖获得者,是当代世界最有影响的数学家之一、现代微分几何的奠基人. 1911 年 10 月 26 日,陈省身出生于浙江省嘉兴县. 1931 年,陈省身在清华大学研究发表的第一篇研究论文,其题材就是有关"投影微分几何"的. 他的积分几何将希拉克学派的积分几何工作推到了更高的阶段. 与此同时,陈省身对当时数学界知之甚少的示性类理论颇感兴趣. 1945 年,他发现复流上有反映复结构特征的不变量(后来被命名为陈省身示性类),该不变量是微分几何学、代数几何学、复解析几何学中最重要的不变量. "它的应用及于整个数学及理论物理"(沃尔夫奖评语). 法国数学家魏伊曾评价道,"示性类的概念被陈的工作整个地改观了." 陈省身建立了代数拓扑与微分几何的联系,推进了整体几何的发展,彪炳于数学史册.

在将近半个世纪里,陈省身教授在微分几何研究中取得了一系列丰硕的成果,其中最突出的有:①关于卡勒(Kahleian)G 结构的同调和形式的分解定理;②欧几里得空间中闭子流的全曲率和紧嵌入的理论;③满足几何条件的子流形成唯一性定理;④积分几何中的运动公式；⑤同格里菲恩（Griffiths）关于网上几何的工作使这方面获得新进展；⑥同莫泽（Moser）关于 CR-流形的工作最近多复变函数论进展的基础；⑦同西蒙斯（Simons）的特征式是量子力学异常现象的基本数学工具；⑧同沃尔夫森（Wolfson）关于调和映射的工作是整体微分几何的一个问题，在理论物理中具有重要应用．1959 年，他在芝加哥大学所撰写的《微分几何》是一部经典名著．

1949 年 4 月 4 日，丘成桐出生于广东省，不久后全家移居香港．1976 年，年仅 27 岁的丘成桐就解决了微分几何中的一个著名难题——卡拉比猜想．卡拉比猜想的解决，使丘成桐成为数学界新升起的一颗明星．他除解决了卡拉比猜想外，还解决了许多年毫无进展的问题，如：①正质猜想；②实与复的蒙日-安培方程；③对某些紧流形（或有边界的流形）上的拉普拉斯算子的第一特征值，以及其他的特征值作了深刻的估计；④和肖荫堂合作，利用极小曲面对弗兰克尔猜想给出了一个漂亮的证明，证明了完备的、单连通的、具有正的全纯截面曲率的恺勒流形与一个复射空间双全纯等价；⑤和米斯克利用三维流形的拓扑方法解决了极小曲面的经典理论中的一些老问题；反过来，他们利用极小曲面理论得出了三维拓扑学的一些结果，如得恩引理、等变环圈定理及等球定理等．由于丘成桐的出色成就，1981 年他荣获美国数学界颁发的维布伦奖；1983 年，他在华沙举办的国际数学家大会上荣获菲尔兹奖．

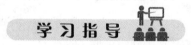

学习指导

内容：

微分中值定理，洛必达法则，函数单调增减性的判定法，函数的极值，曲线的凹凸性与拐点．

基本要求：

掌握罗尔定理、拉格朗日定理的条件和结论．掌握判定函数单调性的方法．掌握求函数极值的方法，并能解决简单的最大、最小值的应用问题．掌握确定曲线凹向性与拐点的方法，能够描绘函数图像．

重点与难点：

重点是函数的增减性判定，函数的极值及其求法，简单的最大、最小值的应用问题．

难点是简单的最大、最小值的应用问题．

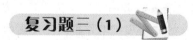

复习题三（1）

1. 填空题：

(1) 函数 $f(x)=2x^2-x+1$ 在 $[-1, 2]$ 上满足拉格朗日中值定理，则 $\xi=$ _____．

(2) 设点 $(1, 3)$ 为曲线 $y=ax^3+bx^2$ 的拐点，则 $a=$ _____，$b=$ _____．

(3) 若函数 $f(x)=ax^2+bx$ 在点 $x=1$ 处取极大值 2，则 $a=$ _____，$b=$ _____．

(4) 曲线 $y=e^{\frac{1}{x}}$ 的水平渐近线为 _____，垂直渐近线为 _____．

(5) 函数 $y=(x^2-2)^2+1$ 的极大值为 _____，极小值为 _____．

(6) 函数 $y=(x-1)^{\frac{1}{3}}$ 的拐点为 _____．

2. 单项选择题：

(1) 下列函数在给定定义域内满足拉格朗日中值定理的是（ ）.

A. $y=|x-1|$，$[0，2]$ B. $y=\sqrt[3]{x}$，$[-1，1]$

C. $y=x+|x|$，$[-1，2]$ D. $y=\ln(x-2)$，$[3，6]$

(2) 下列命题中正确的是（ ）.

A. 驻点一定是极值点   B. 驻点不是极值点

C. 驻点不一定是极值点   D. 驻点是函数的零点

(3) 函数 $f(x)=x-\sin x$ 在闭区间 $[0，1]$ 上的最大值是（ ）.

A. 0   B. 1   C. $1-\sin 1$ D. $\dfrac{\pi}{2}$

(4) 函数 $y=3x^5-10x^3-360x$ 的拐点有（ ）个.

A. 0   B. 1   C. 2   D. 3

(5) 函数 $y=2x^3+5x-3$ 在 $(-\infty，+\infty)$ 内（ ）.

A. 单调递增   B. 单调递减   C. 图像是凹的   D. 图像是凸的

(6) 函数 $f(x)=6x+\dfrac{3}{x}-x^3$ 在 $x=1$ 处（ ）.

A. 有极小值   B. 有极大值   C. 有拐点   D. 非极值无拐点

3. 判断下列函数的单调性：

(1) $f(x)=x^3+2x$；

(2) $f(x)=x-\cos x$.

4. 判断下列函数的凹凸性：

(1) $f(x)=\ln(1+x^2)$；

(2) $f(x)=x^4-4x^3+2x-5$.

5. 设有一块边长为 A 的正方形铁皮，从四个角截去同样大小的正方形小方块，做成一个无盖方盒子. 问：小方块的边长为多少时才能使盒子容积最大？

复习题三（2）

1. 填空题：

(1) 函数 $y=x^2-1$ 在 $[-1，1]$ 上满足罗尔定理，则 $\xi=$＿＿＿＿.

(2) 函数 $y=\ln(x+1)$ 在 $[0，1]$ 上满足拉格朗日中值定理，则 $\xi=$＿＿＿＿.

(3) 函数 $y=x^3-3x^2-9x+5$ 在 $[-2，6]$ 上的最大值是＿＿＿＿，最小值是＿＿＿＿.

(4) 曲线 $y=\dfrac{3x-2}{x^2}-6$ 的水平渐近线为＿＿＿＿，垂直渐近线为＿＿＿＿.

(5) 函数 $y=x^3-3x$ 在区间＿＿＿＿内为单调递增函数，在区间＿＿＿＿内为单调递减函数.

(6) 函数 $y=x^3+2x+1$ 在 $(-\infty，+\infty)$ 内有＿＿＿＿个零点.

2. 单项选择题：

(1) 函数 $f'(x)=3x^2+5x+2$，$x\in(-\infty, +\infty)$，则在 $\left(-1, -\dfrac{2}{3}\right)$ 内曲线 $f(x)$（　　）.

A. 单调增、凹　　　　B. 单调减、凹　　　　C. 单调增、凸　　　　D. 单调减、凸

(2) 设曲线 $y=e^{-x}$，那么在区间 $(-1, 0)$ 和 $(0, 1)$ 内，曲线分别为（　　）.

A. 凸的，凸的　　　　B. 凸的，凹的　　　　C. 凹的，凸的　　　　D. 凹的，凹的

(3) 下列结论中正确的是（　　）.

A. 若 $f'(x_0)=0$，则 x_0 一定是函数 $f(x)$ 的极值点

B. 可导函数的极值点必是此函数的驻点

C. 可导函数的驻点必是此函数的极值点

D. 若 x_0 是函数 $f(x)$ 的极值点，则必有 $f'(x_0)=0$

(4) 函数 $y=x^3+6x-12$ 在 $(-\infty, +\infty)$ 内（　　）.

A. 单调递增　　　　B. 单调递减　　　　C. 图像是凹的　　　　D. 图像是凸的

(5) 若函数 $y=f(x)$ 在点 x_0 处取极大值，则必有（　　）.

A. $f'(x_0)=0$　　　　　　　　　　　　B. $f''(x_0)<0$

C. $f'(x_0)=0$，$f''(x_0)<0$　　　　　　D. $f'(x_0)=0$ 或 $f'(x_0)$ 不存在

(6) 已知 $f(a)=g(a)$ 且当 $x>a$ 时有 $f'(x)>g'(a)$，则当 $x\geqslant a$ 时必有（　　）.

A. $f(x)\geqslant g(x)$　　　B. $f(x)\leqslant g(x)$　　　C. $f(x)=g(x)$　　　D. 以上结论皆不成立

3. 求下列函数的单调区间：

(1) $f(x)=x^4-8x^2+2$；

(2) $f(x)=2x^2-\ln x$.

4. 求下列函数在给定区间上的最大值与最小值：

(1) $y=x+\sqrt{1-x}$，$[-5, 1]$；

(2) $y=\sqrt{x(10-x)}$，$[0, 10]$.

5. 过平面上点 $(1, 4)$ 引一条直线，使它在两坐标轴上的截距都为正数，且两截距之和最小，求此直线方程.

第四章　不定积分与定积分

在前面几章里，我们讨论了一元函数的微分运算，就是用给定的函数求出它的导数或微分．但是许多实际问题中，往往需要我们解决与微分运算正好相反的问题，就是已知一个函数的导数，反过来求这个函数．显然，这是一个新的问题，我们称之为不定积分的问题．而定积分是积分学的又一个重要概念，自然科学和工程技术中的许多问题，如液体压力等都可以归结为求定积分的问题，它在物理、力学、经济学等各学科中都有广泛的应用．本章将主要研究不定积分、定积分的概念、性质、计算方法，以及定积分在工程中的应用．

第一节　定积分的概念及其性质

一、定积分问题实例

1. 曲边梯形的面积

在生产实际中，经常会遇到计算各种图形面积的问题，利用初等数学知识，只能计算多边形和圆等规则图形的面积。但是，对于由曲线围成的图形是如何计算面积的呢？

设 $y=f(x)$ 在区间 $[a, b]$ 上非负且连续，由曲线 $y=f(x)$ 及直线 $x=a$，$x=b$ 和 $y=0$ 所围成的平面图形（见图 4-1）称为曲边梯形，其中曲线弧称为曲边，x 轴上对应区间 $[a, b]$ 的线段称为底边．

我们知道，矩形的高是不变的，它的面积可按公式

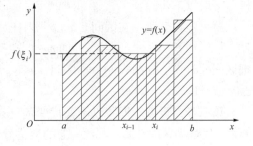

图 4-1

矩形面积＝高×底

来定义和计算．而曲边梯形在底边上各点处的高 $f(x)$ 在区间 $[a, b]$ 上是变动的，故它的面积不能直接按上述公式来定义和计算．然而，由于曲边梯形的高 $f(x)$ 在区间 $[a, b]$ 上是连续变化的，在 $[a, b]$ 的一个很小的子区间上，$f(x)$ 的变化将是很小的，近似于不变。因此，如果把区间 $[a, b]$ 划分为许多小区间，在每个小区间上用其中某一点处的高来近似代替同一个小区间上的窄曲边梯形的变动的高，那么，每个窄曲边梯形的面积就可近似地看作这样得到的窄矩形的面积．基于这一事实，我们通过如下步骤来计算曲边梯形的面积：

第一步：**分割**．在区间 $[a, b]$ 内任意插入 $n-1$ 个分点，即

$$a = x_0 < x_1 < x_2 < \cdots < x_i < \cdots < x_n = b,$$

把区间 $[a, b]$ 分割成 n 个小区间 $[x_{i-1}, x_i]$（$i=1, 2, \cdots, n$）．相应地把曲边梯形分割成 n 个窄曲边梯形．

第二步：**近似**．即"以直代曲"，在小区间 $[x_{i-1}, x_i]$ 上任取一点 ξ_i，以高为 $f(\xi_i)$、

底为 Δx_i 的小矩形的面积 $f(\xi_i)\Delta x_i$ 作为窄曲边梯形面积 ΔA_i 的近似值,从而在 $[x_{i-1},\ x_i]$ 上以直线 $y=f(\xi_i)$ 代替曲线 $y=f(x)$,有

$$\Delta A_i \approx f(\xi_i)\Delta x_i (i=1,2,\cdots,n).$$

第三步:**求和**. 把所有小矩形面积相加,得整个曲边梯形面积 A 的近似值,即

$$A = \sum_{i=1}^{n}\Delta A_i \approx \sum_{i=1}^{n}f(\xi_i)\Delta x_i.$$

第四步:**逼近**. 显然,随着区间 $[a,b]$ 内的分点不断增加,第三步所得的近似值的精确度将不断提高,并不断逼近面积的精确值。将最大的小区间长度记作 λ,即 $\lambda=\max\{\Delta x_1,\ \Delta x_2,\ \cdots,\ \Delta x_n\}$,并令 $\lambda\to0$,取上述和式极限,就得到了曲边梯形的面积

$$A = \lim_{\lambda\to0}\sum_{i=1}^{n}f(\xi_i)\Delta x_i.$$

2. 变力沿直线做功

设质点 m 在一个与 Ox 轴平行、大小为 F 的力作用下,沿 Ox 轴从点 $x=a$ 移动到点 $x=b$,求该力所做的功.

如果 F 是常量,则由物理学知,所做的功为

$$W = 力\times距离 = F(b-a).$$

如果 F 不是常量,而是与质点所处的位置 x 有关的函数 $F=f(x)$,则是变力做功问题,上述公式就不能使用.

问题的困难在于质点在不同位置上,所受到的力大小不同,类似于曲边梯形面积的分析,采取以下步骤:

第一步:**分割**. 在区间 $[a,b]$ 内任意插入 $n-1$ 个分点,即

$$a = x_0 < x_1 < x_2 < \cdots < x_i < \cdots < x_n = b,$$

把区间 $[a,b]$ 分割成 n 个小区间 $[x_{i-1},\ x_i]$ $(i=1,\ 2,\ \cdots,\ n)$. 小区间的长度分别记为 Δx_i,$i=1,\ 2,\ \cdots,\ n$.

第二步:**近似**. 即"以不变代变",在小区间 $[x_{i-1},\ x_i]$ 上任取一点 ξ_i,以该点处的力 $f(\xi_i)$ 代替小区间 $[x_{i-1},\ x_i]$ 上的变力 $f(x)$,则区间 $[x_{i-1},\ x_i]$ 上所做的功 ΔW_i 有近似值

$$\Delta W_i \approx f(\xi_i)\Delta x_i \quad (i=1,2,\cdots,n).$$

第三步:**求和**. 在 $[a,b]$ 区间上所做的功 W 的近似值是所有小区间上所做功的近似值之和,即

$$W \approx \sum_{i=1}^{n}f(\xi_i)\Delta x_i.$$

第四步:**逼近**. 让区间 $[a,b]$ 内的分点不断增加,令最大的小区间长度为 $\lambda=\max\limits_{1\leqslant i\leqslant n}\{\Delta x_i\}\to0$,则上述和式极限,就是变力 $F=f(x)$ 使质点 m 从点 $x=a$ 移到点 $x=b$ 所做的功。

二、定积分的概念

上面两个问题,一个是面积问题,一个是做功问题,具体内容虽然不同,但是描述这两个量的数学模型是完全一样的,都是"和式"的极限. 可以用这一方法描述的量在各个科学技术领域中是很广泛的,如旋转体的体积、曲线的长度、变速直线运动的路程、液体中闸门

的静压力以及经济学中的某些量等. 抛开这些问题的具体意义，抓住它们在数量关系上共同的特性与本质加以概括，可以抽象出下述定积分的定义.

定义 设 $f(x)$ 为定义在区间 $[a, b]$ 上的有界函数，在区间 $[a, b]$ 中任意插入 $n-1$ 个分点，即

$$a = x_0 < x_1 < x_2 < \cdots < x_{i-1} < x_i < \cdots < x_n = b,$$

将区间 $[a, b]$ 分为 n 个小区间 $[x_{i-1}, x_i](i=1, 2, \cdots, n)$，小区间的长度分别记为 $\Delta x_i = x_i - x_{i-1}(i=1, 2, \cdots, n)$，在小区间上任取一点 ξ_i，作和式

$$\sum_{i=1}^{n} f(\xi_i)\Delta x_i.$$

若当 $\lambda = \max\limits_{1 \leqslant i \leqslant n}\{\Delta x_i\} \to 0$ 时上述和式极限存在，且与区间 $[a, b]$ 的分法无关，与 ξ_i 的取法无关，则称此极限为函数 $f(x)$ 在区间 $[a, b]$ 上的定积分，记为 $\int_a^b f(x)\, \mathrm{d}x$，即

$$\int_a^b f(x)\mathrm{d}x = \lim_{\lambda \to 0}\sum_{i=1}^{n} f(\xi_i)\Delta x_i.$$

其中，x 称为**积分变量**；$f(x)$ 称为**被积函数**；$f(x)\,\mathrm{d}x$ 称为**被积表达式**；$[a, b]$ 称为**积分区间**，a 为**积分下限**，b 为**积分上限**。

利用定积分的定义，前面所讨论的两个实际问题分别表述如下：

曲线 $y = f(x)[f(x) \geqslant 0]$，$x$ 轴与直线 $x=a$、$x=b$ 所围成的曲边梯形的面积 A 等于函数 $f(x)$ 在区间 $[a, b]$ 上的定积分，即

$$A = \int_a^b f(x)\mathrm{d}x.$$

质点在变力作用下，沿 Ox 轴从点 $x=a$ 移动到点 $x=b$，变力沿直线所做的功 W 等于函数 $f(x)$ 在区间 $[a, b]$ 上的定积分，即

$$W = \int_a^b f(x)\mathrm{d}x.$$

对于定积分的定义，还应注意以下几点：

(1) 定积分是一种和式的极限，其值是一个实数，大小与被积函数 $f(x)$ 和积分区间 $[a, b]$ 有关，而与积分变量的记号无关.

(2) 我们规定：

当 $b < a$ 时，$\int_a^b f(x)\mathrm{d}x = -\int_b^a f(x)\mathrm{d}x$；

当 $a = b$ 时，$\int_a^b f(x)\mathrm{d}x = \int_a^a f(x)\mathrm{d}x = 0.$

三、定积分的几何意义

若在 $[a, b]$ 上 $f(x) \geqslant 0$，则 $\int_a^b f(x)\mathrm{d}x$ 的值表示以 $y=f(x)$ 为曲边，与直线 $x=a$、$x=b$、$y=0$ 所围曲边梯形的面积，如图 4-2 所示.

若在 $[a, b]$ 上 $f(x) \leqslant 0$，则 $\int_a^b f(x)\mathrm{d}x$ 为负值，如图 4-3 所示，其绝对值是以 $y=f(x)$ 为曲边，与直线 $x=a$、$x=b$、$y=0$ 所围曲边梯形的面积.

若在 $[a, b]$ 上 $f(x)$ 有正有负，则 $\int_a^b f(x)\,\mathrm{d}x$ 的值表示由 $y=f(x)$、$x=a$、$x=b$、

$y=0$ 所围图形在 x 轴上方的面积减去 x 轴下方的面积所得之差，如图 4-4 所示，即

$$\int_a^b f(x)\mathrm{d}x = A_1 - A_2 + A_3.$$

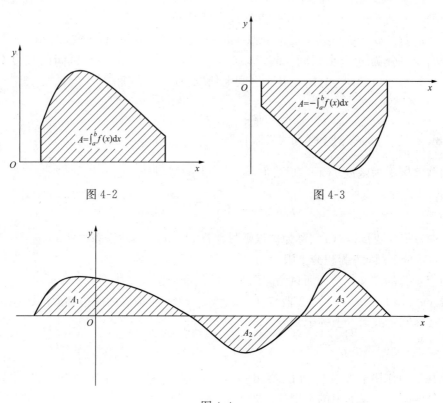

图 4-2　　　　　　　　　　　　　　图 4-3

图 4-4

【例1】　试求 $\int_a^b A\mathrm{d}x$ 的值，其中 A 为常数.

解　由定积分的定义，$f(x)=A$ 是常数，积分和式

$$\sum_{i=1}^n f(\xi_i)\Delta x_i = \sum_{i=1}^n A\Delta x_i = A\sum_{i=1}^n \Delta x_i = A(b-a),$$

所以 $\int_a^b A\mathrm{d}x = \lim_{\lambda\to 0}\sum_{i=1}^n f(\xi_i)\Delta x_i = \lim_{\lambda\to 0}A(b-a) = A(b-a).$

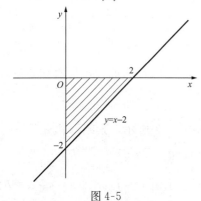

特别地，当 $A=1$ 时，$\int_a^b \mathrm{d}x = b-a.$

【例2】　由定积分的几何意义，求 $\int_0^2 (x-2)\mathrm{d}x.$

解　由于在区间 $[0，2]$ 上，$f(x)=x-2<0$（见图 4-5），因此按定积分的几何意义，该定积分表示由"曲边" $y=x-2$ 和直线 x、y 轴所围图形面积的负值，该图形是底为 2、高为 2 的直角三角形，其面积为 $\dfrac{1}{2}\times 2\times 2=2$，故

图 4-5

$$\int_0^2 (x-2)\mathrm{d}x = -2.$$

四、定积分的性质

按定积分的定义，即通过积分和的极限求定积分是十分困难的，必须寻求定积分的有效计算方法．下面介绍的定积分的基本性质有助于定积分的计算，也有助于对定积分的理解．假定函数在所讨论的区间上可积，则有

性质 1 $\displaystyle\int_a^b kf(x)\mathrm{d}x = k\int_a^b f(x)\mathrm{d}x\ (k\ 为常数).$

性质 2 $\displaystyle\int_a^b [f(x)\pm g(x)]\mathrm{d}x = \int_a^b f(x)\mathrm{d}x \pm \int_a^b g(x)\mathrm{d}x.$

性质 3 对任意实数 $c,\ \displaystyle\int_a^b f(x)\mathrm{d}x = \int_a^c f(x)\mathrm{d}x + \int_c^b f(x)\mathrm{d}x.$

性质 4 若 $a < b$，且在 $[a, b]$ 区间上 $f(x) \geqslant 0$，则 $\displaystyle\int_a^b f(x)\mathrm{d}x \geqslant 0.$

性质 5 设 $a < b$ 且在区间 $[a, b]$ 上 $f(x) \geqslant g(x)$，则 $\displaystyle\int_a^b f(x)\mathrm{d}x \geqslant \int_a^b g(x)\mathrm{d}x.$

性质 6 （积分估值性质） 设 M 与 m 分别是 $f(x)$ 在 $[a, b]$ 上的最大值与最小值，则

$$m(b-a) \leqslant \int_a^b f(x)\mathrm{d}x \leqslant M(b-a).$$

性质 7 （积分中值定理） 设 $f(x)$ 在闭区间 $[a, b]$ 上连续，则在区间 $[a, b]$ 上至少存在一点 ξ，使得

$$\int_a^b f(x)\mathrm{d}x = f(\xi)(b-a), a \leqslant \xi \leqslant b.$$

定积分的这些性质，由定积分的几何意义去理解，都是比较直观的，如定积分中值定理在几何上表示这样一个简单的事实：以连续曲线 $y = f(x)\,[a \leqslant x \leqslant b, f(x) \geqslant 0]$ 为曲边的曲边梯形面积，等于以 $f(\xi)$ 为高、$(b-a)$ 为底的矩形的面积（见图 4-6）．$f(\xi)$ 称为连续函数 $f(x)$ 在区间 $[a, b]$ 上的平均值．

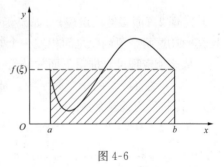

图 4-6

【**例 3**】 比较 $\displaystyle\int_0^1 x^2 \mathrm{d}x$ 与 $\displaystyle\int_0^1 x\mathrm{d}x$ 的大小．

解 由幂函数性质可知，当 $0 \leqslant x \leqslant 1$ 时，$x^2 \leqslant x$，故由性质 5 得

$$\int_0^1 x^2 \mathrm{d}x \leqslant \int_0^1 x\mathrm{d}x.$$

习题 4-1

1. 利用定义求下列定积分：

(1) $\displaystyle\int_0^1 x^3 \mathrm{d}x;$

(2) $\displaystyle\int_0^1 \mathrm{e}^x \mathrm{d}x.$

2. 说明下列定积分的几何意义，并指出它的值：

(1) $\int_0^1 (2x+1)\mathrm{d}x$；　　　　(2) $\int_{-2}^2 \sqrt{4-x^2}\mathrm{d}x$；　　　　(3) $\int_{-\frac{\pi}{2}}^{\frac{\pi}{2}} \sin x\mathrm{d}x$.

3. 不经计算比较下列定积分的大小：

(1) $\int_0^1 x^2\mathrm{d}x$ 与 $\int_0^1 x^3\mathrm{d}x$；　　　　(2) $\int_1^e \ln^2 x\mathrm{d}x$ 与 $\int_1^e \ln x\mathrm{d}x$；

(3) $\int_{-1}^0 \mathrm{e}^x\mathrm{d}x$ 与 $\int_{-1}^e \mathrm{e}^{-x}\mathrm{d}x$.

第二节　不定积分及牛顿-莱布尼茨公式

一、原函数与不定积分

1. 原函数

定义 1　如果对任一 $x\in I$，都有 $F'(x)=f(x)$ 或 $\mathrm{d}F(x)=f(x)\mathrm{d}x$，则称 $F(x)$ 为 $f(x)$ 在区间 I 上的原函数.

例如，由于 $(\sin x)'=\cos x$，因此 $\sin x$ 是 $\cos x$ 的一个原函数.

定理 1（原函数存在定理）　如果函数 $f(x)$ 在区间 I 上连续，那么在区间 I 上存在可导函数 $F(x)$，使得对任一 $x\in I$，有 $F'(x)=f(x)$.

例如，函数 x^2 是 $2x$ 的一个原函数，因为 $(x^2)'=2x$ 或 $\mathrm{d}(x^2)=2x\mathrm{d}x$.

又因为　　　　$(x^2+1)'=2x$，　　　　　　$(x^2-\sqrt{3})'=2x$，

$$\left(x^2-\frac{1}{4}\right)'=2x, \qquad (x^2+C)'=2x,$$

其中 C 为任意常数，所以 x^2+1，$x^2-\dfrac{1}{4}$，$x^2-\sqrt{3}$，x^2+C 等都是 $2x$ 的原函数.

定理 2（原函数族定理）　如果函数 $f(x)$ 有原函数，那么它就有无限多个原函数，并且其中任意两个原函数之间相差一个常数.

从这个定理可以推得下面的结论：

$F(x)$ 为 $f(x)$ 的一个原函数，那么 $F(x)+C$ 就是 $f(x)$ 的全部原函数（称为原函数族），其中 C 为任意常数.

定义 2　在区间 I 上，$f(x)$ 的全体原函数，称为 $f(x)$ 在区间 I 上的不定积分，记为 $\int f(x)\,\mathrm{d}x$. 其中 $\int$ 为积分号，$f(x)$ 称为**被积函数**，$f(x)\,\mathrm{d}x$ 称为**被积表达式**，x 称为**积分变量**.

如果 $F(x)$ 为 $f(x)$ 的一个原函数，则 $F(x)+C$ 就是 $f(x)$ 的不定积分，即

$$\int f(x)\mathrm{d}x = F(x)+C \quad (C\text{ 为任意常数}).$$

【例 1】　求 $\int x^2\mathrm{d}x$.

解　因为 $\left(\dfrac{x^3}{3}\right)'=x^2$，所以 $\dfrac{x^3}{3}$ 是 x^2 的一个原函数，因此得

$$\int x^2\mathrm{d}x = \frac{x^3}{3}+C.$$

【例 2】 求 $\int \sin x \mathrm{d}x$.

解 因为 $(-\cos x)' = \sin x$，所以有

$$\int \sin x \mathrm{d}x = -\cos x + C.$$

【例 3】 求 $\int \frac{1}{x} \mathrm{d}x$.

解 因为 $x > 0$ 时，$(\ln x)' = \frac{1}{x}$；

$x < 0$ 时，$[\ln(-x)]' = \frac{1}{-x}(-x)' = \frac{1}{x}$，

得 $(\ln|x|)' = \frac{1}{x}$，因此有

$$\int \frac{1}{x} \mathrm{d}x = \ln|x| + C.$$

2. 不定积分的几何意义

如图 4-7 所示，一般地，若 $F(x)$ 为 $f(x)$ 的一个原函数，则

$$\int f(x) \mathrm{d}x = F(x) + C$$

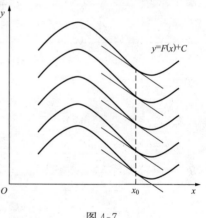

为 $f(x)$ 的**原函数族**，对于 C 每取一个值 C_0，就确定 $f(x)$ 的一个原函数，在直角坐标系中就确定一条曲线 $y = F(x) + C_0$，这条曲线叫做 $f(x)$ 的一条积分曲线. 所有这些积分曲线构成一个曲线族，称为 $f(x)$ 的**积分曲线族**. 过曲线族上任意一个横坐标相同的点 x_0，其切线都是互相平行的. 这就是不定积分的几何意义.

图 4-7

【例 4】 已知某曲线上任一点 (x, y) 处的切线斜率为 $2x$，且该曲线经过点 $(1, 2)$，求该曲线的方程.

解 由不定积分的几何意义可知，所求曲线为函数 $2x$ 的通过点 $(1, 2)$ 的那条积分曲线，为求其方程，先求出 $2x$ 的不定积分.

由

$$(x^2)' = 2x,$$

得

$$\int 2x \mathrm{d}x = x^2 + C,$$

故必有某个常数 C，使所求曲线方程为 $y = x^2 + C$.

由于曲线通过点 $(1, 2)$，故有

$$2 = 1 + C,$$

得

$$C = 1.$$

因此所求曲线方程为

$$y = x^2 + 1.$$

二、基本积分表

既然积分运算是微分运算的逆运算，那么很自然地从导数公式得到相应的积分公式，并与导数公式对照，见表 4-1.

表 4-1

序号	$F'(x)=f(x)$	$\int f(x)\ \mathrm{d}x=F(x)+C$
(1)	$(x)'=1$	$\int \mathrm{d}x=x+C$
(2)	$\left(\dfrac{x^{a+1}}{a+1}\right)'=x^a \ (a\neq-1)$	$\int x^a \mathrm{d}x=\dfrac{x^{a+1}}{a+1}+C \ (a\neq-1)$
(3)	$[\ln(-x)]'=\dfrac{1}{x} \ (x<0)$ $(\ln x)'=\dfrac{1}{x} \ (x>0)$	$\int \dfrac{1}{x}\mathrm{d}x=\ln\mid x \mid +C$
(4)	$(\arctan x)'=\dfrac{1}{1+x^2}$	$\int \dfrac{1}{1+x^2}\mathrm{d}x=\arctan x+C$
(5)	$(\arcsin x)'=\dfrac{1}{\sqrt{1-x^2}}$	$\int \dfrac{1}{\sqrt{1-x^2}}\mathrm{d}x=\arcsin x+C$
(6)	$\left(\dfrac{a^x}{\ln a}\right)'=a^x$	$\int a^x \mathrm{d}x=\dfrac{a^x}{\ln a}+C$
(7)	$(\mathrm{e}^x)'=\mathrm{e}^x$	$\int \mathrm{e}^x \mathrm{d}x=\mathrm{e}^x+C$
(8)	$(\sin x)'=\cos x$	$\int \cos x \mathrm{d}x=\sin x+C$
(9)	$(-\cos x)'=\sin x$	$\int \sin x \mathrm{d}x=-\cos x+C$
(10)	$(\tan x)'=\sec^2 x$	$\int \sec^2 x \mathrm{d}x=\tan x+C$
(11)	$(-\cot x)'=\csc^2 x$	$\int \csc^2 x \mathrm{d}x=-\cot x+C$
(12)	$(\sec x)'=\sec x\tan x$	$\int \sec x\tan x \mathrm{d}x=\sec x+C$
(13)	$(-\csc x)'=\csc x\cot x$	$\int \csc x\cot x \mathrm{d}x=-\csc x+C$

以上基本积分公式表是求不定积分的基础，必须熟记.

【例 5】 求 $\int \dfrac{1}{x^3}\ \mathrm{d}x$.

解 $\int \dfrac{1}{x^3}\mathrm{d}x=\int x^{-3}\mathrm{d}x=\dfrac{x^{-3+1}}{-3+1}+C=-\dfrac{1}{2x^2}+C.$

【例 6】 求 $\int x\sqrt{x}\,\mathrm{d}x$.

解 $\int x\sqrt{x}\ \mathrm{d}x=\int x^{\frac{3}{2}}\mathrm{d}x=\dfrac{x^{\frac{3}{2}+1}}{\frac{3}{2}+1}+C=\dfrac{2}{5}x^{\frac{5}{2}}+C=\dfrac{2}{5}x^2\sqrt{x}+C.$

三、不定积分的性质

根据不定积分的定义，还可以推得如下两个性质：

性质 1 被积函数中的常数因子可以提到积分号外，即

$$\int kf(x)\mathrm{d}x = k\int f(x)\mathrm{d}x \quad (k \text{ 为常数}, k \neq 0).$$

性质 2 函数和（差）的不定积分等于各个函数的不定积分的和（差），即

$$\int [f(x) \pm g(x)]\mathrm{d}x = \int f(x)\mathrm{d}x \pm \int g(x)\mathrm{d}x.$$

性质 3 有限个函数的代数和积分等于各个函数的积分的代数和，即

$$\int [f(x) \pm g(x) \pm \cdots \pm \varphi(x)]\mathrm{d}x = \int f(x)\mathrm{d}x \pm \int g(x)\mathrm{d}x \pm \cdots \pm \int \varphi(x)\mathrm{d}x.$$

根据上述性质及基本积分表，可求一些简单函数的不定积分.

【例 7】 求 $\int \dfrac{(\sqrt{x}+1)^2}{x}\mathrm{d}x$.

解
$$\int \frac{(\sqrt{x}+1)^2}{x}\mathrm{d}x = \int \frac{x+2\sqrt{x}+1}{x}\mathrm{d}x = \int 1\mathrm{d}x + 2\int x^{-\frac{1}{2}}\mathrm{d}x + \int \frac{1}{x}\mathrm{d}x$$

$$= x + 2 \times \frac{1}{-\frac{1}{2}+1} x^{-\frac{1}{2}+1} + \ln|x| + C$$

$$= x + 4\sqrt{x} + \ln|x| + C.$$

遇到积分项时，不需要对每个积分都加任意常数，只需待各项积分都计算完后，总的加一个任意常数即可.

【例 8】 求 $\int x(x^2+1)\,\mathrm{d}x$.

解 $\int x(x^2+1)\,\mathrm{d}x = \int (x^3+x)\mathrm{d}x = \dfrac{1}{4}x^4 + \dfrac{1}{2}x^2 + C.$

【例 9】 求 $\int \dfrac{x^2}{1+x^2}\mathrm{d}x$.

解 $\int \dfrac{x^2}{1+x^2}\mathrm{d}x = \int \dfrac{(x^2+1)-1}{1+x^2}\mathrm{d}x = \int 1\,\mathrm{d}x - \int \dfrac{1}{1+x^2}\,\mathrm{d}x = x - \arctan x + C.$

【例 10】 求 $\int (x^3 + 3^x + \mathrm{e}^x + \mathrm{e}^3)\,\mathrm{d}x$.

解
$$\int (x^3 + 3^x + \mathrm{e}^x + \mathrm{e}^3)\mathrm{d}x = \int x^3\mathrm{d}x + \int 3^x\mathrm{d}x + \int \mathrm{e}^x\mathrm{d}x + \int \mathrm{e}^3\mathrm{d}x$$

$$= \frac{1}{4}x^4 + \frac{1}{\ln 3}3^x + \mathrm{e}^x + \mathrm{e}^3 x + C.$$

四、牛顿-莱布尼茨（Newton-Leibniz）公式

定理 3 设函数 $f(x)$ 在区间 $[a, b]$ 上连续，且 $F(x)$ 是它在该区间上的一个原函数，则有

$$\int_a^b f(x)\mathrm{d}x = F(b) - F(a).$$

为了书写方便，上式通常表示为

$$\int_a^b f(x)\mathrm{d}x = F(b) - F(a) = \big[F(x)\big]_a^b.$$

该公式称为**牛顿-莱布尼茨公式**，这是一个非常重要的公式，它揭示了定积分与不定积分之间的内在联系。公式表明：定积分的计算不必用和式的极限，而是利用不定积分来计算，即在上述定理的条件下，函数 $f(x)$ 在区间 $[a，b]$ 上的定积分等于 $f(x)$ 的任意一个原函数在区间两个端点处的函数值之差 $F(b)-F(a)$．这是定积分计算的基本方法，它为微积分的创立和发展奠定了基础．

【例 11】 求 $\int_0^{\frac{\pi}{2}} (2\cos x + \sin x - 1)\,\mathrm{d}x.$

解 $\int_0^{\frac{\pi}{2}} (2\cos x + \sin x - 1)\,\mathrm{d}x = \big[2\sin x - \cos x - x\big]_0^{\frac{\pi}{2}} = 3 - \dfrac{\pi}{2}.$

牛顿-莱布尼茨公式指明了定积分与不定积分的联系，即

$$\int_a^b f(x)\mathrm{d}x = \Big[\int f(x)\mathrm{d}x\Big]_a^b.$$

【例 12】 求 $\int_0^{2\pi} |\sin x|\,\mathrm{d}x.$

解 $\int_0^{2\pi} |\sin x|\,\mathrm{d}x = \int_0^{\pi} |\sin x|\,\mathrm{d}x + \int_{\pi}^{2\pi} |\sin x|\,\mathrm{d}x = \int_0^{\pi} \sin x\mathrm{d}x - \int_{\pi}^{2\pi} \sin x\mathrm{d}x$

$= \big[-\cos x\big]_0^{\pi} - \big[-\cos x\big]_{\pi}^{2\pi} = 4.$

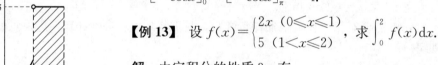

【例 13】 设 $f(x) = \begin{cases} 2x & (0 \leqslant x \leqslant 1) \\ 5 & (1 < x \leqslant 2) \end{cases}$，求 $\int_0^2 f(x)\mathrm{d}x.$

解 由定积分的性质 3，有

$$\int_0^2 f(x)\mathrm{d}x = \int_0^1 f(x)\mathrm{d}x + \int_1^2 f(x)\mathrm{d}x$$

图 4-8

故 $\int_0^2 f(x)\mathrm{d}x = \int_0^1 f(x)\mathrm{d}x + \int_1^2 f(x)\mathrm{d}x = \int_0^1 2x\mathrm{d}x + \int_1^2 5\mathrm{d}x = 6.$

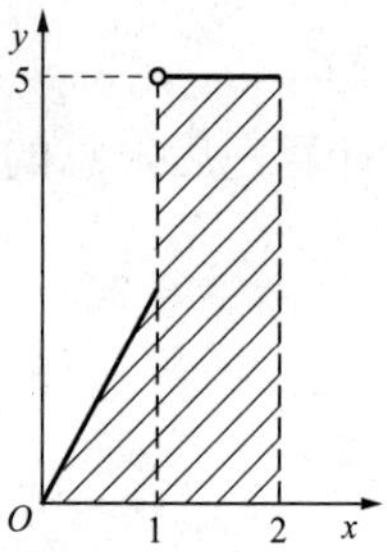

习 题 4-2

1. 求下列不定积分：

(1) $\displaystyle\int \dfrac{2}{x^3}\mathrm{d}x$；

(2) $\displaystyle\int (3x-1)\sqrt[3]{x^2}\,\mathrm{d}x$；

(3) $\displaystyle\int \dfrac{1}{1+x^2}\mathrm{d}x$；

(4) $\displaystyle\int \Big(\mathrm{e}^2 + \dfrac{1}{4x} - \mathrm{e}^x\Big)\mathrm{d}x$；

(5) $\displaystyle\int \dfrac{1}{\cos^2 x}\mathrm{d}x$；

(6) $\displaystyle\int \sqrt{x\sqrt{x}}\,\mathrm{d}x$；

(7) $\displaystyle\int \cos x\mathrm{d}x$；

(8) $\displaystyle\int \dfrac{1}{x(1+x)}\mathrm{d}x.$

2. 已知曲线上任一点处的切线斜率为 $3\sqrt{x}$，且曲线通过点 $(1，1)$，求此曲线方程.

3. 设物体的运动速度 $v = \cos t(\mathrm{m/s})$，当 $t = \dfrac{\pi}{2}\mathrm{s}$ 时，物体所经过的路程 $s = 10\mathrm{m}$，求物体

的运动规律.

4. 求下列定积分：

(1) $\int_{-1}^{2} (x^2-1)\mathrm{d}x$;

(2) $\int_{0}^{1} (x-1)^2\mathrm{d}x$;

(3) $\int_{1}^{\sqrt{3}} \frac{1}{1+x^2}\mathrm{d}x$;

(4) $\int_{-\frac{1}{2}}^{\frac{1}{2}} \frac{1}{\sqrt{1-x^2}}\mathrm{d}x$.

第三节 第一类换元积分法

有了牛顿-莱布尼茨公式，定积分的计算就可以转化为求被积函数的原函数在积分区间上的增量. 而求原函数的方法即是求不定积分的方法，但是直接利用积分基本公式与积分的性质，我们所能得到的不定积分是有限的，因此有必要进一步研究不定积分的求法. 本节我们将学习一种新的积分方法，得到比较复杂的复合函数的不定积分和定积分的方法.

一、不定积分的第一类换元积分法

设 $F(u)$ 为 $f(u)$ 的原函数，即 $F'(u)=f(u)$，$\int f(u)\,\mathrm{d}u=F(u)+C$，如果 $u=\varphi(x)$，且 $\varphi(x)$ 可微，那么根据复合函数的微分法，有

$$\frac{\mathrm{d}}{\mathrm{d}x}F[\varphi(x)] = F'(u)\varphi'(x) = f(u)\varphi'(x) = f[\varphi(x)]\varphi'(x),$$

即 $F[\varphi(x)]$ 为 $f[\varphi(x)]\varphi'(x)$ 的原函数，或

$$\int f[\varphi(x)]\varphi'(x)\mathrm{d}x = F[\varphi(x)]+C = [F(u)+C]_{u=\varphi(x)} = \left[\int f(u)\mathrm{d}u\right]_{u=\varphi(x)}.$$

因此有

定理 1 （第一类换元积分法）设 $\int f(x)\mathrm{d}x = F(x)+C$,则

$$\int f(u)\mathrm{d}u = F(u)+C.$$

【**例 1**】 求 $\int 3\,\mathrm{e}^{3x}\mathrm{d}x$.

解 被积函数中，e^{3x} 是一个复合函数，$\mathrm{e}^{3x}=\mathrm{e}^u$，$u=3x$，常数因子 3 恰好是中间变量 u 的导数. 因此，作变换 $u=3x$，便有

$$\int 3\mathrm{e}^{3x}\mathrm{d}x = \int \mathrm{e}^{3x} \cdot 3\mathrm{d}x = \int \mathrm{e}^{3x}\mathrm{d}(3x) = \left[\int \mathrm{e}^u\mathrm{d}u\right]_{u=3x},$$

利用基本积分公式，即得

$$\int 3\mathrm{e}^{3x}\mathrm{d}x = [\mathrm{e}^u+C]_{u=3x} = \mathrm{e}^{3x}+C.$$

【**例 2**】 求 $\int (1-2x)^{100}\,\mathrm{d}x$.

解 被积函数 $(1-2x)^{100}=u^{100}$，$u=1-2x$，这里缺少 $\dfrac{\mathrm{d}u}{\mathrm{d}x}=-2$ 这样一个因子，但因 $\dfrac{\mathrm{d}u}{\mathrm{d}x}$ 是个常数，故可改变系数凑出这个因子：

$$(1-2x)^{100} = -\frac{1}{2}(1-2x)^{100} \cdot (-2) = -\frac{1}{2}(1-2x)^{100} \cdot (1-2x)',$$

于是令 $u=1-2x$，便有

$$\int (1-2x)^{100} dx = \int \left(-\frac{1}{2}\right)(1-2x)^{100}(1-2x)' dx = -\frac{1}{2}\int (1-2x)^{100} d(1-2x)$$

$$= -\frac{1}{2}\int u^{100} du = -\frac{1}{2} \cdot \frac{1}{101} u^{101} + C = -\frac{1}{202}(1-2x)^{101} + C$$

【**例 3**】 求 $\int \dfrac{1}{4+x^2} dx$.

解 被积函数可改写为

$$\frac{1}{4} \cdot \frac{1}{1+\left(\dfrac{x}{2}\right)^2},$$

再凑微分

$$dx = 2d\left(\frac{x}{2}\right),$$

于是

$$\int \frac{1}{4+x^2} dx = \frac{1}{4}\int \frac{1}{1+\left(\dfrac{x}{2}\right)^2} dx = \frac{1}{2}\int \frac{1}{1+\left(\dfrac{x}{2}\right)^2} d\left(\frac{x}{2}\right) = \frac{1}{2}\arctan x + C.$$

【**例 4**】 求 $\int xe^{x^2} dx$.

解 被积函数可以分解为 $u=x^2$，$du=2xdx$，$xe^{x^2} dx = \dfrac{1}{2}e^u du$，故

$$\int xe^{x^2} dx = \frac{1}{2}\int e^u du = \frac{1}{2}e^u + c = \frac{1}{2}e^{x^2} + C.$$

在熟悉了分解过程后，对于比较简单的题目可以将过程简化，不写中间变量，直接将被积函数与微分部分凑成：$f[\varphi(x)]\varphi'(x)dx = f[\varphi(x)]d[\varphi(x)]$，然后积分. 因此，第一类换元法又称**凑微分法**. 熟悉表 4-2 中微分式子，有助于求不定积分.

表 4-2

$dx = \dfrac{1}{a}d(ax+b)$	$xdx = \dfrac{1}{2}d(x^2)$	$\dfrac{1}{\sqrt{x}}dx = 2d\sqrt{x}$
$\dfrac{1}{x}dx = d(\ln|x|)$	$e^x dx = d(e^x)$	$\sin xdx = -d(\cos x)$
$\cos xdx = d(\sin x)$	$\sec^2 xdx = d(\tan x)$	$\csc^2 xdx = -d(\cot x)$
$\sec x\tan xdx = d(\sec x)$	$\dfrac{1}{\sqrt{1-x^2}}dx = d(\arcsin x)$	$\dfrac{1}{1+x^2}dx = d(\arctan x)$

【**例 5**】 求 $\int \tan xdx$.

解 由三角函数公式得

$$\int \tan xdx = \int \frac{\sin x}{\cos x}dx = \int \frac{1}{\cos x}[-d(\cos x)] = -\ln|\cos x| + C.$$

【例 6】 求 $\int e^x \sin e^x dx$.

解 由 $e^x dx = d(e^x)$，对照基本积分公式，得

$$\int e^x \sin e^x dx = \int \sin e^x d(e^x) = -\cos e^x + C.$$

【例 7】 求 $\int \dfrac{\arctan x}{1+x^2} dx$.

解 由 $\dfrac{1}{1+x^2} dx = d(\arctan x)$，对照基本积分公式，得

$$\int \frac{\arctan x}{1+x^2} dx = \int \arctan x d(\arctan x) = \frac{1}{2}(\arctan x)^2 + C.$$

【例 8】 求 $\int \dfrac{dx}{x^2-4}$.

解 对于不能直接进行微分的被积函数，可以先做分解再积分，即

$$\frac{1}{x^2-4} = \frac{1}{4}\left(\frac{1}{x-2} - \frac{1}{x+2}\right)$$

$$\int \frac{dx}{x^2-4} = \frac{1}{4}\int\left(\frac{1}{x-2} - \frac{1}{x+2}\right)dx = \frac{1}{4}\left(\int \frac{dx}{x-2} - \int \frac{dx}{x+2}\right) = \frac{1}{4}\left[\int \frac{d(x-2)}{x-2} - \int \frac{d(x+2)}{x+2}\right]$$

$$= \frac{1}{4}(\ln|x-2| - \ln|x+2| + C) = \frac{1}{4}\ln\left|\frac{x-2}{x+2}\right| + C.$$

与不定积分的方法对应，定积分也有对应的换元积分法.

二、定积分的第一类换元积分法

【例 9】 求 $\int_0^1 (2x-1)^{100} dx$.

解法 1 $\displaystyle\int_0^1 (2x-1)^{100} dx = \frac{1}{2}\int_0^1 (2x-1)^{100} d(2x-1)$

$$= \frac{1}{2}\left[\frac{1}{101}(2x-1)^{101}\right]_0^1 = \frac{1}{202}[1^{101} - (-1)^{101}] = \frac{1}{101}.$$

上述方法要求求得的不定积分、变量必须还原. 但是，在计算定积分时，这一步实际上可以省去，只要将原来变量 x 的上、下限按照所用的代换式 $x = \varphi(t)$ 换成新变量 t 的相应上、下限即可. 本题还可用下面的方法来解.

解法 2 令 $2x-1 = t$，$x = \dfrac{1+t}{2}$，

当 $x=0$ 时，$t=-1$；$x=1$ 时，$t=1$. 于是

$$\int_0^1 (2x-1)^{100} dx = \int_{-1}^1 t^{100} d\left(\frac{1+t}{2}\right) = \frac{1}{2}\int_{-1}^1 t^{100} dt = \left[\frac{1}{202}t^{101}\right]_{-1}^1 = \frac{1}{101} \quad.$$

定理 2 设函数 $f(x)$ 在区间 $[a, b]$ 上连续，变换 $x = \varphi(t)$ 满足：

(1) $\varphi(\alpha) = a$，$\varphi(\beta) = b$；

(2) 在区间 $[\alpha, \beta]$（或 $[\beta, \alpha]$）上，$\varphi(t)$ 有单调且又连续的导函数，则有

$$\int_a^b f(x)dx = \int_\alpha^\beta f[\varphi(t)]\varphi'(t)dt.$$

该公式称为**定积分的换元公式**.

上述条件是为了保证两端的被积函数在相应区间上连续，从而可积. 应用中必须强调指

出：换元必换限．（原）上限对（新）上限，（原）下限对（新）下限．

【例 10】 $\displaystyle\int_0^2 \frac{1}{\sqrt{4-x^2}}\mathrm{d}x$．

解　因为 $\displaystyle\frac{1}{\sqrt{4-x^2}}=\frac{1}{2}\frac{1}{\sqrt{1-\left(\frac{x}{2}\right)^2}}$，

故令 $\dfrac{x}{2}=t$，$x=2t$，当 $x=0$ 时；$t=0$；当 $x=2$ 时，$t=1$．于是

$$\int_0^2 \frac{1}{\sqrt{4-x^2}}\mathrm{d}x = \int_0^1 \frac{1}{\sqrt{1-t^2}}\mathrm{d}t = \left[\arcsin t\right]_0^1 = \frac{\pi}{2}.$$

习题 4-3

1. 利用第一类换元法求下列不定积分：

(1) $\displaystyle\int \sin\frac{1}{3}x\mathrm{d}x$；

(2) $\displaystyle\int \frac{\mathrm{d}x}{\sqrt[3]{5-3x}}$；

(3) $\displaystyle\int \cos(2x-3)\mathrm{d}x$；

(4) $\displaystyle\int x^2\sin x^3\mathrm{d}x$；

(5) $\displaystyle\int x\mathrm{e}^{-x^2}\mathrm{d}x$；

(6) $\displaystyle\int \frac{1}{x^2}\mathrm{e}^{\frac{1}{x}}\mathrm{d}x$；

(7) $\displaystyle\int \mathrm{e}^{\sin x}\cos x\mathrm{d}x$；

(8) $\displaystyle\int \frac{\cos x}{\sin^2 x}\mathrm{d}x$；

(9) $\displaystyle\int \frac{\mathrm{e}^x}{1+\mathrm{e}^x}\mathrm{d}x$；

(10) $\displaystyle\int \frac{\mathrm{d}x}{x\ln x}$；

(11) $\displaystyle\int \frac{1}{x^2+4}\mathrm{d}x$；

(12) $\displaystyle\int \frac{x}{\sqrt{4-9x^2}}\mathrm{d}x$；

2. 利用第一类换元法求下列定积分：

(1) $\displaystyle\int_0^1 \mathrm{e}^{2x}\mathrm{d}x$；

(2) $\displaystyle\int_0^1 (3x-4)^5\mathrm{d}x$；

(3) $\displaystyle\int_0^3 \frac{1}{9+x^2}\mathrm{d}x$．

第四节　第二类换元积分法

第一类换元积分法是选择新的积分变量 $u=\varphi(x)$，将积分化为 $\displaystyle\int f(u)\ \mathrm{d}u$，但对于有些积分，则需作相反的换元 $x=\varphi(t)$，把 t 作为新的积分变量，才能比较顺利地求出积分．

定理 1　（第二类换元积分法）　设 $x=\psi(t)$ 是单调的可导函数，且 $\psi'(t)\neq 0$，$f[\psi(t)]\psi'(t)$ 的原函数存在，则有换元积分公式

$$\int f(x)\mathrm{d}x = \left[\int f[\psi(t)]\psi'(t)\mathrm{d}t\right]_{t=\bar{\psi}(x)},$$

其中 $t=\bar{\psi}(x)$ 为 $x=\psi(t)$ 的反函数．

【例 1】 求 $\int \dfrac{1}{2+\sqrt{x-1}}\mathrm{d}x$.

解 基本积分公式表中没有公式可提供给本题直接套用,凑微分也不容易. 本题的困难在于被积函数中含有根式,如果能消去根式,就可能得以解决. 为此,作变换如下:

设 $t=\sqrt{x-1}$,则 $x=1+t^2$,$\mathrm{d}x=2t\mathrm{d}t$,于是

$$\int \dfrac{1}{2+\sqrt{x-1}}\mathrm{d}x=\int \dfrac{1}{2+t}\cdot 2t\mathrm{d}t=2\int \dfrac{t+2-2}{2+t}\mathrm{d}t$$

$$=2\int \mathrm{d}t-4\int \dfrac{1}{2+t}\mathrm{d}t=2t-4\ln(2+t)+C$$

$$=2\sqrt{x-1}-4\ln(2+\sqrt{x-1})+C.$$

通过换元,消除根号,转换为关于 t 的积分,在对新变量 t 的原函数求导后,再代回原变量,得到所求的不定积分.

【例 2】 求 $\int \dfrac{\sqrt[3]{x}}{x(\sqrt{x}+\sqrt[3]{x})}\mathrm{d}x$.

解 为了去掉根式,令 $t=\sqrt[6]{x}$ 即 $x=t^6$,$\mathrm{d}x=6t^5\mathrm{d}t$,于是

$$\int \dfrac{\sqrt[3]{x}}{x(\sqrt{x}+\sqrt[3]{x})}\mathrm{d}x=\int \dfrac{t^2}{t^6(t^3+t^2)}6t^5\mathrm{d}t=6\int \dfrac{1}{t(t+1)}\mathrm{d}t=6\int \left(\dfrac{1}{t}-\dfrac{1}{t+1}\right)\mathrm{d}t$$

$$=6\ln|t|-6\ln|t+1|+C=6\ln\left|\dfrac{t}{t+1}\right|+C\underset{\text{回代}}{=\!=\!=}6\ln\dfrac{\sqrt[6]{x}}{\sqrt[6]{x}+1}+C$$

【例 3】 求 $\int_0^4 \dfrac{\mathrm{d}x}{1+\sqrt{x}}$.

解法 1 $\int \dfrac{\mathrm{d}x}{1+\sqrt{x}}\underset{\text{令}\sqrt{x}=t}{=\!=\!=}\int \dfrac{2t\mathrm{d}t}{1+t}=2\int \left(1-\dfrac{1}{1+t}\right)\mathrm{d}t=2(t-\ln|1+t|)+C$

$$\underset{\text{回代}}{=\!=\!=}2[\sqrt{x}-\ln(1+\sqrt{x})]+C,$$

于是得 $$\int_0^4 \dfrac{\mathrm{d}x}{1+\sqrt{x}}=2[\sqrt{x}-\ln(1+\sqrt{x})]\Big|_0^4=4-2\ln3.$$

解法 2 设 $\sqrt{x}=t$,即 $x=t^2(t\geqslant 0)$. 当 $x=0$ 时,$t=0$;$x=4$ 时,$t=2$. 于是

$$\int_0^4 \dfrac{\mathrm{d}x}{1+\sqrt{x}}=\int_0^2 \dfrac{2t\mathrm{d}t}{1+t}=2\int_0^2 \left(1-\dfrac{1}{1+t}\right)\mathrm{d}t=2(t-\ln|1+t|)\Big|_0^2=2(2-\ln3).$$

定理 2 设函数 $f(x)$ 在区间 $[a,b]$ 上连续,变换 $x=\varphi(t)$ 满足:

(1) $\varphi(\alpha)=a$,$\varphi(\beta)=b$;

(2) 在区间 $[\alpha,\beta]$(或 $[\beta,\alpha]$)上,$\varphi(t)$ 有单调且又连续的导数,则有

$$\int_a^b f(x)\mathrm{d}x=\int_\alpha^\beta f[\varphi(t)]\varphi'(t)\mathrm{d}t.$$

定理 2 称为定积分的换元积分公式,用这个公式求定积分的方法称为定积分的换元法. 运用还原积分公式时应注意,$x=\varphi(t)$ 必须满足定理 2 的条件;在引进新变量后,除了被积表达式要做出相应的改变外,积分的上、下限也要相应改变;在求得原函数后,不必将变量

回代，只需分别将新变量的积分上、下限代入原函数中，然后相减即可.

【例 4】 求 $\int_{-1}^{1} \dfrac{x}{\sqrt{2-x}} \mathrm{d}x$.

解 设 $\sqrt{2-x}=t$，则 $x=2-t^2$，$\mathrm{d}x=-2t\mathrm{d}t$，如右所示.

x	-1	1
t	$\sqrt{3}$	1

当 x 单调地从 -1 变到 1 时，t 从 $\sqrt{3}$ 变到 1，故

$$\int_{-1}^{1} \frac{x}{\sqrt{2-x}}\mathrm{d}x = \int_{\sqrt{3}}^{1} \frac{2-t^2}{t} \cdot (-2t)\mathrm{d}t = \left[(-2)\left(2t-\frac{1}{3}t^3\right)\right]\Big|_{\sqrt{3}}^{1} = 2\sqrt{3}-\frac{10}{3}$$

【例 5】 证明：在关于原点对称的区间 $[-a, a]$ 上，当 $y=f(x)$ 为奇函数时，$\int_{-a}^{a} f(x)\mathrm{d}x=0$.

证 由定积分的性质 3，有

$$\int_{-a}^{a} f(x)\mathrm{d}x = \int_{-a}^{0} f(x)\mathrm{d}x + \int_{0}^{a} f(x)\mathrm{d}x,$$ 如右所示.

x	$-a$	0
t	a	0

对积分 $\int_{-a}^{0} f(x)\mathrm{d}x$，令 $x=-t$，则 $\mathrm{d}x=-\mathrm{d}t$，于是

$$\int_{-a}^{0} f(x)\mathrm{d}x = \int_{a}^{0} f(-t)(-\mathrm{d}t) = \int_{0}^{a} f(-t)\mathrm{d}t = \int_{0}^{a} f(-x)\mathrm{d}x,$$

从而 $$\int_{-a}^{a} f(x)\mathrm{d}x = \int_{0}^{a} [f(-x)+f(x)]\mathrm{d}x.$$

由于 $y=f(x)$ 为奇函数，故 $f(-x)+f(x)=0$.

因此，当 $y=f(x)$ 为奇函数时，$\int_{-a}^{a} f(x)\mathrm{d}x=0$，如图 4-9（a）所示.

同理，当 $y=f(x)$ 为偶函数时，$\int_{-a}^{a} f(x)\mathrm{d}x=2\int_{0}^{a} f(x)\mathrm{d}x$，如图 4-9（b）所示.

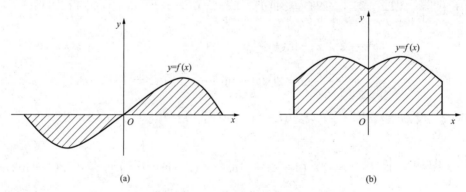

(a)   (b)

图 4-9

【例 6】 求 $\int_{-2}^{2} \dfrac{x}{1+\sin^2 x}\mathrm{d}x$.

解 被积函数 $\dfrac{x}{1+\sin^2 x}$ 是奇函数，且积分区间 $[-2, 2]$ 关于原点对称，故

$$\int_{-2}^{2} \frac{x}{1+\sin^2 x}\mathrm{d}x = 0.$$

第二类换元法并不只局限于上述几种积分形式，应根据被积函数的特点，选择适当的变量替换，转化为便于求积的形式.

【例 7】 求 $\displaystyle\int x^2 (2-x)^{10}\,\mathrm{d}x$.

解 显然没有合适的公式直接套用，凑微分也不能解决问题，10 次方展开仍然比较麻烦，故使用换元法去解决.

设 $t=2-x$，则 $x=2-t$，$\mathrm{d}x=-\mathrm{d}t$，原积分转化为

$$\int x^2 (2-x)^{10}\,\mathrm{d}x = \int (2-t)^2 t^{10}(-\mathrm{d}t)$$

$$= -\int(4-4t+t^2)t^{10}\,\mathrm{d}t = \int(-4t^{10}+4t^{11}-t^{12})\,\mathrm{d}t$$

$$= -\frac{4}{11}t^{11} + \frac{1}{3}t^{12} - \frac{1}{13}t^{13} + C$$

$$= -\frac{4}{11}(2-x)^{11} + \frac{1}{3}(2-x)^{12} - \frac{1}{13}(2-x)^{13} + C$$

在本节例题中，有一些积分也作基本积分公式使用见表 4-3（表中公式的序号接表 4-1）.

表 4-3

序号	$\int f(x)\mathrm{d}x = F(x)+C$	序号	$\int f(x)\mathrm{d}x = F(x)+C$
(14)	$\int \tan x\,\mathrm{d}x = -\ln|\cos x|+C$	(19)	$\int \sqrt{a^2-x^2}\,\mathrm{d}x = \dfrac{a^2}{2}\arcsin\dfrac{x}{a} + \dfrac{x}{2}\sqrt{a^2-x^2}+C$
(15)	$\int \cot x\,\mathrm{d}x = \ln|\sin x|+C$	(20)	$\int \dfrac{1}{a^2+x^2}\mathrm{d}x = \dfrac{1}{a}\arctan\dfrac{x}{a}+C$
(16)	$\int \sec x\,\mathrm{d}x = \ln|\sec x+\tan x|+C$	(21)	$\int \dfrac{\mathrm{d}x}{\sqrt{a^2+x^2}} = \ln|x+\sqrt{x^2+a^2}|+C$
(17)	$\int \csc x\,\mathrm{d}x = \ln|\csc x-\cot x|+C$	(22)	$\int \dfrac{1}{x^2-a^2}\mathrm{d}x = \dfrac{1}{2a}\ln\left|\dfrac{x-a}{x+a}\right|+C$
(18)	$\int \dfrac{1}{\sqrt{a^2-x^2}}\mathrm{d}x = \arcsin\dfrac{x}{a}+C \quad (a>0)$		

习题 4-4

1. 利用第二类换元法求下列不定积分：

(1) $\displaystyle\int \frac{\sqrt{x}}{1+\sqrt{x}}\mathrm{d}x$；

(2) $\displaystyle\int \frac{1}{1+\sqrt[3]{x+1}}\mathrm{d}x$；

(3) $\displaystyle\int \frac{\sqrt{x+1}-1}{\sqrt{x+1}+1}\mathrm{d}x$.

2. 利用第二类换元法求下列定积分：

(1) $\displaystyle\int_0^1 \sqrt{4+5x}\,\mathrm{d}x$；

(2) $\displaystyle\int_4^9 \frac{\sqrt{x}}{\sqrt{x}-1}\mathrm{d}x$；

(3) $\displaystyle\int_0^1 \frac{1}{\sqrt{4+5x}-1}\mathrm{d}x$.

第五节　分部积分法

换元积分法是一种很重要的积分方法，但对于像 $\int x\mathrm{e}^x\mathrm{d}x$、$\int \mathrm{e}^x\sin x\mathrm{d}x$ 之类的积分却又无能为力．为此，引进另一种基本积分方法——分部积分法．

一、不定积分的分部积分法

定理 1　设 $u=u(x)$、$v=v(x)$，则由函数乘积的微分公式有

$$\mathrm{d}(uv) = v\mathrm{d}u + u\mathrm{d}v,$$

两端求不定积分，得

$$\int \mathrm{d}(uv) = \int v\mathrm{d}u + \int u\mathrm{d}v,$$

即

$$\int u\mathrm{d}v = uv - \int v\mathrm{d}u.$$

该公式称为**分部积分公式**，其作用在于：把比较难求的 $\int u\mathrm{d}v$ 转化为比较容易求的 $\int v\mathrm{d}u$ 来计算．分部积分公式起到了化难为易的作用．这种求积分的方法称为**分部积分法**．

【例 1】　求 $\int x\mathrm{e}^x\mathrm{d}x$．

解　选择 $u=x$，$\mathrm{d}v=\mathrm{e}^x\mathrm{d}x=\mathrm{d}(\mathrm{e}^x)$，由分部积分公式，得

$$\int x\mathrm{e}^x\mathrm{d}x = \int x\mathrm{d}(\mathrm{e}^x) = x\mathrm{e}^x - \int \mathrm{e}^x\mathrm{d}x = x\mathrm{e}^x - \mathrm{e}^x + C.$$

如果选择 $u=\mathrm{e}^x$，$\mathrm{d}v=x\mathrm{d}x=\mathrm{d}\left(\dfrac{x^2}{2}\right)$，由分部积分公式，得

$$\int x\mathrm{e}^x\mathrm{d}x = \int \mathrm{e}^x\mathrm{d}\left(\frac{x^2}{2}\right) = \frac{x^2}{2}\mathrm{e}^x - \int \frac{x^2}{2}\mathrm{e}^x\mathrm{d}x.$$

显然，后者积分比前者积分更复杂，不足取．因此，在应用分部积分法时，关键是恰当地选择 u 与 $\mathrm{d}v$，使得积分 $\int v\mathrm{d}u$ 比 $\int u\mathrm{d}v$ 容易求出．

【例 2】　求 $\int x\cos x\mathrm{d}x$．

解　设 $u=x$，$\mathrm{d}v=\cos x\mathrm{d}x=\mathrm{d}(\sin x)$，则

$$\int x\cos x\mathrm{d}x = \int x\mathrm{d}(\sin x) = x\sin x - \int \sin x\mathrm{d}x = x\sin x + \cos x + C.$$

显然，选择 $u=\cos x$，$\mathrm{d}v=x\mathrm{d}x=\mathrm{d}\left(\dfrac{1}{2}x^2\right)$ 得到的积分却比原来的积分更复杂．从上面两例可以看出，当被积函数是幂函数与指数函数或三角函数的乘积时，应选取幂函数为 u．

当熟悉分部积分法后，u 与 $\mathrm{d}v$ 可不必具体写出．

【例 3】　求 $\int x\ln x\mathrm{d}x$．

解
$$\int x\ln x\mathrm{d}x = \int \ln x\mathrm{d}\left(\frac{1}{2}x^2\right) = \frac{1}{2}x^2\ln x - \frac{1}{2}\int x^2\mathrm{d}(\ln x)$$

$$= \frac{1}{2}x^2\ln x - \frac{1}{2}\int x\mathrm{d}x = \frac{1}{2}x^2\ln x - \frac{1}{4}x^2 + C.$$

【例 4】　求 $\int \arcsin x\mathrm{d}x$.

解　此题的被积函数是单一函数，可看成被积表达式已经分成 $u\mathrm{d}v$ 的形式. 所以，应用公式得

$$\int \arcsin x\mathrm{d}x = x\arcsin x - \int x\mathrm{d}(\arcsin x) = x\arcsin x - \int \frac{x}{\sqrt{1-x^2}}\mathrm{d}x$$

$$= x\arcsin x + \frac{1}{2}\int \frac{\mathrm{d}(1-x^2)}{\sqrt{1-x^2}} = x\arcsin x + \sqrt{1-x^2} + C.$$

当被积函数是幂函数与对数函数或反三角函数的乘积时，应选取对数函数或反三角函数为 u.

正确运用分部积分法的关键是适当地选择 u 和 $\mathrm{d}v$. 通过以上几个例题的解法，可以得到选择 u 的规律，即按照"指、三、幂、对、反，谁在后面谁为 u"的规律来确定.

如果通过分部积分法不能直接求出函数的不定积分，还可以继续使用分部积分法.

在计算不定积分时，一般可按如下思路来考虑：

（1）考虑能否直接积分；

（2）考虑能否"凑"出新的积分变量，利用凑微分法计算；

（3）综合考虑被积函数是否为典型的适用于第二类换元法或分部积分法的类型.

二、定积分的分部积分法

与上一节类似，定积分也有对应的分部积分法.

定理 2　若 $u(x)$、$v(x)$ 在 $[a, b]$ 上有连续导数，则

$$\int_a^b uv'\mathrm{d}x = uv \big|_a^b - \int_a^b u'v\mathrm{d}x$$

可见，定积分的分部积分法，本质上是利用不定积分的分部积分法求原函数，再利用牛顿-莱布尼茨公式求得结果，这两者的差别在于定积分经分部积分后，积出分部就代入上下限，即积出一步代一步，余下的部分继续积分. 这样做比完全把原函数求出来再代入上下限简便一些.

【例 5】　$\int_0^1 x\mathrm{e}^x\mathrm{d}x$.

解　$\int_0^1 x\mathrm{e}^x\mathrm{d}x = \int_0^1 x\mathrm{d}\mathrm{e}^x = x\mathrm{e}^x \big|_0^1 - \int_0^1 \mathrm{e}^x\mathrm{d}x = \mathrm{e} - (\mathrm{e}-1) = 1.$

求不定积分的思路比较开阔，方法也多，一些积分题常有多种解法.

有些积分在多次应用分部积分法后又回到原来的积分，这时可通过解代数方程的方法来求解.

【例 6】　$\int_1^\mathrm{e} \sin(\ln x)\mathrm{d}x$.

解　$\int_1^\mathrm{e} \sin(\ln x)\mathrm{d}x = x\sin(\ln x) \big|_1^\mathrm{e} - \int_1^\mathrm{e} x\mathrm{d}\sin(\ln x)$

$$= \mathrm{e}\sin 1 - \int_1^\mathrm{e} x\cos(\ln x)\frac{1}{x}\mathrm{d}x = \mathrm{e}\sin 1 - \int_1^\mathrm{e} \cos(\ln x)\mathrm{d}x$$

$$= e\sin 1 - x\cos(\ln x) \Big|_1^e - \int_1^e x\sin(\ln x)\,\frac{1}{x}\mathrm{d}x$$

$$= e\sin 1 - e\cos 1 + 1 - \int_1^e \sin(\ln x)\mathrm{d}x.$$

移项得

$$\int_1^e \sin(\ln x)\mathrm{d}x = \frac{1}{2}\big[e\sin 1 - e\cos 1 + 1\big].$$

求积分的思路比较开阔,方法也多,一些积分题常有多种解法,要注意与各种积分方法结合使用.

【例 7】 求 $\displaystyle\int \frac{x}{\sqrt{1+x}}\mathrm{d}x$.

解法 1 变形,凑微分,得

$$\int \frac{x}{\sqrt{1+x}}\mathrm{d}x = \int \frac{x+1-1}{\sqrt{1+x}}\mathrm{d}x = \int \sqrt{1+x}\,\mathrm{d}x - \int \frac{1}{\sqrt{1+x}}\mathrm{d}x$$

$$= \int \sqrt{1+x}\,\mathrm{d}(1+x) - \int \frac{1}{\sqrt{1+x}}\mathrm{d}(1+x)$$

$$= \frac{2}{3}(1+x)\sqrt{1+x} - 2\sqrt{1+x} + C.$$

解法 2 换元法,令 $\sqrt{1+x}=t$,则 $1+x=t^2$,$\mathrm{d}x=2t\mathrm{d}t$.

$$\int \frac{x}{\sqrt{1+x}}\mathrm{d}x = \int \frac{t^2-1}{t}2t\mathrm{d}t = 2\int (t^2-1)\mathrm{d}t$$

$$= \frac{2}{3}t^3 - 2t + C = \frac{2}{3}(1+x)\sqrt{1+x} - 2\sqrt{1+x} + C.$$

解法 3 分部积分法,得

$$\int \frac{x}{\sqrt{1+x}}\mathrm{d}x = 2\int x\mathrm{d}(\sqrt{1+x}) = 2\Big(x\sqrt{1+x} - \int \sqrt{1+x}\,\mathrm{d}x\Big)$$

$$= 2x\sqrt{1+x} - 2\int \sqrt{1+x}\,\mathrm{d}(1+x) = 2x\sqrt{1+x} - \frac{4}{3}(1+x)\sqrt{1+x} + C$$

$$= \frac{2}{3}\sqrt{1+x}(x+1-3) + C = \frac{2}{3}(1+x)\sqrt{1+x} - 2\sqrt{1+x} + C.$$

习题 4-5

1. 利用分部积分法求下列不定积分:

(1) $\displaystyle\int x\sin x\mathrm{d}x$;

(2) $\displaystyle\int x\mathrm{e}^{-x}\mathrm{d}x$;

(3) $\displaystyle\int \ln x\mathrm{d}x$;

(4) $\displaystyle\int \arccos x\mathrm{d}x$;

(5) $\displaystyle\int x f''(x)\mathrm{d}x$.

2. 利用分部积分法求下列定积分:

(1) $\displaystyle\int_0^\pi x\sin x\mathrm{d}x$;

(2) $\displaystyle\int_0^1 x^2 \mathrm{e}^{2x}\mathrm{d}x$.

(3) $\displaystyle\int_1^e (x-1)\ln x\mathrm{d}x$;　　　　(4) $\displaystyle\int_0^1 \arctan\sqrt{x}\mathrm{d}x$;

(5) $\displaystyle\int_0^1 x^2 \mathrm{e}^{2x}\mathrm{d}x$.

第六节　定积分的应用

前面我们讨论了定积分的概念及计算方法，在这个基础上我们将进一步来研究它的应用. 定积分是一种实用性很强的数学方法，在科学技术问题中有着广泛的应用. 这一节主要介绍定积分在几何及物理方面的一些应用，重点是掌握用微元法将实际问题表示成定积分的分析方法.

一、定积分的元素法

由本章第一节的实例（曲边梯形的面积和变力沿直线做功）分析可见，用定积分表达某个量 Q 分为四个步骤：

第一步，**分割**. 把所求的量 Q 分割成许多部分量 ΔQ_i，这需要选择一个被分割的变量 x 和被分割的区间 $[a, b]$.

第二步，**近似**. 考察任一小区间 $[x_i, x_i+1]$ 上 Q 的部分量 ΔQ_i 的近似值 $\Delta A_i \approx f(\varepsilon_i)\Delta x_i$.

第三步，**求和**. $Q=\sum\limits_i \Delta Q_i \approx \sum\limits_i f(\varepsilon_i)\Delta x_i$.

第四步，**逼近**. 取极限得 $Q=\lim\limits_{\lambda\to 0}\sum\limits_i f(\varepsilon_i)\Delta x_i = \displaystyle\int_a^b f(x)\mathrm{d}x$.

实际上，通常把上述四个步骤简化成三步，其步骤如下：

第一步，**选变量**. 选取某个变量 x 作为被分割的变量，它就是积分变量，并确定 x 的变化范围 $[a, b]$，它就是被分割的区间，也就是积分区间.

第二步，**求微元**. 这一步是关键，设想把区间 $[a, b]$ 分成 n 个小区间，其中任意一个小区间用 $[x, x+\mathrm{d}x]$ 表示，小区间的长度 $\Delta x=\mathrm{d}x$，所求的量 Q 对应于小区间 $[x, x+\mathrm{d}x]$ 的部分量记作 ΔQ. 求出部分量 ΔQ 的近似值 $\Delta Q=f(x)\mathrm{d}x$.

第三步，**求积分**. 以量 Q 的微元 $\mathrm{d}Q=f(x)\mathrm{d}x$ 为被积表达式，在 $[a, b]$ 上积分，便得所求量 Q，即

$$Q = \int_a^b f(x)\mathrm{d}x.$$

上述把某个量表达为定积分的简化方法称为**定积分的元素法**，下面我们将应用这一方法来讨论一些问题.

二、定积分在几何上的应用

在直角坐标系中，若平面图形是由曲线 $y=f(x)$、$y=g(x)$ 和直线 $x=a$、$x=b$ 围成，且 $f(x)\geqslant g(x)$，选择积分变量为横坐标 x，即分区间为 $[a, b]$，对应于小区间 $[x, x+\mathrm{d}x]$ 的窄条面积的近似值，即面积微元 $\mathrm{d}A=f(x)-g(x)\mathrm{d}x$，如图 4-10（a）中阴影部分小矩形的面积，则其面积可对 x 积分得到

$$A = \int_a^b [f(x) - g(x)]\mathrm{d}x.$$

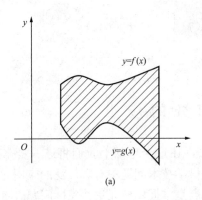 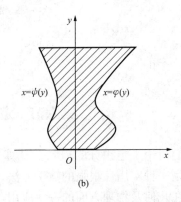

图 4-10

如平面图形是由曲线 $x=\varphi(y)$、$x=\psi(y)$ 和直线 $y=c$、$y=d$ 围成，且 $\varphi(y)\geqslant\psi(y)$，如图 4-10（b）所示，则其面积可对 y 积分得到

$$A=\int_c^d[\varphi(y)-\psi(y)]\mathrm{d}y.$$

【例 1】 求由抛物线 $y=4-x^2$ 与 x 轴围成的图形的面积.

解 画出图形如图 4-11 所示，联立两曲线方程

$$\begin{cases} y=4-x^2 \\ y=0 \end{cases},$$

解出它们的交点 A（-2，0）、B（2，0）.

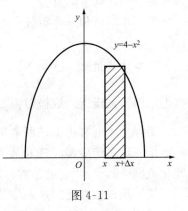

选择积分变量为横坐标 x，积分区间为 $[-2,2]$，则对应于小区间 $[x,x+\mathrm{d}x]$ 的窄条面积的近似值，

即面积微元 $\mathrm{d}A=(4-x^2)\mathrm{d}x$ 即为阴影部分小矩形的面积，于是抛物线 $y=4-x^2$ 与 x 轴所围图形的面积为

$$A=\int_{-2}^2(4-x^2)\mathrm{d}x=\left[4x-\frac{1}{3}x^3\right]_{-2}^2=\frac{32}{3}.$$

图 4-11

【例 2】 求由抛物线 $y^2=x$ 及直线 $y=1-x$ 所围成的平面图形的面积.

解法 1 联立方程 $\begin{cases} y^2=x \\ y=2-x \end{cases}$，解得两曲线的交点为（4，$-2$）和（1，1），如图 4-12 所示.

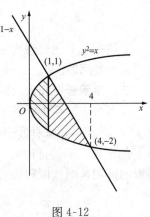

选择 x 为积分变量，积分区间为 $[0,4]$，但是，当小区间 $[x,x+\mathrm{d}x]$ 取在 $[0,1]$ 中时，面积微元为

$$\mathrm{d}A_1=[\sqrt{x}-(-\sqrt{x})]\mathrm{d}x,$$

而当小区间在 $[1,4]$ 中时，面积微元为

$$\mathrm{d}A_2=[(1-x)-(-\sqrt{x})]\mathrm{d}x.$$

因此，分区间须分成 $[0,1]$ 和 $[1,4]$ 两部分，即所得图形由直线 $x=1$ 分成 A_1、A_2 两部分，分别计算两部分的面积再相加，得所求面积，即

$$A=A_1+A_2=\int_0^1[\sqrt{x}-(-\sqrt{x})]\mathrm{d}x+\int_1^4[1-x-\sqrt{x}]\mathrm{d}x$$

图 4-12

$$= 2\left[\frac{2}{3}x^{\frac{3}{2}}\right]_0^1 + \left[x - \frac{1}{2}x^2 - \frac{2}{3}x^{\frac{3}{2}}\right]_1^4 = \frac{4}{3} + \frac{5}{3} = \frac{3}{2}.$$

解法 2　选择 y 为积分变量，积分区间为 $[-2, 1]$，考察任一小区间 $[y, y+\mathrm{d}y]$ 上以窄条的面积，用宽为 $(1-y)-y^2$、高为 $\mathrm{d}y$ 的小矩形面积近似，即得面积微元为 $\mathrm{d}A = [(1-y)-y^2]\mathrm{d}y$. 于是，所围区域面积为

$$A = \int_{-2}^1 [(1-y)-y^2]\mathrm{d}y = \left[y - \frac{1}{2}y^2 - \frac{1}{3}y^3\right]_{-2}^1 = \frac{3}{2}.$$

比较两种算法可见，取 y 作为积分变量要简便得多. 因此，对具体问题应选择积分简便的计算方法.

三、定积分在工程上的应用

在实际问题中，我们经常会讨论变力做功问题. 设物体在变力 $F=f(x)$ 的作用下沿 x 轴由 a 移到 b，而且变力方向与 x 轴方向一致. 用定积分微元素法计算 F 在这段路程所做的功. 在区间 $[a, b]$ 上任一小区间 $[x, x+\mathrm{d}x]$，当物体从 x 移到 $x+\mathrm{d}x$ 时，变力 $F=f(x)$ 所做的功近似于把变力看作常力所做的功，从而功元素为

$$\mathrm{d}W = f(x)\mathrm{d}x,$$

因而所求的功为

$$W = \int_a^b f(x)\mathrm{d}x.$$

【例 3】　设在 O 点放置一个带电量为 $+q$ 的点电荷，由物理学知，电荷周围电场会对其他带电体产生作用力. 今有一单位正电荷被从 A 点沿直线 OA 方向移至 B 点，求电场力对它做的功.

解　取过点 O、A 的直线为 r 轴，OA 的方向为 r 轴的正方向，设点 A、B 的坐标分别为 a、b。由物理学知，单位正电荷在点 r 时电场对它的作用力的大小为

$$F = k\frac{q}{r^2},$$

微元素功为

$$\mathrm{d}W = k\frac{q}{r^2}\mathrm{d}r,$$

于是，从 a 到 b 所做的功为　$W = \int_a^b k\frac{q}{r^2}\mathrm{d}r = kq\left[-\frac{1}{r}\right]_a^b = kq\left[\frac{1}{a} - \frac{1}{b}\right].$

【例 4】　建筑工程打地基时，常需要用汽锤将桩打进土层，汽锤每次击打，都将克服土层对桩的阻力做功. 设土层对桩的阻力大小与被打进地下的深度成正比（比例系数为 k，$k>0$），汽锤第一次击打将桩打进地下 $a(\mathrm{m})$，根据设计方案，要求汽锤每次击打所做的功与前一次击打所做的功之比为常数 r（$0<r<1$），求：

（1）汽锤击打桩 3 次后，可将桩打进地下多深？

（2）若击打次数不限，汽锤至多能将桩打进地下多深？

解　（1）这是一个定积分中用元素法求做功问题，属于定积分的物理应用问题. 根据题意知阻力 $f=kx$，其中 x 为汽锤将桩打入地下的深度. 设 x_n 表示击打桩 n 次后在地下的深度（$n=1, 2, \cdots$），则有

$$W_1 = \int_0^{x_1} kx\,\mathrm{d}x = \frac{1}{2}kx_1^2 = \frac{1}{2}ka^2,$$

$$W_2 = \int_{x_1}^{x_2} kx\,dx = \frac{1}{2}k(x_2^2 - x_1^2) = \frac{1}{2}k(x_2^2 - a^2).$$

由题意可知 $W_2 = rW_1$，所以得到

$$x_2^2 = (1+r)a^2,$$

$$W_3 = \int_{x_2}^{x_3} kx\,dx = \frac{1}{2}k(x_3^2 - x_2^2) = \frac{1}{2}k[x_3^2 - (1+r)a^2].$$

由 $W_3 = rW_2 = r^2W_1$ 得到

$$x_3 = \sqrt{1+r+r^2}\,a,$$

即气锤击打 3 次后，可将桩打进地下 $\sqrt{1+r+r^2}\,a$ （m）.

（2）用归纳法，假设 $x_n = \sqrt{1+r+r^2+\cdots+r^{n-1}}\,a$，则

$$W_{n+1} = \int_{x_n}^{x_{n+1}} kx\,dx = \frac{1}{2}k(x_{n+1}^2 - x_n^2) = \frac{1}{2}k[x_{n+1}^2 - (1+r+r^2+\cdots+r^{n-1})a^2].$$

由 $W_{n+1} = rW_n = r^2W_{n-1} = \cdots = r^nW_1$ 得到

$$x_{n+1}^2 - (1+r+r^2+\cdots+r^{n-1})a^2 = r^na^2.$$

经计算可以得到

$$x_n = \sqrt{1+r+r^2+\cdots+r^{n-1}}\,a = \sqrt{\frac{1-r^{n+1}}{1-r}}\,a,$$

于是有

$$\lim_{n\to\infty} x_{n+1} = \sqrt{\frac{1}{1-r}}\,a.$$

若击打次数不限，汽锤至多能将桩打进地下 $\sqrt{\frac{1}{1-r}}\,a$ （m）.

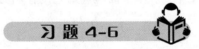

习 题 4-6

1. 求由三条直线 $y=2x$、$y=x$、$y=2$ 所围成的图形的面积.

2. 求由曲线 $y^2=x$、$y=x^2$ 所围成的图形的面积.

3. 求由 $y=\ln x$、x 轴及两直线 $x=\frac{1}{2}$ 与 $x=2$ 所围成的平面图形的面积.

4. 已知 1N 的力能使某弹簧拉长 1cm，求使弹簧拉长 5cm 的拉力所做的功.

5. 设有一直径为 8m 的半球形水池，盛满水，若将池中的水抽干，至少需做多少功?

6. 设有一等腰三角形闸门，垂直置于水中，底边与水面平齐. 已知闸门底边长为 a（单位：m），高为 h（单位：m），试求闸门的一侧所受的水压力.

第七节　积 分 表 的 使 用

通过前面的讨论我们可以知道，积分计算远比微分计算要灵活、复杂得多，为了方便积分计算，把常用的积分公式汇集成表，称为积分表（见本书附录）. 求积分时，可根据被积函数的类型直接或经过简单的变形后，在表中查得所需结果. 下面举例说明积分表的用法.

【例 1】 查表求 $\displaystyle\int\frac{\mathrm{d}x}{x(3+2x)^2}$.

解 被积函数含有 $a+bx$，当 $a=3$、$b=2$ 时，查积分表得

$$\int\frac{\mathrm{d}x}{x(3+2x)^2}=\frac{1}{3(3+2x)}-\frac{1}{9}\ln\left|\frac{3+2x}{x}\right|+C.$$

【例 2】 求 $\displaystyle\int\frac{\mathrm{d}x}{5-4\sin x}$.

解 被积函数含有三角函数，在积分表中查得关于积分 $\displaystyle\int\frac{\mathrm{d}x}{a+b\sin x}$ 的公式，但公式有两个，由 a^2 与 b^2 的大小来决定.

现在 $a=5$，$b=-4$，$a^2>b^2$，所以由公式得

$$\int\frac{\mathrm{d}x}{5-4\sin x}=\frac{2}{\sqrt{5^2-(-4)^2}}\arctan\left(\frac{\cdot 5\tan\dfrac{x}{2}+4}{\sqrt{5^2-(-4)^2}}\right)+C=\frac{2}{3}\arctan\left(\frac{5}{3}\tan\frac{x}{2}+\frac{4}{3}\right)+C.$$

【例 3】 $\displaystyle\int\sqrt{4x^2+9}\,\mathrm{d}x$.

解 在积分表中不能直接查到，令 $2x=t$，

$$\int\sqrt{4x^2+9}\,\mathrm{d}x=\int\sqrt{(2x)^2+3^2}\,\mathrm{d}x=\frac{1}{2}\int\sqrt{t^2+3^2}\,\mathrm{d}t$$

在积分表（六）中查得公式 31，现在 $a=3$，有

$$\int\sqrt{4x^2+9}\,\mathrm{d}x=\frac{1}{2}\int\sqrt{t^2+3^2}\,\mathrm{d}t=\frac{1}{2}\left[\frac{t}{2}\sqrt{t^2+9}+\frac{9}{2}\ln(t+\sqrt{t^2+9})\right]+C$$

$$=\frac{x}{2}\sqrt{4x^2+9}+\frac{9}{4}\ln(2x+\sqrt{4x^2+9})+C.$$

一般说来，查积分表可以节省计算的时间，但是，对一些比较简单的积分，应用基本积分方法来计算比查表要更快些. 例如，对 $\int\sin x\cos^3 x\,\mathrm{d}x$ 用凑微分法很快就可得到结果. 所以，求不定积分时究竟是直接计算还是查表，或两者结合使用，应作具体分析，灵活应用，不能一概而论.

与此同时，还需指出：对初等函数来说，在定义区间内其原函数一定存在，但有些原函数不一定都是初等函数，如

$$\int\mathrm{e}^{-x^2}\,\mathrm{d}x,\int\frac{\sin x}{x}\,\mathrm{d}x,\int\frac{\mathrm{d}x}{\ln x},\int\frac{\mathrm{d}x}{\sqrt{1+x^4}}$$

等都不是初等函数，因此我们常说这些积分是"积不出来"的.

习题 4-7

查积分表求下列不定积分：

(1) $\displaystyle\int\frac{\mathrm{d}x}{x(2+x)^2}$；

(2) $\displaystyle\int\frac{\mathrm{d}x}{2+\sin 2x}$；

(3) $\displaystyle\int\sqrt{3x^2+2}\,\mathrm{d}x$；

(4) $\displaystyle\int x\arcsin\frac{x}{2}\,\mathrm{d}x$；

$(5) \int e^{-2x} \sin 3x dx;$　　　　　　　　$(6) \int x^2 \ln^3 x dx.$

阅读欣赏四　报效祖国宏愿——华罗庚的故事

华罗庚是一位靠自学成才的世界著名数学家. 他仅有初中文凭, 因一篇论文在《科学》杂志上发表, 得到数学家熊庆来的赏识, 从此便北上清华园, 开始了他的数学生涯.

1936 年, 经熊庆来教授推荐, 华罗庚前往英国, 留学剑桥. 20 世纪声名显赫的数学家哈代早就听说华罗庚很有才华, 见到华罗庚后他说: "你可以在两年之内获得博士学位." 可是华罗庚却回答道: "我不想获得博士学位, 我只要求做一个访问者……我来剑桥是求学问的, 不是为了学位." 两年中, 他集中精力研究堆垒素数论, 并就华林问题、他利问题、奇数哥德巴赫问题发表 18 篇论文, 得出了著名的 "华氏定理", 向全世界显示了中国数学家出众的智慧与能力.

1946 年, 华罗庚应邀到美国讲学, 并被伊利诺大学高薪聘为终身教授, 他的家属也随同到美国定居, 有洋房和汽车, 生活十分优裕. 当时, 不少人认为华罗庚是不会回来了.

新中国的诞生, 牵动着热爱祖国的华罗庚的心. 1950 年, 他毅然放弃在美国的优裕生活, 回到了祖国, 而且还给留美的中国学生写了一封公开信, 动员大家回国参加社会主义建设. 他在信中坦露出了一颗爱中华的赤子之心: "朋友们! 梁园虽好, 非久居之乡. 归去来今……为了国家民族, 我们应当回去……" 虽然数学没有国界, 但数学家却有自己的祖国.

华罗庚从海外归来, 受到党和人民的热烈欢迎. 他回到清华园, 被委任为数学系主任, 不久又被任命为中国科学院数学研究所所长. 从此, 开始了他数学研究真正的黄金时期. 他不但连续做出了令世界瞩目的突出成绩, 同时满腔热情地关心、培养了一大批数学人才. 为摘取数学王冠上的明珠, 为应用数学研究、试验和推广, 他倾注了大量心血.

据不完全统计, 数十年间, 华罗庚共发表了 152 篇重要的数学论文, 出版了 9 部数学著作、11 本数学科普著作. 他还被选为科学院的国外院士和第三世界科学家的院士.

从初中毕业到人民数学家, 华罗庚走过了一条曲折而辉煌的人生道路, 为祖国争得了极大的荣誉.

学习指导

内容:

不定积分、定积分的概念及性质; 基本积分公式, 简单积分的计算; 换元积分法和分部积分法; 定积分的应用.

基本要求:

理解积分的概念和几何意义; 掌握积分的基本性质; 熟练掌握基本积分公式, 并能用于简单积分的计算; 熟练应用第一换元积分法 (凑微分法) 和分部积分法计算不定积分, 应用第二换元积分法 (简单根式代换和三角代换) 计算不定积分; 熟练掌握牛顿-莱布尼兹公式, 掌握定积分的元素法.

重点与难点：

重点是积分的概念、基本积分公式、第一换元积分法和分部积分法，并能用于积分；牛顿-莱布尼兹公式.

难点是积分的概念与求积分的方法、定积分的应用.

复习题四（1）

1. 填空题：

(1) 设 x^3 为 $f(x)$ 的一个原函数，则 $\mathrm{d}f(x)=$ _____.

(2) $\int \mathrm{d}x=$ _____，$\mathrm{d}\int \mathrm{d}x=$ _____.

(3) 已知 $f(x)$ 的一个原函数为 e^{-x}，则 $f(x)=$ _____.

(4) 设 $f(x)=\begin{cases} x, & 0\leqslant x\leqslant 1 \\ 1, & 1\leqslant x\leqslant 2 \end{cases}$，则 $\int_0^2 f(x)\,\mathrm{d}x=$ _____.

(5) $\int_0^1 \dfrac{x^2}{1+x^2}\mathrm{d}x=$ _____.

(6) $\int_1^2 \dfrac{1}{1+x^2}\mathrm{d}x=$ _____.

2. 单项选择题：

(1) 设 $F(x)$ 是 $f(x)$ 在 $(-\infty,+\infty)$ 上的一个原函数，且 $F(x)$ 为奇函数，则 $f(x)$ 是（　　）.

  A. 偶函数　　　　　B. 奇函数　　　　C. 非奇非偶函数　　　D. 不能确定

(2) 下列等式中成立的是（　　）.

  A. $\mathrm{d}\int f(x)\mathrm{d}x=f(x)$ 　　　　　　　　B. $\dfrac{\mathrm{d}}{\mathrm{d}x}\int f(x)\mathrm{d}x=f(x)\mathrm{d}x$

  C. $\dfrac{\mathrm{d}}{\mathrm{d}x}\int f(x)\mathrm{d}x=f(x)+c$ 　　　　D. $\mathrm{d}\int f(x)\mathrm{d}x=f(x)\mathrm{d}x$

(3) 下列说法中正确的是（　　）.

  A. 一个函数的原函数一定存在

  B. 原函数一定为连续函数

  C. 一个函数的原函数只有一个

  D. 不定积分 $\int f(x)\mathrm{d}x$ 的图形是一条积分曲线

(4) 经过点 $(1,0)$ 且切线斜率为 $3x^2$ 的曲线方程为（　　）.

  A. $y=x^3$ 　　　　　B. $y=x^3-1$ 　　　C. $y=x^3+1$ 　　　D. $y=x^3+c$

(5) 设 $f'(x)$ 连续，则变上限积分 $\int_a^x f(t)\mathrm{d}t$ 是（　　）.

  A. $f'(x)$ 的一个原函数 　　　　　　B. $f'(x)$ 的全体原函数

  C. $f(x)$ 的一个原函数 　　　　　　D. $f(x)$ 的全体原函数

(6) 若 $\int_0^a x(2-3x)\mathrm{d}x=2$，则 $a=$（　　）.

A. 1   B. -1 C. 2   D. -2

3. 计算下列不定积分：

(1) $\displaystyle\int \frac{\mathrm{d}x}{\sqrt{3-3x^2}}$;

(2) $\displaystyle\int x^2 \sqrt{x}\,\mathrm{d}x$;

(3) $\displaystyle\int \sin5x\cos2x\,\mathrm{d}x$;

(4) $\displaystyle\int x^2 \ln x\,\mathrm{d}x$.

4. 计算下列定积分：

(1) $\displaystyle\int_0^2 x^2\,\mathrm{d}x$;

(2) $\displaystyle\int_0^1 (2x^2-\sqrt[3]{x}+1)\,\mathrm{d}x$;

(3) $\displaystyle\int_{-1}^1 \frac{\mathrm{e}^x}{\mathrm{e}^x+1}\,\mathrm{d}x$;

(4) $\displaystyle\int_1^{\mathrm{e}} \frac{\ln^4 x}{x}\,\mathrm{d}x$.

5. 计算 $y=\sin x$ 在 $[0,\pi]$ 上与 x 轴所围成的平面图形的面积.

复习题四 (2)

1. 填空题：

(1) 设 $f(x)$ 是连续函数，则 $\displaystyle\int f'(x)\,\mathrm{d}x=$ _____.

(2) $\displaystyle\int \frac{1}{x^4}\,\mathrm{d}x=$ _____.

(3) $\displaystyle\int x(x^3+1)\,\mathrm{d}x=$ _____.

(4) $\displaystyle\int_0^2 (x-2)\,\mathrm{d}x=$ _____.

(5) $\displaystyle\int \frac{\mathrm{e}^x}{1+\mathrm{e}^x}\,\mathrm{d}x=$ _____.

(6) $\displaystyle\int_0^1 (3x-4)^5\,\mathrm{d}x=$ _____.

2. 单项选择题：

(1) $\displaystyle\int_0^3 |2-x|\,\mathrm{d}x=($ $)$.

A. $\dfrac{5}{2}$ B. $\dfrac{1}{2}$ C. $\dfrac{3}{2}$ D. $\dfrac{2}{3}$

(2) $\displaystyle\int \sqrt{x}\sqrt[3]{x}\,\mathrm{d}x=($ $)$.

A. $\dfrac{6}{11}x^{\frac{11}{6}}+C$ B. $\dfrac{5}{6}x^{\frac{6}{5}}+C$ C. $\dfrac{3}{4}x^{\frac{4}{3}}+C$ D. $\dfrac{2}{3}x^{\frac{3}{2}}+C$

(3) 设 $f(x)=k\tan2x$ 的一个原函数是 $\dfrac{2}{3}\ln\cos2x$，则 $k=($ $)$.

A. $\dfrac{3}{2}$ B. $\dfrac{3}{4}$ C. $-\dfrac{2}{3}$ D. $-\dfrac{4}{3}$

(4) $\dfrac{\mathrm{d}}{\mathrm{d}x}\displaystyle\int_a^b \arctan x\,\mathrm{d}x$ 等于（   ）.

A. arctan$x$

B. $\dfrac{1}{1+x^2}$

C. arctan$b-$arctan$a$

D. 0

(5) $\displaystyle\int f'(\sqrt{x})\mathrm{d}\sqrt{x}=($　　).

A. $f(\sqrt{x})$　　　　B. $f(\sqrt{x})+C$　　　　C. $f(x)$　　　　D. $f(x)+C$

(6) $\displaystyle\int_1^2\dfrac{1}{2x-1}\mathrm{d}x=($　　).

A. ln3　　　　B. 2ln3　　　　C. $\dfrac{1}{2}$ln3　　　　D. $-\dfrac{1}{2}$ln3

3. 计算题:

(1) $\displaystyle\int 3^x\mathrm{e}^x\mathrm{d}x$;

(2) $\displaystyle\int_0^\pi x\sin x\mathrm{d}x$;

(3) $\displaystyle\int x\ln x\mathrm{d}x$;

(4) $\displaystyle\int_0^1 x\mathrm{e}^x\mathrm{d}x$;

(5) $\displaystyle\int \ln x\mathrm{d}x$;

(6) $\displaystyle\int_0^1 (2\mathrm{e}^x+1)\mathrm{d}x$.

4. 求曲线 $y^2=2x$ 与直线 $y=x-4$ 所围成的图形的面积.

第五章 空间解析几何与向量代数

在自然科学和工程技术中，我们经常遇到一种既有大小又有方向的量（即向量），所遇到的几何图形经常为空间几何图形. 本章我们将介绍向量的概念、向量的运算及空间解析几何的有关内容.

第一节 向量及其运算

一、空间直角坐标系

在研究空间解析几何的开始，我们首先建立一个空间直角坐标系.

在空间，任意固定一点 O，过点 O 作三条具有相同的长度单位，且两两相互垂直的数轴 x 轴、y 轴、z 轴，这样就建立了空间直角坐标系 $O-xyz$. 点 O 称为**坐标原点**，x 轴、y 轴、z 轴统称为**坐标轴**，又分别叫做**横轴**、**纵轴**和**竖轴**. 通常规定它们的正方向符合右手法则，即以右手握住 z 轴，大拇指方向为 z 轴的正方向，其余四指从 x 轴正向旋转 $90°$ 时所指方向便为 y 轴正向（见图 5-1）.

这种坐标轴又称为**空间直角右手坐标系**. 从图 5-1 中我们可以确定三个坐标平面，即三个坐标面，它们相互垂直，其中垂直于 x 轴的叫做 **yOz 平面**，垂直于 y 轴的叫做 **xOz 平面**，垂直于 z 轴的叫做 **xOy 平面**.

三个坐标平面把整个空间分成了八个部分，每一部分称为一个卦限. 在 xOy 坐标面上方有四个卦限，下方有四个卦限. 含 x 轴、y 轴、z 轴正向的卦限称为第 Ⅰ 卦限，然后逆着 z 轴正向看时，按逆时针顺序依次为 Ⅱ、Ⅲ、Ⅳ 卦限，对于分别位于 Ⅰ、Ⅱ、Ⅲ、Ⅳ 卦限下面的四个卦限，依次为第 Ⅴ、Ⅵ、Ⅶ、Ⅷ 卦限（见图 5-2）.

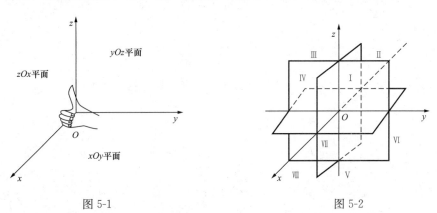

图 5-1　　　　　　　　　　　　图 5-2

空间直角坐标系建立以后，就可以建立空间的点与有序数组之间的对应关系. 为此，先介绍空间点的坐标.

设 P 为空间的任意一点，过点 P 作垂直于坐标面 xOy 的直线得垂足 P'. 过 P' 分别与 x

轴、y 轴垂直且相交的直线，过 P 作与 z 轴垂直且相交的直线，依次得 x、y、z 轴上的三个垂足 M、N、R. 设 x、y、z 分别是 M、N、R 点在数轴上的坐标. 这样，空间内任一点 P 就确定了唯一的一组有序的数组 x，y，z，用 (x, y, z) 表示.

反之，任给出一组有序数组 (x, y, z)，它们分别在 x 轴、y 轴和 z 轴上对应点 M、N 和 R. 过 M、N 并在 xOy 坐标面内分别作 x 轴和 y 轴的垂线，交于 P'. 过 P' 作 xOy 坐标面的垂线 $P'P$，过 R 作 $P'P$ 的垂直相交线得交点 P. 这样，一组有序数组就确定了空间内唯一的一个点 P，而 x、y、z 恰好是点 P 的坐标. 根据上面的法则，我们建立了空间一点与一组有序数组 (x, y, z) 之间的一一对应关系. 有序数组 (x, y, z) 称为点 P 的坐标（见图 5-3），x、y、z 分别称为 x 坐标、y 坐标、z 坐标.

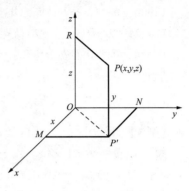

图 5-3

二、向量的坐标表示

在平面向量中我们已经学习过向量的线性运算，在这一节中我们继续讨论空间直角坐标系中空间向量的表示方法.

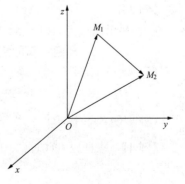

图 5-4

1. 向径及其坐标表示

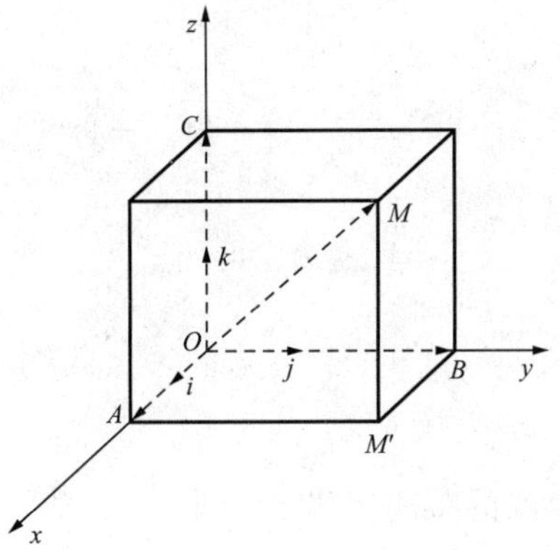

起点在坐标原点 O、终点为 M 的向量 $\overrightarrow{OM}$ 称为点 M 的**向径**，记为 $\boldsymbol{r}(\boldsymbol{M})$ 或 $\overrightarrow{OM}$.

在坐标轴上分别取与 x 轴、y 轴和 z 轴方向相同的单位向量称为基本单位向量，分别用 $\boldsymbol{i}$、$\boldsymbol{j}$、$\boldsymbol{k}$ 表示.

若点 M 的坐标为 (x, y, z)，则向量 $\overrightarrow{OA} = x\boldsymbol{i}$，$\overrightarrow{OB} = y\boldsymbol{j}$，$\overrightarrow{OC} = z\boldsymbol{k}$，由向量的加法法则（见图 5-4）得 $\overrightarrow{OM} = \overrightarrow{OM'} + \overrightarrow{MM'} = (\overrightarrow{OA} + \overrightarrow{OB}) + \overrightarrow{OC} = x\boldsymbol{i} + y\boldsymbol{j} + z\boldsymbol{k}$.

上式称为点 $M(x, y, z)$ 的向径 $\overrightarrow{OM}$ 的坐标表达式，简记为 $\overrightarrow{OM} = \{x, y, z\}$.

2. 向量 $\overrightarrow{M_1M_2}$ 的坐标表达式

设 $M_1(x_1, y_1, z_1)$、$M_2(x_2, y_2, z_2)$ 为坐标系中两点，向径 $\overrightarrow{OM_1}$、$\overrightarrow{OM_2}$ 的坐标表达式为

$$\overrightarrow{OM_1} = x_1\boldsymbol{i} + y_1\boldsymbol{j} + z_1\boldsymbol{k},$$

$$\overrightarrow{OM_2} = x_2\boldsymbol{i} + y_2\boldsymbol{j} + z_2\boldsymbol{k},$$

则以 M_1 为起点、M_2 为终点的向量（见图 5-5）

$$\overrightarrow{M_1M_2} = (x_2\boldsymbol{i} + y_2\boldsymbol{j} + z_2\boldsymbol{k}) - (x_1\boldsymbol{i} + y_1\boldsymbol{j} + z_1\boldsymbol{k})$$

$$= (x_2 - x_1)\boldsymbol{i} + (y_2 - y_1)\boldsymbol{j} + (z_2 - z_1)\boldsymbol{k},$$

即以 $M_1(x_1, y_1, z_1)$ 为起点、$M_2(x_2, y_2, z_2)$ 为终点的向量 $\overrightarrow{M_1M_2}$ 的坐标表达式为

$$\overrightarrow{M_1M_2} = (x_2 - x_1)\boldsymbol{i} + (y_2 - y_1)\boldsymbol{j} + (z_2 - z_1)\boldsymbol{k}.$$

图 5-5

3. 坐标表示下的向量线性运算

设 $\boldsymbol{a}=a_1\boldsymbol{i}+a_2\boldsymbol{j}+a_3\boldsymbol{k}$，$\boldsymbol{b}=b_1\boldsymbol{i}+b_2\boldsymbol{j}+b_3\boldsymbol{k}$，则有以下运算法则：

(1) $\boldsymbol{a}+\boldsymbol{b}=(a_1+b_1)\boldsymbol{i}+(a_2+b_2)\boldsymbol{j}+(a_3+b_3)\boldsymbol{k}$；

(2) $\lambda\boldsymbol{a}=\lambda a_1\boldsymbol{i}+\lambda a_2\boldsymbol{j}+\lambda a_3\boldsymbol{k}$；

(3) $\boldsymbol{a}-\boldsymbol{b}=(a_1-b_1)\boldsymbol{i}+(a_2-b_2)\boldsymbol{j}+(a_3-b_3)\boldsymbol{k}$；

(4) $\boldsymbol{a}=\boldsymbol{b}\Leftrightarrow a_1=b_1$，$a_2=b_2$，$a_3=b_3$；

(5) $\boldsymbol{a}//\boldsymbol{b}\Leftrightarrow\dfrac{a_1}{b_1}=\dfrac{a_2}{b_2}=\dfrac{a_3}{b_3}$．

【例 1】 设向量 $\boldsymbol{a}=\{-1,2,-1\}$，$\boldsymbol{b}=\{-4,-2,0\}$，求 $\boldsymbol{a}+\boldsymbol{b}$，$2\boldsymbol{b}-3\boldsymbol{a}$．

解 $\boldsymbol{a}+\boldsymbol{b}=\{(-1-4),(2-2),(-1+0)\}=\{-5,0,-1\}$

$2\boldsymbol{b}-3\boldsymbol{a}=\{-8,-4,0\}-\{-3,6,-3\}=\{-5,-10,3\}$．

4. 向量 $\boldsymbol{a}=a_1\boldsymbol{i}+a_2\boldsymbol{j}+a_3\boldsymbol{k}$ 的模

任给一向量 $\boldsymbol{a}=a_1\boldsymbol{i}+a_2\boldsymbol{j}+a_3\boldsymbol{k}$，都可将其视为以点 $M(a_1,a_2,a_3)$ 为终点的向径 $\overrightarrow{OM}$，$\overrightarrow{OM}^2=\overrightarrow{OA}^2+\overrightarrow{OB}^2+\overrightarrow{OC}^2$，即 $|\boldsymbol{a}|^2=a_1^2+a_2^2+a_3^2$，所以向量 $\boldsymbol{a}=a_1\boldsymbol{i}+a_2\boldsymbol{j}+a_3\boldsymbol{k}$ 的模为 $|\boldsymbol{a}|^2=\sqrt{a_1^2+a_2^2+a_3^2}$．

【例 2】 设向量 $\boldsymbol{AB}=4\boldsymbol{i}-4\boldsymbol{j}+7\boldsymbol{k}$ 的终点 B 的坐标为 $(2,-1,7)$，求

(1) 始点 A 的坐标；

(2) 向量 $\boldsymbol{AB}$ 的模．

解 (1) 设始点 A 的坐标为 (x,y,z)，则 $\boldsymbol{AB}=\{2-x,-1-y,7-z\}=\{4,-4,7\}$，

即 $\begin{cases}2-x=4\\-1-y=-4\\7-z=7\end{cases}$，得始点 A 的坐标为 $(-2,3,0)$．

(2) $|\boldsymbol{AB}|=\sqrt{4^2+(-4)^2+7^2}=9$．

5. 空间两点间的距离公式

设点 $M_1(x_1,y_1,z_1)$ 与点 $M_2(x_2,y_2,z_2)$，且两点间的距离记作 d，则

$$d=\left|\overrightarrow{M_1M_2}\right|=\sqrt{(x_2-x_1)^2+(y_2-y_1)^2+(z_2-z_1)^2}.$$

该公式显然是平面上两点间距离公式的推广．

【例 3】 (1) 写出点 $A(1,2,1)$ 的向径；

(2) 写出起点为 $A(1,2,1)$、终点为 $B(3,3,0)$ 的向量的坐标表达式；

(3) 计算 A、B 两点间的距离．

解 (1) $\overrightarrow{OA}=\boldsymbol{i}+2\boldsymbol{j}+\boldsymbol{k}$；

(2) $\overrightarrow{AB}=(3-1)\boldsymbol{i}+(3-2)\boldsymbol{j}+(0-1)\boldsymbol{k}=2\boldsymbol{i}+\boldsymbol{j}-\boldsymbol{k}$；

(3) $d(AB)=\left|\overrightarrow{AB}\right|=\sqrt{2^2+1^2+(-1)^2}=\sqrt{6}$．

【例 4】 求证以 $O(0,0,0)$、$M_1(0,1,2)$、$M_2(1,2,0)$ 为顶点的三角形为等腰三角形．

证 因为 $\left|\overrightarrow{OM_1}\right|=\sqrt{0^2+1^2+2^2}=\sqrt{5}$，

$$\left|\overrightarrow{OM_2}\right| = \sqrt{1^2 + 2^2 + 0^2} = \sqrt{5},$$

所以 $\left|\overrightarrow{OM_1}\right| = \left|\overrightarrow{OM_2}\right|$，即 $\triangle M_1 OM_2$ 为等腰三角形.

习题 5-1

1. 填空题：

(1) 已知点 $A(2, -1, 1)$，则点 A 与 z 轴的距离是_____，点 A 与 y 轴的距离是_____，点 A 与 x 轴的距离是_____.

(2) 设向量 $\boldsymbol{a} = (2, -1, 4)$ 与 $\boldsymbol{b} = (1, k, 2)$ 平行，则 $k =$ _____.

(3) 已知 $\triangle ABC$ 的三个顶点为 $A(3, 3, 2)$、$B(4, -3, 7)$、$C(0, 5, 1)$，则 BC 边上的中线长为_____.

2. 已知向量 $\overrightarrow{P_1 P_2}$ 的始坐标为 $P_1(2, -2, 5)$，终点坐标为 $P_2(-1, 4, 7)$，试求：

(1) 向量 $\overrightarrow{P_1 P_2}$ 的坐标表示；(2) 向量 $\overrightarrow{P_1 P_2}$ 的模.

3. 设 A、B 两点为 $A(4, -7, 1)$、$B(6, 2, z)$，它们之间的距离为 $|AB| = 11$，求点 B 的未知坐标 z.

4. 已知 $\overrightarrow{AB} = (4, -4, 7)$，它的终点坐标为 $B(2, -1, 7)$，求它的起点 A.

5. 若 $A(m+1, n-1, 3)$、$B(2m, n, m-2n)$、$C(m+3, n-3, 9)$ 三点共线，求 m、n.

第二节　向量的数量积与向量积

一、向量的数量积

1. 引例

数量积是从物理、力学问题中抽象出来的一个数学概念. 下面先看一个例子.

已知力 $\boldsymbol{F}$ 与 x 轴正向夹角为 α，其大小为 F（见图 5-6）. 在力 $\boldsymbol{F}$ 的作用下，一质点 M 沿轴 x 由 $x = a$ 移动到 $x = b$ 处，求力 $\boldsymbol{F}$ 所做的功？

力 $\boldsymbol{F}$ 在水平方向的分力大小

$$F_x = F\cos\alpha,$$

所以，力 $\boldsymbol{F}$ 使质点 M 沿 x 轴方向（从 A 到 B）所做的功

$$W = |\boldsymbol{F}|\left|\overrightarrow{AB}\right|\cos\alpha = F\cos\alpha|b - a|,$$

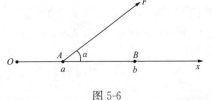

图 5-6

即力 $\boldsymbol{F}$ 使质点 M 沿 x 轴由点 A 移动到 B 点所做的功等于力 $\boldsymbol{F}$ 的模与位移矢量的模及其夹角余弦的积.

现实生活中，还有许多量可以表示成"二矢量之模与其夹角余弦之积"，为此，我们引入数量积的概念.

2. 数量积的定义

定义 1　设向量 $\boldsymbol{a}$ 与 $\boldsymbol{b}$ 之间的夹角为 $\theta(0 \leqslant \theta \leqslant \pi)$，则称

$$|\boldsymbol{a}||\boldsymbol{b}|\cos\theta$$

为 a 与 b 的数量积（或点积），并用 $a \cdot b$ 表示，即

$$a \cdot b = |a||b|\cos\theta.$$

【例 1】 已知向量 a 与 b 的夹角为 $\frac{2}{3}\pi$，$|a|=3$，$|b|=4$，求向量 $c=3a+2b$ 的模.

解 根据数量积的定义和性质，有

$$|c|^2 = c \cdot c = (3a+2b) \cdot (3a+2b) = (3a+2b) \cdot 3a + (3a+2b) \cdot (2b)$$
$$= 9a \cdot a + 6b \cdot a + 6a \cdot b + 4b \cdot b$$
$$= 9|a|^2 + 12|a||b|\cos(a,b) + 4|b|^2$$
$$= 9 \times 3^2 + 12 \times 3 \times 4\cos\frac{2\pi}{3} + 4 \times 4^2 = 81 - 72 + 64 = 73,$$

所以

$$|\vec{c}| = \sqrt{73}.$$

由数量积的定义不难发现，数量积满足如下运算规律：

(1) 交换律：$a \cdot b = b \cdot a$；

(2) 分配律：$a \cdot (b+c) = a \cdot b + a \cdot c$；

(3) 结合律：$\lambda a \cdot b = \lambda(a \cdot b) = a \cdot (\lambda b)$，其中 λ 为常数.

3. 数量积的坐标表示

设 $a = a_1 i + a_2 j + a_3 k$，$b = b_1 i + b_2 j + b_3 k$，则

$$a \cdot b = (a_1 i + a_2 j + a_3 k) \cdot (b_1 i + b_2 j + b_3 k)$$
$$= (a_1 b_1 i \cdot i + a_1 b_2 i \cdot j + a_1 b_3 i \cdot k + a_2 b_1 j \cdot i + a_2 b_2 j \cdot j + a_2 b_3 j \cdot k$$
$$+ a_3 b_1 k \cdot i + a_3 b_2 k \cdot j + a_3 b_3 k \cdot k)$$
$$= a_1 b_1 + a_2 b_2 + a_3 b_3,$$

故向量 $a = \{a_1, a_2, a_3\}$ 与 $b = \{b_1, b_2, b_3\}$ 的数量积等于其相应坐标积的和.

应用向量积可得两向量的夹角及向量垂直的条件.

由于 $a \cdot b = |a||b|\cos\theta$，所以

$$\cos\theta = \frac{a \cdot b}{|a||b|} \quad (0 \leqslant \theta \leqslant \pi),$$

此即为向量 a 与 b 夹角余弦公式.

若 $a = a_1 i + a_2 j + a_3 k$，$b = b_1 i + b_2 j + b_3 k$，则

$$\cos\theta = \frac{a \cdot b}{|a||b|} = \frac{a_1 b_1 + a_2 b_2 + a_3 b_3}{\sqrt{a_1^2 + a_2^2 + a_3^2}\sqrt{b_1^2 + b_2^2 + b_3^2}} \quad (0 \leqslant \theta \leqslant \pi).$$

若向量 $a = \{a_1, a_2, a_3\}$ 与 $b = \{b_1, b_2, b_3\}$ 的夹角为 $\frac{\pi}{2}$，则称 a 与 b 正交（垂直）.

由上述公式可知：

定理 1 向量 a 与 b 正交的充分必要条件是 $a \cdot b = 0$ 或 $a_1 b_1 + a_2 b_2 + a_3 b_3 = 0$.

【例 2】 已知三点 $A(-1, 2, 3)$、$B(1, 1, 1)$、$C(0, 0, 5)$，求 $\angle ABC$.

解 作向量 $\overrightarrow{BA}$、$\overrightarrow{BC}$，则 $\overrightarrow{AB}$ 与 $\overrightarrow{BC}$ 的夹角就是 $\angle ABC$.

因为

$$\overrightarrow{BA} = (-1-1, 2-1, 3-1) = (-2, 1, 2),$$

$$\overrightarrow{BC} = (0-1,0-1,5-1) = (-1,-1,4),$$

故

$$\overrightarrow{BA} \cdot \overrightarrow{BC} = (-2)\times(-1)+1\times(-1)+2\times4 = 9,$$

$$|\overrightarrow{BA}| = \sqrt{(-2)^2+1^2+2^2} = 3,$$

$$|\overrightarrow{BC}| = \sqrt{(-1)^2+(-1)^2+4^2} = 3\sqrt{2}.$$

于是

$$\cos\angle ABC = \frac{\overrightarrow{BA} \cdot \overrightarrow{BC}}{|\overrightarrow{BC}||\overrightarrow{BA}|} = \frac{9}{3\times3\sqrt{2}} = \frac{\sqrt{2}}{2},$$

所以

$$\cos\angle ABC = \frac{\pi}{4}.$$

【例3】 试证向量 $\boldsymbol{a}=\{1,2,3\}$ 与 $\boldsymbol{b}=\{3,3,-3\}$ 是正交的.

证 因为 $\boldsymbol{a} \cdot \boldsymbol{b}=1\times3+2\times3+3\times(-3)=0$,所以 $\boldsymbol{a}$ 与 $\boldsymbol{b}$ 正交.

二、向量的向量积

1. 引例

设 O 点为一杠杆的支点,力 $\boldsymbol{F}$ 作用于杠杆上点 P 处,求力 $\boldsymbol{F}$ 对支点 O 的力矩(见图 5-7).

根据物理学知识,力 $\boldsymbol{F}$ 对点 O 的力矩是向量 $\boldsymbol{M}$,其大小为

$$|\boldsymbol{M}| = |\boldsymbol{F}|d = |\boldsymbol{F}||\overrightarrow{OP}|\sin\theta,$$

其中 d 为支点 O 到力 $\boldsymbol{F}$ 的作用线距离,θ 为矢量 $\boldsymbol{F}$ 与 $\overrightarrow{OP}$ 的夹角.

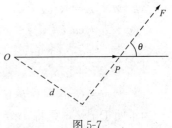

图 5-7

力矩 $\boldsymbol{M}$ 的方向规定为:伸出右手,让四指与大拇指垂直,并使四指先指向 $\overrightarrow{OP}$ 方向,然后让四指沿小于 π 的方向握拳转向力 $\boldsymbol{F}$ 的方向,这时拇指的方向就是力矩 $\boldsymbol{M}$ 的方向(即 $\overrightarrow{OP}$、$\boldsymbol{F}$、$\boldsymbol{M}$ 依次符合右手螺旋法则).

因此,力矩 $\boldsymbol{M}$ 是一个与向量 $\overrightarrow{OP}$ 和向量 $\boldsymbol{F}$ 有关的向量,其大小为 $|\boldsymbol{F}||\overrightarrow{OP}|\sin\theta$,其方向满足:同时垂直于向量 $\overrightarrow{OP}$ 和 $\boldsymbol{F}$;向量 $\overrightarrow{OP}$、$\boldsymbol{F}$、$\boldsymbol{M}$ 依次符合右手螺旋法则.

在工程技术领域中,有许多向量具有上述特征.

2. 向量积的定义

定义2 两个向量 $\boldsymbol{a}$ 与 $\boldsymbol{b}$ 的向量积是一个向量,记作 $\boldsymbol{a}\times\boldsymbol{b}$,并由下述规则确定:

(1) $|\boldsymbol{a}\times\boldsymbol{b}| = |\boldsymbol{a}||\boldsymbol{b}|\sin(\boldsymbol{a},\boldsymbol{b})$;

(2) $\boldsymbol{a}\times\boldsymbol{b}$ 的方向规定为:$\boldsymbol{a}\times\boldsymbol{b}$ 既垂直于 $\boldsymbol{a}$ 又垂直于 $\boldsymbol{b}$,并且按顺序 $\boldsymbol{a}$、$\boldsymbol{b}$、$\boldsymbol{a}\times\boldsymbol{b}$ 符合右手螺旋法则(见图 5-8).

若把 $\boldsymbol{a}$、$\boldsymbol{b}$ 的起点放在一起,并以 $\boldsymbol{a}$、$\boldsymbol{b}$ 为邻边作平行四边形,则向量 $\boldsymbol{a}$ 与 $\boldsymbol{b}$ 向量积的模 $|\boldsymbol{a}\times\boldsymbol{b}| = |\boldsymbol{a}||\boldsymbol{b}|\sin(\boldsymbol{a},\boldsymbol{b})$ 即为该平行四边形的面积(见图 5-9).

向量积满足如下运算规律:

(1) $\boldsymbol{a}\times\boldsymbol{b} = -\boldsymbol{b}\times\boldsymbol{a}$(反交换律);

(2) $\boldsymbol{a}\times(\boldsymbol{b}+\boldsymbol{c}) = \boldsymbol{a}\times\boldsymbol{b}+\boldsymbol{a}\times\boldsymbol{c}$(左分配律);

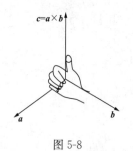

图 5-8

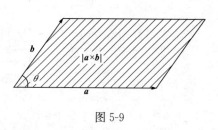

图 5-9

(3) $(b+c)\times a=b\times a+c\times a$ （右分配律）；

(4) $(\lambda a)\times b=\lambda(a\times b)=a\times\lambda b$ （与数性因子的结合律与交换律）.

【例 4】 试证：$i\times i=j\times j=k\times k=a\times\lambda a=0$.

证 只证 $a\times\lambda a=\overrightarrow{0a\times\lambda a=0}$，因为 a 与 λa 平行（即共线），所以其夹角 $\theta=0$ 或 π，从而 $\sin\theta=0$，因此

$$|a\times\lambda a|=|a||\lambda a|\sin\theta=0,$$

而模为 0 的向量为零向量，所以 $a\times\lambda a=0$.

定理 2 两个非零向量平行的充分条件是它们的向量积为零向量.

3. 向量积的坐标表示

为求得数量积的坐标表示，设 $a=a_1i+a_2j+a_3k$，$b=b_1i+b_2j+b_3k$. 注意到 $i\times i=j\times j=k\times k=a\times\lambda a=0$，及 $i\times j=k$，$j\times k=i$，$k\times i=j$. 应用数量积的运算规律可得

$$
\begin{aligned}
a\times b&=(a_1i+a_2j+a_3k)\times(b_1i+b_2j+b_3k)\\
&=a_1b_1i\times i+a_1b_2i\times j+a_1b_3i\times k+a_2b_1j\times i+a_2b_2j\times j+a_2b_3j\times k\\
&\quad+a_3b_1k\times i+a_3b_2k\times j+a_3b_3k\times k\\
&=(a_2b_3-a_3b_2)i+(a_3b_1-a_1b_3)j+(a_1b_2-a_2b_1)k.
\end{aligned}
$$

为了便于记忆，可将 $a\times b$ 表示成一个三阶行列式，计算时，只需将其按第一行展开即可，即

$$
a\times b=\begin{vmatrix} i & j & k \\ a_1 & a_2 & a_3 \\ b_1 & b_2 & b_3 \end{vmatrix}.
$$

【例 5】 设 $a=(1,-2,3)$，$b=(0,1,-2)$，求 $a\times b$ 及 $b\times a$.

解

$$
a\times b=\begin{vmatrix} i & j & k \\ 1 & -2 & 3 \\ 0 & 1 & -2 \end{vmatrix}=\begin{vmatrix} -2 & 3 \\ 1 & -2 \end{vmatrix}i-\begin{vmatrix} 1 & 3 \\ 0 & -2 \end{vmatrix}j+\begin{vmatrix} 1 & -2 \\ 0 & 1 \end{vmatrix}k=i+2j+k,
$$

$$
b\times a=-a\times b=-i-2j-k.
$$

【例 6】 已知三点 $A(1,1,1)$、$B(2,0,-1)$、$C(-1,1,2)$，求 $\triangle ABC$ 的面积.

解 根据向量积模的几何意义，$\triangle ABC$ 的面积

$$
S=\frac{1}{2}\left|\overrightarrow{AB}\times\overrightarrow{AC}\right|.
$$

因为

$$
\overrightarrow{AB}=(2-1,0-1,-1-1)=(1,-1,-2),
$$

$$\overrightarrow{AC} = (-1-1, 1-1, 2-1) = (-2, 0, 1),$$

故

$$\overrightarrow{AB} \times \overrightarrow{AC} = \begin{vmatrix} \boldsymbol{i} & \boldsymbol{j} & \boldsymbol{k} \\ 1 & -1 & -2 \\ -2 & 0 & 1 \end{vmatrix} = \begin{vmatrix} -1 & -2 \\ 0 & 1 \end{vmatrix} \boldsymbol{i} - \begin{vmatrix} 1 & -2 \\ -2 & 1 \end{vmatrix} \boldsymbol{j} + \begin{vmatrix} 1 & -1 \\ -2 & 0 \end{vmatrix} \boldsymbol{k}$$

$$= -\boldsymbol{i} + 3\boldsymbol{j} - 2\boldsymbol{k}.$$

所以

$$S = \frac{1}{2} |\overrightarrow{AB} \times \overrightarrow{AC}| = \frac{1}{2} \sqrt{(-1)^2 + 3^2 + (-2)^2} = \frac{1}{2} \sqrt{14}.$$

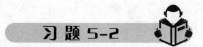

习题 5-2

1. 填空题：

(1) 已知三点 $M_1(1, -2, 3)$、$M_2(1, 1, 4)$、$M_3(2, 0, 2)$，则 $\overrightarrow{M_1M_2} \cdot \overrightarrow{M_1M_3} = $ _____． $\overrightarrow{M_1M_2} \times \overrightarrow{M_1M_3} = $ _____．

(2) 已知向量 $\boldsymbol{a} = (0, 2, 1)$ 与 $\boldsymbol{b} = (-1, 1, k)$ 垂直，则 k 的值为 _____．

(3) 以点 $A(2, -1, -2)$、$B(0, 2, 1)$、$C(2, 3, 0)$ 三点为顶点，作平行四边形 $ABCD$，则此平行四边形的面积等于 _____．

(4) $|\boldsymbol{a} \times \boldsymbol{b}|^2 + |\boldsymbol{a} \cdot \boldsymbol{b}|^2 = $ _____．

2. 在空间直角坐标系中，已知 $\boldsymbol{a} = \{2, 2, 0\}$、$\boldsymbol{b} = \{0, 2, -2\}$，求：

(1) $\boldsymbol{a} \cdot \boldsymbol{b}$；   (2) $|\boldsymbol{a}|$；   (3) $\langle \boldsymbol{a}, \boldsymbol{b} \rangle$．

3. 设向量 $\boldsymbol{a}$、$\boldsymbol{b}$ 的直角坐标分别为 $\{-1, 3, 2\}$、$\{2, -4, k\}$，若 $\boldsymbol{a} \perp \boldsymbol{b}$，求 k 的值．

4. 已知 $\boldsymbol{a} = (2, 3, 1)$、$\boldsymbol{b} = (1, 2, -1)$，求 $\boldsymbol{a} \times \boldsymbol{b}$ 及 $\boldsymbol{b} \times \boldsymbol{a}$．

5. 已知点 $A(1, -3, 4)$、$B(-2, 1, -1)$、$C(-3, -1, 1)$，求 $\angle ABC$．

6. 设 $|\boldsymbol{a}| = 3$，$|\boldsymbol{b}| = 2$，其夹角为 $\frac{\pi}{3}$，求：

(1) $(3\boldsymbol{a} + 2\boldsymbol{b}) \cdot (2\boldsymbol{a} - 5\boldsymbol{b})$；(2) $|\boldsymbol{a} - \boldsymbol{b}|$．

7. 求以点 $A(1, 2, 3)$、$B(0, 0, 1)$、$C(3, 1, 0)$ 为顶点的三角形的面积．

第三节 空 间 平 面

一、平面方程

1. 平面的点法式方程

设非零的向量 $\boldsymbol{n}$ 垂直于平面 π，则称 $\boldsymbol{n}$ 为平面 π 的法向量（也称为 π 的法矢）．设平面 π 的法向量为 $\boldsymbol{n} = \{A, B, C\}$，而平面经过点 $M_0(x_0, y_0, z_0)$，求平面 π 的方程．

如图 5-10 所示，设点 $M(x, y, z)$ 是平面 π 上任意一点，则 $\overrightarrow{M_0M}$ 在平面 π 上，由于 $\boldsymbol{n} \perp \pi$，因此

$$\boldsymbol{n} \cdot \overrightarrow{M_0M} = 0$$

而

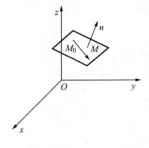

图 5-10

$$n = \{A, B, C\}$$
$$\overrightarrow{M_0 M} = \{x - x_0, y - y_0, z - z_0\},$$

所以，有

$$A(x - x_0) + B(y - y_0) + C(z - z_0) = 0 \qquad (1)$$

由于平面 π 上任意一点 M 的坐标都满足方程（1），而不在平面 π 上的点 M 的坐标都不满足方程（1），因此，方程（1）即是所求的平面 π 的方程．此方程称为**平面的点法式方程**.

【例1】 求过点 $(1，-2，0)$ 且与向量 $\boldsymbol{a} = (-1，3，-2)$ 垂直的平面方程.

解 根据平面的法向量的概念，向量 $\boldsymbol{a} = (-1，3，-2)$ 是所求平面的一个法向量，所以由式（1）得所求平面的方程为

$$-(x - 1) + 3(y + 2) - 2(z - 0) = 0,$$

即

$$x - 3y + 2z = 0.$$

【例2】 求过三点 $M_1(1，-1，-2)$、$M_2(-1，2，0)$、$M_3(1，3，1)$ 的平面方程.

解 由于点 M_1、M_2、M_3 在平面上．故向量 $\overrightarrow{M_1 M_2}$、$\overrightarrow{M_1 M_3}$ 均在平面上．根据向量积的概念及立体几何的知识，向量积 $\overrightarrow{M_1 M_2} \times \overrightarrow{M_1 M_3}$ 与向量 $\overrightarrow{M_1 M_2}$ 及 $\overrightarrow{M_1 M_3}$ 都垂直，且与所求的平面也垂直，因此它是平面的一个法向量，而

$$\overrightarrow{M_1 M_2} = (-1 - 1, 2 - (-1), 0 - (-2)) = (-2, 3, 2),$$
$$\overrightarrow{M_1 M_3} = (1 - 1, 3 - (-1), 1 - (-2)) = (0, 4, 3),$$

于是平面的法向量为

$$\boldsymbol{n} = \overrightarrow{M_1 M_2} \times \overrightarrow{M_1 M_3} = \begin{vmatrix} \boldsymbol{i} & \boldsymbol{j} & \boldsymbol{k} \\ 2 & 3 & 2 \\ 0 & 4 & 3 \end{vmatrix} = \begin{vmatrix} 3 & 2 \\ 4 & 3 \end{vmatrix} \boldsymbol{i} - \begin{vmatrix} -2 & 2 \\ 0 & 3 \end{vmatrix} \boldsymbol{j} + \begin{vmatrix} -2 & 3 \\ 0 & 4 \end{vmatrix} \boldsymbol{k} = \boldsymbol{i} + 6\boldsymbol{j} - 8\boldsymbol{k}.$$

所以，所求的平面方程为

$$(x - 1) + 6(y + 1) - 8(z + 2) = 0,$$

即

$$x + 6y - 8z - 11 = 0.$$

2．平面的一般方程

过点 $M_0(x_0，y_0，z_0)$，且以 $\boldsymbol{n} = \{A，B，C\}$ 为法向量的点法式平面方程为

$$A(x - x_0) + B(y - y_0) + C(z - z_0) = 0,$$

整理得

$$Ax + By + Cz + (-Ax_0 - By_0 - Cz_0) = 0.$$

令 $D = -Ax_0 - By_0 - Cz_0$，则有

$$Ax + By + Cz + D = 0 \qquad (2)$$

即平面 π 的方程（1）可以写出形如式（2）的三元一次方程．在空间直角坐标系下，平面方程为三元一次方程，并且任何一个三元一次方程都表示空间一平面，故称方程（2）为**平面的一般式方程**，并且方程（2）的法向量为 $\boldsymbol{n} = \{A，B，C\}$.

【例 3】 求过 x 轴和点 $M(2，-4，1)$ 的平面方程.

解法 1 因为平面过 x 轴，故原点 O 在平面上，于是可设平面的方程为

$$By + Cz = 0.$$

又因为点 $M(2，-4，1)$ 在平面上，于是有

$$-4B + C = 0,$$

解得

$$C = 4B.$$

将 $C=4B$ 代入方程 $By+Cz=0$ 中，得

$$B(y + 4z) = 0,$$

而 $B\neq 0$，因此所求的平面方程为

$$y + 4z = 0.$$

解法 2 因为平面过 x 轴，故原点 O 在平面上，向量 $\overrightarrow{OM}=(2-0，-4-0，1-0)=$ $(2，-4，1)$ 在平面上，又 x 轴的单位向量 $\boldsymbol{i}=(1，0，0)$ 与平面平行，于是向量积 $\overrightarrow{OM}\times\boldsymbol{i}$ 与平面垂直，即它是平面的一个法向量. 而

$$\overrightarrow{OM}\times\boldsymbol{i} = \begin{vmatrix} \boldsymbol{i} & \boldsymbol{j} & \boldsymbol{k} \\ 2 & -4 & 1 \\ 1 & 0 & 0 \end{vmatrix} = \begin{vmatrix} -4 & 1 \\ 0 & 0 \end{vmatrix}\boldsymbol{i} - \begin{vmatrix} 2 & 1 \\ 1 & 0 \end{vmatrix}\boldsymbol{j} + \begin{vmatrix} 2 & -4 \\ 1 & 0 \end{vmatrix}\boldsymbol{k} = \boldsymbol{j} + 4\boldsymbol{k},$$

根据点法式向量方程，得所求平面方程为

$$y + 4z = 0.$$

【例 4】 设一平面与 x、y、z 轴的交点依次为 $P(a，0，0)$、$Q(0，b，0)$、$R(0，0，c)$，$(abc\neq 0)$，求它的方程.

解 把点 P、Q、R 的坐标代入平面的一般方程，得

$$\begin{cases} Aa + D = 0 \\ Bb + D = 0, \\ Cc + D = 0 \end{cases}$$

解此方程组，得

$$A = -\frac{D}{a}, B = -\frac{D}{b}, C = -\frac{D}{c},$$

将上面的三式代入一般方程中，于是有

$$-\frac{D}{a}x - \frac{D}{b}y - \frac{D}{c}z + D = 0,$$

即

$$D\left(\frac{x}{a} + \frac{y}{b} + \frac{z}{c}\right) = D.$$

由于平面不过原点，故 $D\neq 0$，方程两边同除以 D，得所求平面方程为

$$\frac{x}{a} + \frac{y}{b} + \frac{z}{c} = 1 \tag{3}$$

式（3）称为**平面的截距方程**，平面与三条坐标轴的交点的坐标 a、b、c 称为平面在坐标轴上的截距.

习 题 5-3

1. 填空题：

(1) 过原点，且与直线 $\dfrac{x-1}{3}=\dfrac{y}{1}=\dfrac{z}{-1}$ 垂直的平面方程为_____.

(2) 过点 $M(4,-1,0)$，且与向量 $a=(1,2,1)$ 垂直的平面方程为_____.

(3) 过点 $M(2,0,-1)$，且平行于向量 $a=(2,1,-1)$ 及 $b=(3,0,4)$ 的平面方程为_____.

2. 求下列平面方程：

(1) 过三点 $A(1,0,0)$、$B(0,1,0)$、$C(0,0,1)$；

(2) 与 yOz 面平行，且过 x 轴上的点 $(1,0,0)$；

(3) 过 z 轴和点 $(1,2,-1)$；

(4) 过三点 $A(1,-1,2)$、$B(3,0,-2)$、$C(0,-3,5)$.

3. 设平面 $Ax-2y-z+1=0$ 与平面 $3x+By+2z-9=0$ 平行，试求 A 和 B 的值.

第四节　空间直线方程与直线

一、空间直线的方程

1. 直线的点向式方程

设非零向量 s 平行于直线 L，则称 s 为直线 L 的方向向量. 设直线 L 过点 $M_0(x_0,y_0,z_0)$，并且 $s=\{m,n,p\}$ 为其一方向向量，现推导直线 L 的方程.

设点 $M(x,y,z)$ 为直线 L 上任一点，由于 $\overrightarrow{M_0M}$ 在直线 L 上，因此 $\overrightarrow{M_0M}//s$，即

$$\overrightarrow{M_0M}=ts \quad (t\text{ 为实数}),$$

而

$$\overrightarrow{M_0M}=\{x-x_0,y-y_0,z-z_0\}.$$

因此，有

$$\begin{cases} x-x_0=tm \\ y-y_0=tn \ , \\ z-z_0=tp \end{cases}$$

即

$$\begin{cases} x=x_0+tm \\ y=y_0+tn \ . \\ z=z_0+tp \end{cases} \tag{4}$$

因为直线 L 上任一点的坐标都满足式（4），而不在直线 L 上的点的坐标都不满足式（4），所以式（4）是直线 L 的方程，并称为直线的参数方程，其中 t 为参数.

在式（4）中，消去参数 t，即有

$$\frac{x-x_0}{m}=\frac{y-y_0}{n}=\frac{z-z_0}{p}. \tag{5}$$

式（5）中（x_0，y_0，z_0）是直线 L 上的已知点，$\{m，n，p\}$ 是 L 的方向向量，因此，式（5）称为直线 L 的点向式方程.

注：因为 $s \neq 0$，所以 m、n、p 不全为零，但当有一个为 0，例如 $m=0$ 时，式（5）应理解为

$$\begin{cases} x-x_0 = 0 \\ \dfrac{y-y_0}{n} = \dfrac{z-z_0}{p}; \end{cases}$$

当有两个为零，例如 $m=n=0$ 时，式（5-7）应理解为

$$\begin{cases} x-x_0 = 0 \\ y-y_0 = 0 \end{cases}.$$

【**例 1**】 求过点 $A(1，0，1)$ 和 $B(-2，1，1)$ 的直线方程.

解 向量 $\overrightarrow{AB}=(-3，1，0)$ 是所求直线的一个方向向量，因此所求直线方程为

$$\frac{x-1}{-3} = \frac{1}{y} = \frac{z-1}{0},$$

即

$$\begin{cases} z=1 \\ x+3y-1=0 \end{cases}.$$

2. 直线的一般式方程

空间直线也可看作两平面的交线，所以可用这两个平面方程的联立方程组来表示直线方程，即

$$\begin{cases} A_1 x + B_1 y + C_1 z + D_1 = 0 \\ A_2 x + B_2 y + C_2 z + D_2 = 0 \end{cases}. \tag{6}$$

由于两平面相交，故式（6）中的 A_1、B_1、C_1 与 A_2、B_2、C_2 不成比例（即法向量 $\boldsymbol{n}_1 = \{A_1，B_1，C_1\}$ 与 $\boldsymbol{n}_2 = \{A_2，B_2，C_2\}$ 不平行），称式（6）是**直线 L 的一般式方程**.

直线的一般式方程与直线的点向式方程可以互相转化. 例如，已知直线的一般式方程（6），要把它转化成点向式方程，可先求出满足式（6）的任意一组解（x_0，y_0，z_0），则点 $M_0(x_0，y_0，z_0)$ 即为直线上的点；由于直线 L 的方向向量 s 与两平面的法向量 $\boldsymbol{n}_1$、$\boldsymbol{n}_2$ 都垂直，所以可选 $s=\boldsymbol{n}_1 \times \boldsymbol{n}_2$. 由点 M_0 及法向量 s 可把直线的一般式方程转化为点向式方程.

由直线的点向式方程写成直线的一般式方程，只需将点向式方程的两个等号所连接的式子写成两个平面方程，再联立即可，即

$$\begin{cases} \dfrac{x-x_0}{m} = \dfrac{y-y_0}{n} \\ \dfrac{y-y_0}{n} = \dfrac{z-z_0}{p} \end{cases},$$

变形后，得

$$\begin{cases} nx - my - nx_0 + my_0 = 0 \\ py - nz - py_0 + nz_0 = 0 \end{cases}$$

为直线的一般式方程.

【**例 2**】 写出直线 L：$\begin{cases} x-2y+3z-3=0 \\ 3x+y-2z+5=0 \end{cases}$ 的点向式方程.

解 先在直线 L：$\begin{cases} x-2y+3z-3=0 \\ 3x+y-2z+5=0 \end{cases}$ 上选取一点，为此，令 $z=0$，得

$$\begin{cases} x-2y=3 \\ 3x+y=5 \end{cases},$$

解得 $x=-1$，$y=-2$，即点 M_0（-1，-2，0）为直线 L 上的一个点.

直线 L 的方向向量

$$\boldsymbol{s} = \{1,-2,3\} \times \{3,1,-2\} = \begin{vmatrix} \boldsymbol{i} & \boldsymbol{j} & \boldsymbol{k} \\ 1 & -2 & 3 \\ 3 & 1 & -2 \end{vmatrix} = \boldsymbol{i}+11\boldsymbol{j}+7\boldsymbol{k},$$

则直线 L 的点向式方程为

$$\frac{x+1}{1} = \frac{y+2}{11} = \frac{z-0}{7}.$$

【**例 3**】 把直线 L 的一般方程 $\begin{cases} 2x-4y+z=0 \\ 3x-y-2z+9=0 \end{cases}$ 化为点向式方程和参数方程.

解法 1 先在直线 L 上找一点（x_0，y_0，z_0）. 取 $x_0=0$，代入直线 L 的一般方程中，得

$$\begin{cases} -4y+z=0 \\ y+2z=9 \end{cases},$$

解方程组，求得 $y_0=1$，$z_0=4$，则点（0，1，4）在直线 L 上. 因为直线 L 是两个平面的交线，故直线 L 与两个平面的法向量 $\boldsymbol{n}_1=(2,-4,1)$ 和 $\boldsymbol{n}_2=(3,-1,-2)$ 都垂直，即与向量积 $\boldsymbol{n}_1\times\boldsymbol{n}_2$ 平行，从而向量 $\boldsymbol{n}_1\times\boldsymbol{n}_2$ 是直线 L 的一个方向向量. 而

$$\boldsymbol{n}_1\times\boldsymbol{n}_2 = \begin{vmatrix} \boldsymbol{i} & \boldsymbol{j} & \boldsymbol{k} \\ 2 & -4 & 1 \\ 3 & -1 & -2 \end{vmatrix} = 9\boldsymbol{i}+7\boldsymbol{j}+10\boldsymbol{k},$$

所以，直线 L 的点向式方程为

$$\frac{x}{9} = \frac{y-1}{7} = \frac{z-4}{10}.$$

令 $\dfrac{x}{9}=\dfrac{y-1}{7}=\dfrac{z-4}{10}=t$，则参数方程为

$$\begin{cases} x=9t \\ y=1+7t \\ z=4+10t \end{cases}.$$

解法 2 从所给方程组分别消去 z 和 y，得

$$7x-9y+9=0 \quad \text{和} \quad 10x-9z+36=0,$$

上式可变形得

$$\frac{x}{9} = \frac{y-1}{7} = \frac{z-4}{10},$$

并由此可写出参数方程.

二、平面与直线的关系

直线与它在平面上的投影线间的夹角 $\varphi\left(0\leqslant\varphi\leqslant\dfrac{\pi}{2}\right)$，称为直线与平面的夹角（见图 5-11）. 设直线 L 的方向向量为 $\boldsymbol{s}$，平面 π 的法向量为 $\boldsymbol{n}$，向量 $\boldsymbol{s}$ 与 $\boldsymbol{n}$ 间的夹角为 θ，则 $\varphi=\dfrac{\pi}{2}-\theta\left(\text{或 }\varphi=\theta-\dfrac{\pi}{2}\right)$，所以

$$\sin\varphi=|\cos\theta|=\frac{|\boldsymbol{s}\cdot\boldsymbol{n}|}{|\boldsymbol{s}||\boldsymbol{n}|}.$$

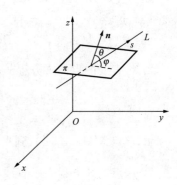

图 5-11

【例 4】 讨论直线 $L:\dfrac{x}{2}=\dfrac{y-5}{5}=\dfrac{z-6}{3}$ 和平面 π：$15x-9y+5z=12$ 的位置关系.

解 由于直线 L 的方向向量 $\boldsymbol{s}=\{2,5,3\}$，平面 π 的法向量 $\boldsymbol{n}=\{15,-9,5\}$，因此，直线 L 与平面 π 的夹角 φ 的正弦

$$\sin\boldsymbol{\varphi}=\frac{|\boldsymbol{s}\cdot\boldsymbol{n}|}{|\boldsymbol{s}||\boldsymbol{n}|}=\frac{2\times15+5\times(-9)+3\times5}{\sqrt{2^2+5^2+3^2}\sqrt{15^2+9^2+5^2}}$$

$$=\frac{30-45+15}{\sqrt{2^2+5^2+3^2}\sqrt{15^2+9^2+5^2}}=0.$$

所以，$\varphi=0$，即直线 L 与平面 π 平行或直线 L 在平面 π 内. 容易验证，直线 L 上的点 $(0,2,6)$ 在平面 π 上. 所以，直线 L 在平面 π 上.

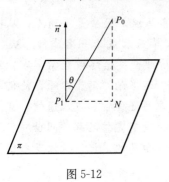

图 5-12

设 $P_0(x_0,y_0,z_0)$ 为平面 π：$Ax+By+Cz+D=0$ 外一点，求 P_0 到该平面的距离 d.

为求点 P_0 到平面 π 的距离，先在平面上取定一点 $P_1(x_1,y_1,z_1)$，则点 P_0 到平面 π 的距离（见图 5-12）为

$$d=\left|\,|\overrightarrow{P_1P_0}|\cos\theta\right|,$$

其中 θ 为 $\overrightarrow{P_1P_0}$ 与 $\boldsymbol{n}$ 的夹角. 注意到

$$\cos\theta=\frac{\overrightarrow{P_0P_1}\cdot\boldsymbol{n}}{|\overrightarrow{P_0P_1}||\boldsymbol{n}|},$$

则

$$d=\left|\,|\overrightarrow{P_0P_1}|\frac{\overrightarrow{P_0P_1}\cdot\boldsymbol{n}}{|\overrightarrow{P_0P_1}||\boldsymbol{n}|}\right|=\left|\frac{\overrightarrow{P_0P_1}\cdot\boldsymbol{n}}{|\boldsymbol{n}|}\right|.$$

由于

$$\overrightarrow{P_0P_1}\cdot\boldsymbol{n}=A(x_1-x_0)+B(y_1-y_0)+C(z_1-z_0)$$
$$=Ax_1+By_1+Cz_1-(Ax_0+By_0+Cz_0),$$

而点 $P_1(x_1,y_1,z_1)$ 在平面 π 上，故 $Ax_1+By_1+Cz_1+D=0$，即有 $Ax_1+By_1+Cz_1=-D$，于是

$$\overrightarrow{P_0P_1}\cdot\boldsymbol{n}=-(Ax_0+By_0+Cz_0+D).$$

所以，点 P_0 到平面 π 的距离为

$$d = \frac{|Ax_0 + By_0 + Cz_0 + D|}{\sqrt{A^2 + B^2 + C^2}} \tag{7}$$

式（7）称为点 $P_0\,(x_0，y_0，z_0)$ 到平面 $Ax+By+Cz+D=0$ 的距离公式.

习 题 5-4

1. 求下列直线方程：

(1) 过点 $M_1(1，1，1)$、$M_2(3，2，3)$；

(2) 过点 $A(1，2，-3)$ 且垂直于平面 $3x-y=1$；

(3) 过点 $A(1，2，3)$、$B(3，0，4)$.

2. 将直线的点向式方程 $\dfrac{x-2}{0}=\dfrac{y+1}{2}=\dfrac{z+3}{-1}$ 化为一般式方程.

3. 求直线 $\begin{cases} x+y+3z=0 \\ x-y-z=0 \end{cases}$ 与平面 $x-y-z+1=0$ 的夹角 θ.

4. 求点 $M(1，2，1)$ 到平面 $x+2y+2z-10=0$ 的距离 d.

5. 用点向式方程表示直线 $\begin{cases} x+2y-z-6=0 \\ 2x-y+z-1=0 \end{cases}$.

阅读欣赏五　业余数学家之王——费尔马

费尔马，1601 年生于法国南部图卢兹附近的博蒙·德·洛马涅，父亲是个商人，从小费尔马就受到良好的家庭教育. 费尔马在大学期间攻读法律，毕业后成为一名律师. 从 30 岁起，他才开始迷恋上数学，而后直至逝世的 34 年里，他的精神世界始终被数学牢牢地统治着. 费尔马结交了不少数学高手和哲学家，如梅森、罗伯瓦、迈多治、笛卡尔等，他们每周一次在梅森寓所聚会，讨论科学、研究数学. 除此之外，费尔马还经常和友人通信，交流数学研究工作的信息，但对发表著作非常淡漠。费尔马在世时，没有完整的著作问世. 当他去世后，他的儿子萨缪尔·费尔马在数学家们的帮助之下，将费尔马的笔记、批注及书信加以整理汇成《数学论集》在图鲁斯出版.

高等数学发展的起点是解析几何与微积分. 费尔马为此做出了实质性的贡献. 从费尔马与罗伯瓦、帕斯卡的通信中可以看出，他在笛卡尔《几何学》发表前至少 8 年就已相当清晰地掌握和了解了解析几何的一些基本原理. 费尔马在《平面和立体轨迹引论》中得出一些重要结论，还在一定程度上掌握了利用移轴和转轴的方法化简的技法；在解析几何的圆锥曲线的研究上已经初步系统化. 因此，说费尔马和笛卡尔分享创立解析几何的荣誉是当之无愧的.

费尔马也是微积分的先驱者. 微积分的发明人牛顿曾坦率地说："我从费尔马的切线做法中得到了这种方法的启示，我推广了它，把它直接并且反过来应用于抽象方程上." 费尔马是从研究透镜的设计和光学理论出发，致力于探求曲线的切线的. 他 1692 年在《求最大值和最小值的方法》手稿中就提出了求切线的方法. 可是当时的费尔马没有清晰的极限概念，没有得出导数即切线的结论，因此与微积分失去了交臂之缘，只能作为微积分的杰出的先驱者而写入史册.

费尔马还开创了近代数论的研究. 对数的性质的研究从古希腊数学家欧几里得、丢番图等人就已经开始了，但是他们的研究缺乏系统化. 费尔马注意到了这个问题，并且指出对数的性质的研究应当有独自的园地——（整）数论. 同时，费尔马认为在数论中素数的研究非常重要，因为数论中的大量问题都与素数有关. 在这方面的研究成果是费尔马在数学许多部门中最为突出的，其中最为著名是"费尔马小定理""费尔马大定理". 值得一提的是，300多年来"费尔马大定理"一直困扰着数学界，直到 1993 年才被普林斯顿大学的数学教授安德鲁·怀尔斯完全证明. 在"完全数"的研究上，费尔马也有着两个重要的结论，虽然这两个结论未能解决寻找完全数的方法，但是在解决问题的途径上前进了一大步.

1653 年，法国骑士梅累曾向帕斯卡提出"赌点问题". 1654 年，帕斯卡向费尔马转告了这个问题，费尔马经研究后得到和帕斯卡同样的结果. 由于费尔马、帕斯卡及惠更斯等人的深入研究，使 16 世纪卡丹诺等已开始探讨的赌博问题引起数学家们的广泛研究，使之进一步数学理论化，形成古典概率论. 因此可以说，费尔马点燃了古典概率论的火种.

毋庸置疑，费尔马尽管是业余数学家，但他在微积分、解析几何、概率论、数论等数学领域中，都做出了开创性的贡献，他在数学史上的作用与地位是不可低估的.

学习指导

内容：

空间直角坐标系的概念，向量及向量坐标的概念，向量的线性运算，数量积、向量积的定义，向量的坐标表示，两向量平行、垂直的充要条件. 平面及直线的方程，曲面及其方程，空间曲线及其方程.

基本要求：

掌握空间两点间的距离，会用坐标表示向量的模、方向余弦及单位向量. 掌握用坐标进行向量的运算，两向量的夹角公式. 会根据简单的几何条件求平面及直线的方程. 了解常见的曲面方程及其图形. 知道空间曲线的一般方程及参数方程.

重点：

向量及其线性运算；向量的坐标表示式；数量积和向量积；平面及直线的方程.

复习题五（1）

1. 填空题：

(1) 已知点 $A(1，-1，2)$，则点 A 与 z 轴的距离是_____，点 A 与 y 轴的距离是_____，点 A 与 x 轴的距离是_____.

(2) 过原点，且与直线 $\dfrac{x}{2}=\dfrac{y}{-1}=\dfrac{z}{-1}$ 垂直的平面方程为_____.

(3) 过点 $M(4，-1，0)$，且与向量 $\boldsymbol{a}=(1，2，1)$ 平行的直线方程是_____.

(4) 球面 $2x^2+2y^2+2z^2-z=0$ 的球心为_____，半径为_____.

(5) 与平面 $x-y+2z-6=0$ 垂直的单位向量为_____.

（6）直线 $\dfrac{x-1}{2}=\dfrac{y}{1}=\dfrac{z+1}{-1}$ 与平面 $x-y+z=1$ 的位置关系是_____.

2. 单项选择题：

（1）当 a 与 b 满足（　　）时，有 $|a+b|=|a|+|b|$.

A. $a\perp b$ 　　　　　B. $a=\lambda b$ 　　　　　C. $a//b$ 　　　　　D. $a\cdot b=|a||b|$

（2）下列平面方程中，方程（　　）过 y 轴.

A. $x+y+z=1$ 　　B. $x+y+z=0$ 　　C. $x+z=0$ 　　D. $x+z=1$

（3）柱面 $x^2+z=0$ 的母线平行于（　　）.

A. y 轴 　　　　　B. x 轴 　　　　　C. z 轴 　　　　　D. zOx 面

（4）曲面 $z=2x^2+4y^2$ 称为（　　）.

A. 椭球面 　　　　B. 圆锥面 　　　　C. 旋转抛物面 　　　　D. 椭圆抛物面

（5）向量 $a=(a_1,a_2,a_3)$ 与 x 轴垂直，则（　　）.

A. $a_1=0$ 　　　　B. $a_2=0$ 　　　　C. $a_3=0$ 　　　　D. $a_1=a_2=0$

（6）直线 $\dfrac{x+3}{-2}=\dfrac{y+1}{-7}=\dfrac{z}{3}$ 与平面 $4x-2y-2z=5$ 的关系为（　　）.

A. 平行，但直线不在平面上　　　　　B. 直线在平面上

C. 垂直相交　　　　　　　　　　　D. 相交但不垂直

3. 解答题：

（1）已知 $a=\{1,-2,1\}$，$b=\{1,1,2\}$，计算：① $a\times b$；② $(2a-b)\cdot(a+b)$；③ $|a-b|^2$.

（2）在 y 轴上求与点 $A(1,-3,7)$ 和 $B(5,7,-5)$ 等距离的点.

（3）求直线 $\dfrac{x-1}{1}=\dfrac{y-5}{-2}=z+8$ 与直线 $\begin{cases}x-y=6\\2y+z=3\end{cases}$ 的夹角.

4. 求过点 $(2,1,1)$，平行于直线 $\dfrac{x-2}{3}=\dfrac{y+1}{2}=\dfrac{z-2}{-1}$ 且垂直于平面 $x+2y-3z+5=0$ 的平面方程.

5. 求满足下列条件的平面方程：

（1）过点 $P(1,1,1)$，且与平面 $3x-y+2z=1$ 平行；

（2）过点 $P(1,2,1)$，且同时与平面 $x+y-2z=-1$ 和 $2z-y+z=0$ 垂直；

（3）与 x、y、z 轴的交点分别为 $(2,0,0)$、$(0,-3,0)$ 和 $(0,0,-1)$.

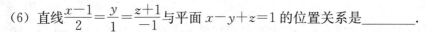

复习题五（2）

1. 填空题：

（1）向量 $a=(-2,6,-3)$ 的模 $|a|=$_____，方向余弦 $\cos\alpha=$_____、$\cos\beta=$_____、$\cos\gamma=$_____.

（2）平面 $x+y+kz+1=0$ 与直线 $\dfrac{x}{2}=\dfrac{y}{-1}=\dfrac{z}{1}$ 平行，则 $k=$_____.

（3）点 $M(-1,6,2)$ 关于 x 轴对称的点的坐标为_____.

（4）$|a\times b|^2+(a\cdot b)^2=$_____.

（5）球面 $x^2+y^2+z^2-2x+2y=1$ 的球心为_____，半径为_____．

（6）yOz 面上的曲线 $2y^2+z=1$ 绕 z 轴旋转一周所形成的曲面方程为_____．

2. 单项选择题：

（1）平面 $2x-y=1$ 的位置是（　　）．

A. 与 x 轴平行　　　B. 与 z 轴垂直　　　C. 与 xOy 面垂直　　D. 与 xOy 面平行

（2）直线 $\dfrac{x-3}{1}=\dfrac{y}{-1}=\dfrac{z+2}{2}$ 与平面 $x-y-z=-1$ 的关系为（　　）．

A. 垂直　　　　　B. 相交但不垂直　　C. 直线在平面上　　D. 平行

（3）空间曲线 $\begin{cases} z=x^2+y^2-2 \\ z=5 \end{cases}$ 在 xOy 面上的投影方程为（　　）．

A. $x^2+y^2=7$　　　B. $\begin{cases} x^2+y^2=7 \\ z=5 \end{cases}$　　C. $\begin{cases} x^2+y^2=7 \\ z=0 \end{cases}$　　D. $\begin{cases} z=x^2+y^2-2 \\ z=0 \end{cases}$

（4）直线 $\dfrac{x-1}{2}=\dfrac{y}{1}=\dfrac{z+1}{-1}$ 与平面 $x-y+z=1$ 的位置关系是（　　）．

A. 垂直　　　　　B. 平行　　　　　C. 夹角为 $\dfrac{\pi}{4}$　　　D. 夹角为 $-\dfrac{\pi}{4}$

3. 求过 $A(1,1,-1)$ 和原点，且与平面 $4x+3y+z=1$ 垂直的平面方程．

4. 求过 z 轴和点 $M(-3,1,-2)$ 的平面方程．

5. 求平面 $5x-14y+2z-8=0$ 和 xOy 面的夹角．

6. 求曲线 $\begin{cases} x^2+y^2+z^2=3 \\ x^2+y^2=2z \end{cases}$ 在 xOy 面上的投影．

第六章 常微分方程

在科学研究和生产实践中，经常要寻求表示客观事物的变量之间的函数关系．在大量实际问题中，往往不能直接得到所求的函数关系，但可以得到含有未知函数导数或微分的关系式，即通常所说的微分方程．本章重点研究微分方程的解法，以及微分方程在实际问题中的一些简单应用．

第一节 常微分方程的基本概念

一、引例

【例1】 一曲线通过点 $(1，2)$，且在该曲线上任一点 $M(x，y)$ 处切线的斜率为 2，求该曲线方程．

解 设所求曲线的方程为 $y=y(x)$，根据题意和导数的几何意义，该曲线应满足以下关系

$$\frac{\mathrm{d}y}{\mathrm{d}x} = 2x. \tag{1}$$

已知条件

$$y\mid_{x=1} = 2, \tag{2}$$

将式（1）两边积分得

$$y = \int 2x\mathrm{d}x = x^2 + C, \tag{3}$$

其中 C 为任意常数．

将条件 $y\mid_{x=1}=2$ 代入式（3）得，$C=1$．

因此，所求的曲线方程为

$$y = x^2 + 1.$$

上例中的式（1）是含未知函数及其导数的关系式，称为微分方程．

二、微分方程的概念

定义1 含有未知函数导数（或微分）的方程称为**微分方程**．当微分方程中的未知函数为一元函数时，称此微分方程为**常微分方程**．微分方程中未知函数的导数（或微分）的最高阶数称为**微分方程的阶**．

［例1］中的方程（1）为一阶微分方程．

定义2 如果一个函数代入微分方程后，能使方程成为恒等式，则这个函数称为该**微分方程的解**．如果微分方程的解中所含任意常数的个数等于微分方程的阶数，则称此解为**微分方程的通解**．确定了通解中的任意常数后，所得到的微分方程的解称为微分方程的**特解**．

[例1] 中，$y=x^2+C$ 为一阶微分方程 $\dfrac{\mathrm{d}y}{\mathrm{d}x}=2x$ 的通解，而 $y=x^2+1$ 是其特解.

[例1] 中，用于确定通解中的任意常数而得到特解的条件（2）称为**初始条件**. 求微分方程满足初始条件的解的问题称为**初值问题**.

微分方程解的图形称为微分方程的**积分曲线**，由于通解中含有任意常数，所以它的图形是具有某种共同性质的**积分曲线族**，特解是积分曲线族中满足初始条件的某一条特定的积分曲线.

【例2】 验证（1）$y=\sin 2x$；（2）$y=e^{2x}$ 中哪些是微分方程 $y'-2y=0$ 的解，哪个是满足初始条件 $y|_{x=0}=1$ 的特解.

证（1）因 $y'=2\cos 2x$，把 y 与 y' 代入 $y'-2y=0$，得

$$左边 = 2\cos 2x - 2\sin 2x \neq 0 = 右边,$$

所以 $y=\sin 2x$ 不是微分方程 $y'-2y=0$ 的解.

（2）因 $y=e^{2x}$，$y'=2e^{2x}$，代入 $y'-2y=0$，得

$$左边 = 2e^{2x} - 2e^{2x} = 0 = 右边,$$

又将 $x=0$ 代入 $y=e^{2x}$ 中，得 $y|_{x=0}=1$.

所以，$y=e^{2x}$ 是微分方程 $y'-2y=0$ 的解，并且是满足初始条件 $y|_{x=0}=1$ 的特解.

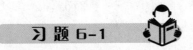

习题 6-1

1. 指出下列各题中的函数（显函数或隐函数）是否为所给微分方程的解：

（1）$y=e^{-x^2}$，$\dfrac{\mathrm{d}y}{\mathrm{d}x}=-2xy$ _____.

（2）$y=\arctan(x+y)+c$，$y'=\dfrac{1}{(x+y)^2}$ _____.

（3）$y=xe^x$，$y''-2y'+y=0$ _____.

2. 试说出下列各方程的阶数：

（1）$y=x(y')^2-2yy'+x=0$ _____.

（2）$(y'')^3+5(y')^4-y^5+x^7=0$ _____.

（3）$xy'''+2y''+x^2y=0$ _____.

（4）$(x^2-y^2)\mathrm{d}x+(x^2+y^2)\mathrm{d}y=0$ _____.

（5）$(7x-6y)\mathrm{d}x+(x+y)\mathrm{d}y=0$ _____.

（6）$(y''')^2-y^4=e^x$ _____.

3. 求下列微分方程满足所给初始条件的特解：

（1）$\dfrac{\mathrm{d}y}{\mathrm{d}x}=\sin x$，$y|_{x=0}=1$.

（2）$\dfrac{\mathrm{d}^2 y}{\mathrm{d}x^2}=6x$，$y|_{x=0}=0$，$y'|_{x=0}=2$.

4.（1）验证 $y=C_1 xe^{-x}+C_2 e^{-x}$ 为微分方程 $y''+2y'+y=0$ 的通解.

（2）验证 $y=Ce^{3x}$ 是微分方程 $y'=3y$ 的通解.

第二节　可分离变量的常微分方程

形如 $F(x, y, y')=0$ 或 $P(x, y)\mathrm{d}x+Q(x, y)\mathrm{d}y=0$ 的微分方程称为**一阶微分方程**.

若一阶微分方程可化为

$$g(y)\mathrm{d}y = f(x)\mathrm{d}x \tag{1}$$

的形式，则称它为可分离变量的微分方程. 其特点是：一端是只含有 y 的函数和 $\mathrm{d}y$，另一端是只含有 x 的函数和 $\mathrm{d}x$.

将方程（1）两端积分得

$$\int g(y)\mathrm{d}y = \int f(x)\mathrm{d}x.$$

设 $G(y)$、$F(x)$ 分别为 $g(y)$ 和 $f(x)$ 的原函数，则原方程的通解为

$$G(y) = F(x)+C.$$

【例 1】　求微分方程 $\dfrac{\mathrm{d}y}{\mathrm{d}x}=2xy$ 的通解.

解　分离变量，得

$$\frac{\mathrm{d}y}{y} = 2x\mathrm{d}x,$$

两边积分，得

$$\int \frac{\mathrm{d}y}{y} = \int 2x\mathrm{d}x,$$

即

$$\ln|y| = x^2 + \ln|C|.$$

于是，原方程的通解为

$$y = Ce^{x^2}.$$

【例 2】　求微分方程 $(1+x^2)\mathrm{d}y+xy\mathrm{d}x=0$ 的通解.

解　分离变量，得

$$\frac{\mathrm{d}y}{y} = -\frac{x}{1+x^2}\mathrm{d}x,$$

两端积分，得

$$\int \frac{\mathrm{d}y}{y} = -\int \frac{x}{1+x^2}\mathrm{d}x.$$

于是，有

$$\ln|y| = -\frac{1}{2}\ln(1+x^2) + \ln|C|.$$

所以，原方程的通解为

$$y = \frac{C}{\sqrt{1+x^2}}.$$

【例 3】　求方程 $\dfrac{\mathrm{d}y}{\mathrm{d}x}=y^2\sin x$ 满足初始条件 $y|_{x=0}=-1$ 的特解.

解　分离变量，得

$$\frac{1}{y^2}\mathrm{d}y = \sin x\,\mathrm{d}x,$$

两边积分，得

$$\int \frac{1}{y^2}\mathrm{d}y = \int \sin x\,\mathrm{d}x,$$

$$-\frac{1}{y} = -\cos x + C,$$

即

$$y = \frac{1}{\cos x - C}.$$

由初值条件 $y|_{x=0} = -1$ 可定出常数 $C = 2$，从而所求的特解为

$$y = \frac{1}{\cos x - 2}.$$

习题 6-2

1. 求下列微分方程的通解：

(1) $y' = 3x^2 y$；

(2) $y' = 2x\mathrm{e}^{-y}$；

(3) $\dfrac{\mathrm{d}y}{\mathrm{d}x} = x^2 y^2$；

(4) $\dfrac{\mathrm{d}y}{\mathrm{d}x} = \dfrac{y}{\sqrt{1-x^2}}$；

(5) $y' + xy = 0$；

(6) $(1+x)\mathrm{d}y = (1-y)\mathrm{d}x$.

2. 求下列方程满足初始条件的特解：

(1) $(x^2+1)y' = \arctan x$，$y(0) = 0$；

(2) $\dfrac{\mathrm{d}y}{\mathrm{d}x} = (1+x+x^2)y$，$y(0) = \mathrm{e}$；

(3) $y' = \mathrm{e}^{x-y}$，$y|_{x=0} = 1$.

第三节 一阶线性微分方程

形如

$$\frac{\mathrm{d}y}{\mathrm{d}x} + p(x)y = q(x) \tag{1}$$

的方程，称为**一阶线性微分方程**，其中 $p(x)$、$q(x)$ 是 x 的已知函数.

如果 $q(x) = 0$，则方程（6-2）变为

$$\frac{\mathrm{d}y}{\mathrm{d}x} + p(x)y = 0 \tag{2}$$

称为**一阶齐次线性微分方程**. 如果 $q(x) \neq 0$，则称方程（1）为**一阶非齐次线性微分方程**.

一、一阶齐次线性微分方程的解法

齐次线性微分方程（2）是可分离变量的方程.

分离变量，得

$$\frac{1}{y}\mathrm{d}y = -p(x)\mathrm{d}x.$$

两端积分，得

$$\ln|y| = -\int p(x)\mathrm{d}x + \ln|C|.$$

于是，得齐次线性微分方程（2）的通解为

$$y = Ce^{-\int p(x)\mathrm{d}x}.$$

【例1】 求方程 $\dfrac{\mathrm{d}y}{\mathrm{d}x} - \dfrac{y}{x-1} = 0$ 的通解.

解 原方程为一阶线性齐次微分方程，其中

$$p(x) = -\frac{1}{x-1},$$

$$\int p(x)\mathrm{d}x = -\int \frac{1}{x-1}\mathrm{d}x = \ln(x-1),$$

$$e^{-\int p(x)\mathrm{d}x} = e^{\ln(x-1)} = \ln x,$$

代入通解公式得

$$y = Ce^{-\int p(x)\mathrm{d}x} = C\ln x,$$

即通解为

$$y = C\ln x.$$

【例2】 求微分方程 $\dfrac{\mathrm{d}y}{\mathrm{d}x}\cos^2 x + y = 0$ 在初始条件 $y|_{x=1} = 0$ 下的特解.

解 原方程可化为

$$\frac{\mathrm{d}y}{\mathrm{d}x} + \frac{1}{\cos^2 x}y = 0,$$

其中

$$p(x) = \frac{1}{\cos^2 x},$$

代入通解公式，得

$$y = Ce^{-\int p(x)\mathrm{d}x} = Ce^{-\int \frac{1}{\cos^2 x}\mathrm{d}x} = Ce^{-\tan x}$$

于是，原方程的通解为

$$y = Ce^{-\tan x}.$$

由初始条件 $y|_{x=1} = 0$，则

$$C = 1,$$

即特解为

$$y = e^{-\tan x}.$$

二、一阶非齐次线性微分方程的解法

对于一阶线性非齐次微分方程 $\dfrac{\mathrm{d}y}{\mathrm{d}x} + p(x)y = q(x)$，我们用"常数变易法"来求它的通解. 所谓"**常数变易法**"，就是在非齐次微分方程（1）所对应的齐次线性方程（2）的通解

$$y = Ce^{-\int p(x)\mathrm{d}x}$$

中，将任意常数 C 换成 x 的函数 $C(x)$ $[C(x)$ 为待定函数]，即设非齐次线性方程（1）有如下形式的解

$$y = C(x)e^{-\int p(x)dx} \tag{3}$$

得到非齐次线性微分方程（1）的通解为

$$y = e^{-\int p(x)dx}\left[\int q(x)e^{\int p(x)dx}dx + C\right] \tag{4}$$

将式（4）改写成两项之和，得

$$y = Ce^{-\int p(x)dx} + e^{-\int p(x)dx}\int q(x)e^{\int p(x)dx}dx. \tag{5}$$

上述公式为一阶线性非齐次微分方程的通解公式，直接用来求解微分方程，一般不使用常数变易法.

【例3】 求方程 $\dfrac{dy}{dx} - \dfrac{2y}{x+1} = (x+1)^{\frac{5}{2}}$ 的通解.

解 这是一个非齐次线性方程，其中 $p(x) = -\dfrac{2}{x+1}$，$q(x) = (x+1)^{\frac{5}{2}}$，代入非齐次方程的公式得

$$
\begin{aligned}
y &= Ce^{-\int p(x)dx} + e^{-\int p(x)dx}\int q(x)e^{\int p(x)dx}dx \\
&= Ce^{-\int -\frac{2}{x+1}dx} + e^{-\int -\frac{2}{x+1}dx}\int e^{\int -\frac{2}{x+1}dx}(x+1)^{\frac{5}{2}}dx \\
&= Ce^{2\ln(x+1)} + e^{2\ln(x+1)}\int e^{-2\ln(x+1)}(x+1)^{\frac{5}{2}}dx \\
&= C(x+1)^2 + (x+1)^2\int \frac{1}{(x+1)^2}(x+1)^{\frac{5}{2}}dx \\
&= C(x+1)^2 + (x+1)^2\int (x+1)^{\frac{1}{2}}dx = C(x+1)^2 + (x+1)^2 \cdot \frac{2}{3}(x+1)^{\frac{3}{2}} \\
&= (x+1)^2\left[\frac{2}{3}(x+1)^{\frac{3}{2}} + C\right],
\end{aligned}
$$

故原方程的通解为

$$y = (x+1)^2\left[\frac{2}{3}(x+1)^{\frac{3}{2}} + C\right].$$

【例4】 求方程 $x^2dy + (2xy - x + 1)dx = 0$ 在初始条件 $y|_{x=1} = 0$ 下的特解.

解 原方程可化为

$$\frac{dy}{dx} + \frac{2}{x}y = \frac{x-1}{x^2},$$

其中 $p(x) = \dfrac{2}{x}$、$q(x) = \dfrac{x-1}{x^2}$.

将 $p(x)$、$q(x)$ 代入式（5）得

$$
\begin{aligned}
y &= e^{-\int \frac{2}{x}dx}\left(\int \frac{x-1}{x^2}e^{\int \frac{2}{x}dx}dx + C\right) = e^{-2\ln x}\left(\int \frac{x-1}{x^2}e^{2\ln x}dx + C\right) \\
&= \frac{1}{x^2}\left[\int (x-1)dx + C\right] = \frac{1}{x^2}\left(\frac{x^2}{2} - x + C\right) = \frac{1}{2} - \frac{1}{x} + \frac{C}{x^2}.
\end{aligned}
$$

由初始条件 $y|_{x=1} = 0$，得

$$C = \frac{1}{2}.$$

于是，所求的特解为

$$y = \frac{1}{2} - \frac{1}{x} + \frac{1}{2x^2}.$$

【例 5】　求 $(y^2 - 6x)y' + 2y = 0$ 的通解.

解　原方程可化为

$$\frac{\mathrm{d}y}{\mathrm{d}x} = \frac{2y}{6x - y^2},$$

取倒数得

$$\frac{\mathrm{d}x}{\mathrm{d}y} = \frac{6x - y^2}{2y},$$

即

$$\frac{\mathrm{d}x}{\mathrm{d}y} - \frac{3}{y}x = -\frac{1}{2}y.$$

这是将 x 作为函数的一阶线性微分方程，从而由常数变易法得通解为

$$x = y^3 \left(\frac{1}{2y} + C \right) = \frac{1}{2}y^2 + Cy^3.$$

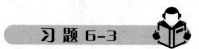

习 题 6-3

1. 判别下列一阶微分方程的类型：

(1) $\dfrac{\mathrm{d}y}{\mathrm{d}x} = -3x^2 y$；

(2) $x^2 y\mathrm{d}x - (x^3 + y^3)\mathrm{d}y = 0$；

(3) $(x+1)\dfrac{\mathrm{d}y}{\mathrm{d}x} - xy = \mathrm{e}^x(x+1)$；

(4) $(x^2 - y^2)y' = 2xy$；

(5) $y' = \dfrac{y}{x + y^3}$；

(6) $\dfrac{\mathrm{d}y}{\mathrm{d}x} - \dfrac{\mathrm{e}^{y^2 + 3x}}{y} = 0$.

2. 求下列一阶微分方程的通解：

(1) $y' - \dfrac{1}{x}y = x^2$；

(2) $x(1 + x^2)\mathrm{d}y = (y + x^2 y - x^2)\mathrm{d}x$；

(3) $y' - 2y = \mathrm{e}^x$；

(4) $xy' - 2y = x^3 \cos x$；

(5) $y' - \dfrac{2}{x+1}y = (x+1)^2$；

(6) $x\mathrm{d}y + (y - x)\mathrm{d}x = 0$.

3. 求下列微分方程满足初值条件的特解：

(1) $(1 - x^2)y' + xy = 1$，$y|_{x=0} = 1$；

(2) $xy' + y = \cos x$，$y|_{x=\pi} = 1$；

(3) $\dfrac{\mathrm{d}y}{\mathrm{d}x} + \dfrac{2y}{x} = \dfrac{x-1}{x^2}$，$y|_{x=1} = 0$；

(4) $y' - 2y = \mathrm{e}^x$，$y|_{x=0} = -1$.

第四节　高 阶 微 分 方 程

二阶及二阶以上的微分方程统称为高阶微分方程. 本节将介绍三种特殊类型的高阶微分

方程的解法.

一、$y^{(n)} = f(x)$ 型的微分方程

微分方程
$$y^{(n)} = f(x)$$

的右端是仅含有自变量 x 的函数. 此类方程可通过逐次积分求得通解.

积分一次，得
$$y^{(n-1)} = \int f(x)\mathrm{d}x + C_1,$$

再积分一次，得
$$y^{(n-2)} = \int\left[\int f(x)\mathrm{d}x + C_1\right]\mathrm{d}x + C_2,$$

如此继续下去，积分 n 次后就得方程（1）的通解.

【例 1】 求微分方程 $y''' = \mathrm{e}^{ax} + \sin x$ $(a \neq 0)$ 的通解.

解 对所给方程接连积分三次，得
$$y'' = \frac{1}{a}\mathrm{e}^{ax} - \cos x + C_1,$$

$$y' = \frac{1}{a^2}\mathrm{e}^{ax} - \sin x + C_1 x + C_2,$$

$$y = \frac{1}{a^3}\mathrm{e}^{ax} + \cos x + \frac{1}{2}C_1 x^2 + C_2 x + C_3.$$

这就是所求的通解.

二、二阶常系数齐次线性微分方程的解法

二阶常系数齐次线性微分方程的一般形式是
$$y'' + py' + qy = 0 \tag{1}$$
其中 p、q 为常数.

1. 解的结构

定理 1 如果 $y_1(x)$、$y_2(x)$ 是二阶齐次线性方程（1）的两个解，那么
$$y = C_1 y_1 + C_2 y_2$$
也是方程（1）的解，其中 C_1、C_2 为任意常数.

证明将在定理 2 中给出.

定义 设 $y_1(x)$、$y_2(x)$ 是两个函数，如果 $\dfrac{y_1(x)}{y_2(x)} \neq k$（$k$ 为常数），则称函数 $y_1(x)$ 与 $y_2(x)$ 线性无关；反之则线性相关.

定理 2（齐次线性微分方程解的结构定理） 如果 $y_1(x)$、$y_2(x)$ 是二阶齐次线性方程（1）的两个线性无关的特解，则
$$y = C_1 y_1 + C_2 y_2 \tag{2}$$
是方程（1）的通解，其中 C_1、C_2 为任意常数.

2. 二阶常系数齐次线性微分方程的解法

在方程（1）中，p 和 q 都是常数，因此对于某一函数 $y = f(x)$，若它与其一阶导数 y'、二阶导数 y'' 之间仅相差一常数因子，则它有可能是该方程的解. 具有这样的特点的函数为 $\mathrm{e}^{\lambda x}$.

令 $\quad y = \mathrm{e}^{\lambda x}$，　则　 $y' = \lambda \mathrm{e}^{\lambda x}$，$y'' = \lambda^2 \mathrm{e}^{\lambda x}$，

将它们代入方程（1），便得到

$$\mathrm{e}^{\lambda x}(\lambda^2 + p\lambda + q) = 0.$$

由于 $\mathrm{e}^{\lambda x} \neq 0$，故

$$\lambda^2 + p\lambda + q = 0. \tag{3}$$

这是关于 λ 的二次代数方程. 显然，如果 λ 满足方程（3），则 $y = \mathrm{e}^{\lambda x}$ 就是齐次方程（1）的解；反之，若 $y = \mathrm{e}^{\lambda x}$ 是方程（1）的解，则 λ 一定是（3）的根. 方程（3）叫做方程（1）的**特征方程**，它的根称为**特征根**. 于是，方程（1）的求解问题，就转化为求代数方程（3）的根的问题.

（1）当 $p^2 - 4q > 0$ 时，特征方程有两个不相等的实根 λ_1、λ_2. 这时，$y_1 = \mathrm{e}^{\lambda_1 x}$、$y_2 = \mathrm{e}^{\lambda_2 x}$ 是微分方程（1）的两个特解，且 $\dfrac{y_2}{y_1} = \mathrm{e}^{(\lambda_2 - \lambda_1)x} \neq$ 常数. 所以，微分方程（1）的通解是

$$y = C_1 \mathrm{e}^{\lambda_1 x} + C_2 \mathrm{e}^{\lambda_2 x}.$$

（2）当 $p^2 - 4q = 0$ 时，特征方程有两个相等的实根，$\lambda_1 = \lambda_2$. 这时，$y_1 = \mathrm{e}^{\lambda_1 x}$ 是微分方程（1）的一个特解. 为了得到通解，还必须找出一个与 y_1 线性无关的特解 y_2. 可以证明，$y_2 = x\mathrm{e}^{\lambda_1 x}$ 也是微分方程（1）的一个解，且与 $y_1 = \mathrm{e}^{\lambda_1 x}$ 线性无关，因此微分方程（1）的通解为

$$y = C_1 \mathrm{e}^{\lambda_1 x} + C_2 x\mathrm{e}^{\lambda_1 x} = (C_1 + C_2 x)\mathrm{e}^{\lambda_1 x}.$$

（3）当 $p^2 - 4q < 0$ 时，$\lambda_1 = \alpha + i\beta$，$\lambda_2 = \alpha - i\beta$ 是一对共轭复数根. $y_1 = \mathrm{e}^{(\alpha + i\beta)x}$、$y_2 = \mathrm{e}^{(\alpha - i\beta)x}$ 是方程（1）的两个解，为得出实数解，根据欧拉公式 $\mathrm{e}^{i\theta} = \cos\theta + i\sin\theta$ 可知

$$y_1 = \mathrm{e}^{(\alpha + i\beta)x} = \mathrm{e}^{\alpha x} \cdot \mathrm{e}^{i\beta x} = \mathrm{e}^{\alpha x}(\cos\beta x + i\sin\beta x),$$

$$y_2 = \mathrm{e}^{(\alpha - i\beta)x} = \mathrm{e}^{\alpha x} \cdot \mathrm{e}^{-i\beta x} = \mathrm{e}^{\alpha x}(\cos\beta x - i\sin\beta x).$$

由定理 1 知，y_1、y_2 是（1）的解，它们分别乘上常数后相加所得的和仍是（1）的解，所以

$$\bar{y}_1 = \frac{1}{2}(y_1 + y_2) = \mathrm{e}^{\alpha x}\cos\beta x,$$

$$\bar{y}_2 = \frac{1}{2i}(y_1 - y_2) = \mathrm{e}^{\alpha x}\sin\beta x$$

也是方程（1）的解，且 $\dfrac{\bar{y}_2}{\bar{y}_1} \neq$ 常数. 因此，方程（1）的通解为

$$y = \mathrm{e}^{\alpha x}(C_1 \cos\beta x + C_2 \sin\beta x).$$

【例 2】 求微分方程 $y'' + 2y' - 8y = 0$ 的通解.

解　所给微分方程的特征方程为 $\lambda^2 + 2\lambda - 8 = 0$，

即 $\qquad\qquad\qquad\qquad (\lambda + 4)(\lambda - 2) = 0.$

其特征根为

$$\lambda_1 = -4, \quad \lambda_2 = 2.$$

因此，所求微分方程的通解为

$$y = C_1 \mathrm{e}^{-4x} + C_2 \mathrm{e}^{2x}.$$

【**例 3**】 求微分方程 $y''-6y'+9y=0$ 的通解.

解 所给微分方程的特征方程为

$$\lambda^2-6\lambda+9=0,$$

它有相同的实根 $\lambda_1=\lambda_2=3$，因此所求微分方程的通解为

$$y=(C_1+C_2x)e^{3x}.$$

【**例 4**】 求方程 $y''-6y'+13y=0$ 的通解.

解 所给微分方程的特征方程为

$$\lambda^2-6\lambda+13=0,$$

它有一对共轭复根

$$\lambda_1=3+2i,\quad \lambda_2=3-2i.$$

因此，所求微分方程的通解为

$$y=e^{3x}(C_1\cos2x+C_2\sin2x).$$

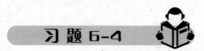

习题 6-4

1. 求下列微分方程的通解：

(1) $y''=e^{2x}-\sin2x$；   (2) $y^{(4)}=x^3+5x^2-3x$.

2. 指出下列函数组中哪些在其定义区间内是线性无关的：

(1) $x,\ x^2$；   (2) $x,\ 2x$；

(3) $e^{2x},\ 3e^{2x}$；   (4) $\ln x,\ x\ln x$；

(5) $\cos2x,\ \sin2x$.

3. 验证 $y_1=e^{x^2}$、$y_2=xe^{x^2}$ 是方程 $y''-4xy'+(4x^2-2)y=0$ 的特解，并写出该方程的通解.

4. 求下列常系数齐次线性微分方程的通解：

(1) $y''+y'-2y=0$；   (2) $y''-4y'=0$；

(3) $4y''-8y'+5y=0$；   (4) $y''+y=0$；

(5) $y''-4y'+4y=0$；   (6) $y''+2y'+y=0$.

5. 求下列常系数齐次线性方程满足初始条件的特解：

(1) $y''-4y'+3y=0$，$y|_{x=0}=6$，$y'|_{x=0}=10$；

(2) $y''+2y'-3y=0$，$y|_{x=0}=4$，$y'|_{x=0}=0$；

(3) $4y''+4y'+y=0$，$y|_{x=0}=2$，$y'|_{x=0}=0$；

(4) $y''-3y'+2y=0$，$y|_{x=0}=0$，$y'|_{x=0}=-5$.

第五节 微分方程的应用

利用微分方程求实际问题中未知函数的一般步骤是：

(1) 分析问题，设所求未知函数，建立微分方程，确定初始条件；

(2) 求出微分方程的通解；

（3）根据初始条件确定通解中的任意常数，求出微分方程相应的特解．

本节将通过一些实例说明微分方程的应用．

一、一阶微分方程应用举例

【例1】 一曲线过点（2，3），且其上任意点 P 的法线与 x 轴的交点为 Q，且线段 PQ 恰被 y 轴平分（见图10-1），求此曲线方程．

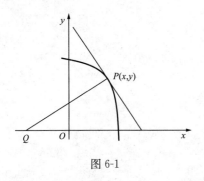

图 6-1

解 （1）列方程：设所求的曲线方程为 $y=y(x)$，$P(x，y)$ 为其任意点，则过点 P 的法线方程为

$$Y-y=-\frac{1}{y'}(X-x).$$

令 $Y=0$，得法线在 x 轴上的截距为

$$X=yy'+x,$$

由所给的条件得

$$\frac{x+yy'+x}{2}=0.$$

即得曲线应该满足微分方程

$$yy'+2x=0. \tag{1}$$

因曲线过点（2，3），得初始条件为

$$y\,|_{x=2}=3. \tag{2}$$

（2）求通解：将方程（1）分离变量得

$$y\mathrm{d}y+2x\mathrm{d}x=0$$

两端积分得通解

$$y^2+2x^2=c.$$

（3）求特解：将初始条件（2）代入通解得 $c=17$，故特解为

$$y^2+2x^2=17.$$

【例2】 设降落伞从跳伞塔下落后，所受空气阻力与速度成正比，并设降落伞离开跳伞塔时（$t=0$）速度为零，求降落伞下落速度与时间的函数关系．

解 设降落伞下落速度为 $v=v(t)$．降落伞从空中下落时，同时受到重力 P 与阻力 R 的作用（见图6-2），重力大小为 mg，方向与 v 一致；阻力大小为 kv（k 为比例系数），方向与 v 相反，从而降落伞所受外力为

$$F=mg-kv.$$

根据牛顿第二运动定律 $F=ma$（其中 a 为加速度），得函数 $v=v(t)$ 的微分方程为

$$m\frac{\mathrm{d}v}{\mathrm{d}t}=mg-kv. \tag{3}$$

由题意，初始条件为 $v|_{t=0}=0$．

方程（3）是可分离变量的，分离变量后得

$$\frac{\mathrm{d}v}{mg-kv}=\frac{\mathrm{d}t}{m},$$

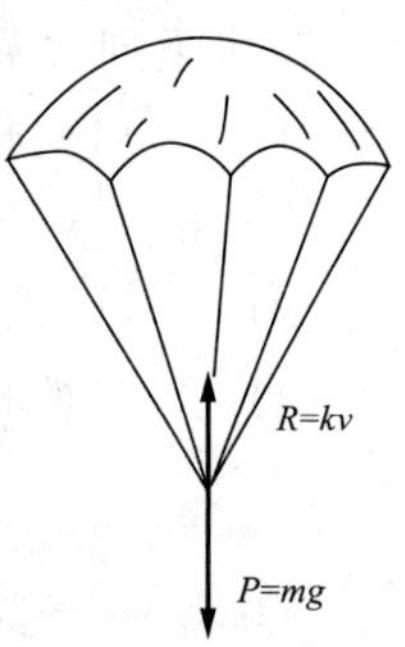

图 6-2

$R=kv$

$P=mg$

从而得

$$v=\frac{mg}{k}+Ce^{-\frac{k}{m}t}\quad\left(C=-\frac{e^{-kC_1}}{k}\right). \tag{4}$$

式（4）就是方程（3）的通解.

将初始条件 $v|_{t=0}=0$ 代入式（4），得

$$C=-\frac{mg}{k}.$$

于是，降落伞下落速度与时间的函数关系为

$$v=\frac{mg}{k}(1-e^{-\frac{k}{m}t}). \tag{5}$$

【例3】* 空气中自由落下初始质量为 m_0 的雨点均匀地蒸发着，设每秒蒸发 m，空气阻力和雨点速度成正比，如果开始雨点速度为零，试求雨点运动速度和时间的关系.

解 这是一个动力学问题，设时刻 t 的雨点运动速度为 $v(t)$，这时雨点的质量为 (m_0-mt)，于是由牛顿第二定律知

$$(m_0-mt)\frac{dv}{dt}=(m_0-mt)g-kv$$

$$v(0)=0.$$

这是一个一阶线性方程，其通解为

$$v=e^{-\int\frac{k}{m_0-mt}dt}\left(C+\int ge^{\int\frac{k}{m_0-mt}dt}dt\right)$$

$$=-\frac{g}{m-k}(m_0-mt)+C(m_0-mt)^{k/m}.$$

由 $v(0)=0$，得 $C=\frac{g}{m-k}m_0^{\frac{m-k}{m}}$，故

$$v=\frac{g}{m-k}(m_0-mt)+\frac{g}{m-k}m_0^{\frac{m-k}{m}}(m_0-mt)^{k/m}. \tag{6}$$

二、二阶常系数微分方程应用举例

【例4】 试求由微分方程 $y''-y=0$ 所确定的一条积分曲线 $y=y(x)$，使它在点 $(0，1)$ 处与直线 $y-3x=1$ 相切.

解 由题意知，所求积分曲线 $y=y(x)$ 满足二阶常系数齐次线性微分方程 $y''-y=0$，初值条件为 $y(0)=1$，$y'(0)=3$.

微分方程的通解为

$$y=c_1e^{-x}+c_2e^x.$$

将初始条件 $y(0)=1$、$y'(0)=3$ 代入通解得 $\begin{cases}c_1+c_2=1\\-c_1+c_2=3\end{cases}$，解得 $c_1=-1$，$c_2=2$，故所求积分曲线方程为

$$y=2e^{-x}-e^x.$$

【例5】 设质量为 m 的物体在冲击力的作用下得到初速度 v_0 在一水面上滑动，作用于物体的摩擦力为 $-km$（k 为常数），求该物体的运动方程，并求物体能滑多远.

解 设所求物体的运动方程为 $s=s(t)$，由牛顿第二定律及题意得微分方程

$$m\frac{d^2s}{dt^2}=-km \quad 或 \quad \frac{d^2s}{dt^2}=-k,$$

初始条件为 $s(0)=0$，$s'(0)=v_0$.

方程 $\dfrac{\mathrm{d}^2 s}{\mathrm{d}t^2} = -k$，两边同时逐次积分，得通解

$$s = c_2 + c_1 t - \frac{1}{2} k t^2$$

将初始条件 $s(0) = 0$、$s'(0) = v_0$ 代入通解，得 $c_1 = 0$，$c_2 = v_0$.

所以，运动方程为

$$s = v_0 t - \frac{1}{2} k t^2. \tag{7}$$

令 $s' = \left(v_0 t - \dfrac{1}{2} k t^2 \right)' = 0$，即 $v_0 - kt = 0$，得 $t = \dfrac{v_0}{k}$，即经过 $t = \dfrac{v_0}{k}$ 后物体停止运动，在这段时间内物体滑动的路程为 $s = \dfrac{v_0}{k} - \dfrac{k}{2} \left(\dfrac{v_0}{k} \right)^2 = \dfrac{k}{2} v_0^2$.

【例 6】[*] 长为 6m 的链条自高 6m 的桌上无摩擦地向下滑动，假定在运动开始时，链条自桌上垂下部分已有 1m 长，试问需经多长时间链条才全部滑过桌子？

解 设在时刻 t 时链条垂下 s（单位：m），链条的线密度（单位长度的质量）为 ρ，则链条所受的外力大小等于垂下部分链条所受的重力 $\rho s g$（g 为重力加速度）. 根据牛顿第二定律 $F = ma$，可得微分方程为

$$\rho \times 6 \frac{\mathrm{d}^2 s}{\mathrm{d}t^2} = \rho s g,$$

即

$$\frac{\mathrm{d}^2 s}{\mathrm{d}t^2} - \frac{g}{6} s = 0. \tag{8}$$

按题意，在运动开始时，链条自桌上垂下的部分已有 1m 长，且无初速度，所以初始条件为

$$s \big|_{t=0} = 1, \quad \frac{\mathrm{d}s}{\mathrm{d}t} \Big|_{t=0} = 0. \tag{9}$$

方程（8）是二阶常系数齐次线性方程，其特征方程为

$$r^2 - \frac{g}{6} = 0,$$

解得特征根

$$r_{1,2} = \pm \sqrt{\frac{g}{6}},$$

故得通解

$$s = c_1 \mathrm{e}^{\sqrt{\frac{g}{6}} t} + c_2 \mathrm{e}^{-\sqrt{\frac{g}{6}} t}. \tag{10}$$

将式（10）对 t 求导，得

$$\frac{\mathrm{d}s}{\mathrm{d}t} = \sqrt{\frac{g}{6}} \left(c_1 \mathrm{e}^{\sqrt{\frac{g}{6}} t} - c_2 \mathrm{e}^{-\sqrt{\frac{g}{6}} t} \right), \tag{11}$$

将初始条件式（9）代入式（10）及式（11），得

$$\begin{cases} c_1 + c_2 = 1 \\ c_1 - c_2 = 0 \end{cases},$$

解得

$$c_1 = c_2 = \frac{1}{2}.$$

于是，所求满足初始条件的特解为

$$s = \frac{1}{2}\left(e^{\sqrt{\frac{g}{6}}t} + e^{-\sqrt{\frac{g}{6}}t}\right). \tag{12}$$

求链条全部滑过桌子所需的时间 t：

当链条全部滑过桌子时 $s=6$，代入式（12），得

$$6 = \frac{1}{2}\left(e^{\sqrt{\frac{g}{6}}t} + e^{-\sqrt{\frac{g}{6}}t}\right),$$

由此可解得

$$t = \sqrt{\frac{6}{g}}\ln(6 + \sqrt{35})\quad (s).$$

这就是链条全部滑过桌子所需的时间，其中 $g=9.8\mathrm{m/s^2}$.

用微分方程解决实际问题，包括建立微分方程，确定初始条件和求解方程这几个主要步骤. 由于问题的广泛性，一般建立微分方程涉及许多方面的知识，如几何、物理等.

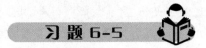

习题 6-5

1. 设过点（1，1）的曲线 L 上任意点 $M(x，y)$ 处的切线分别与 x 轴、y 轴交于点 A、B，且线段 AB 被点 M 平分，求曲线 L 的方程.

2. 将温度为 T_0 的物体放在温度为 T_1 的空气中逐渐冷却（$T_0 > T_1$），由实验测定，物体在空气中冷却的速度与这一物体的温度和其周围空气的温度之差成正比，求任意时刻 t 物体的温度 $T(t)$.

3. 假设一高温物体在冷却剂中均匀地冷却，其介质（冷却剂）温度始终保持为 10℃，物体的初始温度为 200℃，且由 200℃ 冷却到 100℃ 需要 40s. 已知冷却定律：冷却速率与物体和介质的温度差成正比. 试求物体温度 θ 与时间 t 的函数关系，并求物体温度降到 20℃ 所需的时间.

4. 某介质中一单位质点 M 受一力作用沿直线运动，该力与 M 点到中心 O 的距离成正比（比例常数为 4），方向与 OM 相同；介质的阻力与运动的速度成正比（比例常数为 3），方向与速度方向相反. 求该质点的运动规律（运动开始时，质点 M 静止，距中心 1cm）.

阅读欣赏六　海王星的发现

1781 年 3 月 31 日晚，德裔英国天文学家威廉·赫歇耳用自制天文望远镜观测夜空时发现了一个新的天体，他以为可能是一颗彗星，但随后其他天文学家的观测证明这是一颗大行星，并将其命名为天王星. 1821 年，巴黎天文台台长布瓦尔把天文学家历年对天王星的观测记录编辑成天王星星表，并根据万有引力定律推算天王星的运行轨道，惊讶地发现天王星的实际位置偏离了推算出的轨道. 是万有引力定律有误，还是有一颗未知的大行星在干扰天

王星的运行呢?

1832 年, 时任剑桥大学天文学教授的艾里向英国科学促进会做了一个报告, 介绍这个困扰天文学家的大难题. 没有必要怀疑万有引力定律的正确性, 那么更可能的情形就是存在一颗有待发现的大行星. 要找到这颗大行星, 需要解决"逆摄动"问题. 如果知道一颗大行星的位置, 根据万有引力定律可以计算出它对临近大行星的运行的干扰, 也就是天文学上所谓的"摄动". 但是如果反过来, 要从某颗大行星受到的"摄动"推算出未知大行星的位置, 则要困难得多, 当时大多数科学家认为是不可能做到的.

1841 年 6 月 26 日, 在剑桥大学就读本科的亚当斯在剑桥书店里读到了艾里的报告, 立志要在毕业后攻克这一难题. 1843 年, 亚当斯毕业留校任教, 通过剑桥天文学教授查里斯向已荣任格林威治天文台台长的艾里索要格林威治天文台的天王星观测数据. 1845 年 9 月, 亚当斯获得了计算结果, 推算出未知行星的轨道, 交给查里斯, 希望剑桥天文台能据此寻找新行星. 但查里斯并不相信亚当斯的计算, 不过还是写信向艾里推荐亚当斯. 亚当斯于 1845 年 10 月 21 日两次拜访艾里, 都没能见上面, 留下了一张便条. 保存至今的这张便条列出了他的计算结果: 新行星与太阳的平均距离为 28 个天文单位 (地球与太阳的距离等于 1 个天文单位) ——比实际距离远了 1/4; 它在 1845 年 10 月 1 日的位置为黄经 (即天球经度. 正如地理学家用经度和纬度标记地球位置, 天文学家用黄经和黄纬标记天球位置) 323° 34′——只比海王星的实际位置差了大约 2°.

艾里以后将把这张便条作为亚当斯首先预测出海王星的重要证据, 不过当时他并不相信这个大学毕业没多久的年轻人解决了逆摄动难题, 何况亚当斯并没有说明他是怎么算出该结果的. 但是, 艾里还是给亚当斯写了一封信, 想进一步了解亚当斯的工作, 比如, 他是否也能解释天王星矢径 (即到太阳的距离) 的偏差. 亚当斯草拟了回信, 但奇怪的是, 他没有把信发出.

艾里没有得到亚当斯的回应就把这事忘了, 直到 1846 年 6 月读到勒威耶的论文才又想起来. 勒威耶是巴黎综合理工学院的教师, 于 1845 年夏天开始研究天王星摄动问题, 并在一年内发表了三篇论文. 勒威耶的第一篇论文发表于 1845 年 11 月 10 日, 其中准确计算出土星和木星对天王星的摄动影响, 说明这些不足以解释天王星的轨道偏离. 勒威耶于 1846 年 6 月 1 日发表第二篇论文, 估算出了未知行星的大致位置. 艾里读到勒威耶的第二篇论文后, 觉得其结果与亚当斯的很相似, 于是给勒威耶写了封信, 问了向亚当斯问过的问题, 但是并未透露亚当斯也在做同样的研究. 勒威耶很快回信, 回答了艾里的问题.

勒威耶的答复让艾里感到满意, 也使艾里觉得有必要寻找新行星. 但艾里视力不佳, 没法自己做观测. 他建议查里斯在剑桥天文台秘密从事寻找新行星的工作. 查里斯于 7 月 18 日开始, 根据亚当斯提供的新的计算结果进行观测, 但是一无所获.

这一年的 8 月 31 日, 勒威耶发表了第三篇论文, 预测了新行星的质量、亮度和更精确的位置, 并呼吁天文学家据此寻找新行星. 令勒威耶沮丧的是, 似乎没有天文学家理睬他的呼吁. 9 月 18 日, 勒威耶想起柏林天文台一位名叫伽勒的年轻天文学家曾经给他寄过学位论文, 于是给伽勒写了封信, 告诉他如果把天文望远镜对准黄经 325° 的区域, 他将会发现还没有人见过的太阳系第八颗大行星. 9 月 23 日上午, 伽勒收到勒威耶的来信, 当天晚上就开始观测, 由他用天文望远镜进行观测, 报出天体的位置, 其助手德莱斯特则在一旁核对星图. 几分钟后, 伽勒报告在黄经 325.9° 看到一颗亮度为 8 等的星, 德莱斯特大叫"那颗星不在星图上!"第二天晚上他们继续观测这颗星的位置,发现略有移动,表明的确是颗行星.第三天,伽勒写信向勒威耶报告:"你计算出位置的那颗行星真的存在."天文学家经过一段时间的讨论,都公认它便是太阳系第八颗大行星,并根据希腊神话故事,将其命名为海王星. 这是人们用笔最早计算出的行星.

学习指导

基本要求:

了解微分方程和微分方程的阶、解、通解、初始条件与特解等概念;掌握可分离变量的微分方程和一阶线性微分方程的解法;了解二阶线性微分方程解的结构;掌握二阶常系数齐次线性微分方程的解法;会求自由项为 $P_m(x)e^{\lambda x}$ 或 $P_m(x)e^{\alpha x}\cos\beta x$、$P_m(x)e^{\alpha x}\sin\beta x$ 时的二阶常系数非齐次线性微分方程的解;知道特殊的高阶微分方程 $\left[y^{(n)}=f(x)、y''=f(x,y')、y''=f(y,y')\right]$ 的降阶法;会用微分方程解决一些简单的实际问题.

重点与难点:

重点是微分方程的通解与特解等概念,一阶微分方程的分离变量法,一阶线性微分方程的常数变易法,二阶线性微分方程的解的结构,二阶常系数非齐次线性微分方程的待定系数法.

难点是一阶微分方程的分离变量法,一阶线性微分方程的常数变易法,二阶常系数非齐次线性微分方程的待定系数法,高阶微分方程的降阶法,用微分方程解决一些简单的实际问题.

复习题六(1)

1. 填空题:

(1) 微分方程 $xy'-y\ln y=0$ 的通解为_____.

(2) 二阶常系数非齐次线性微分方程的通解等于其对应的_____的通解再加上_____的一个特解.

(3) $(y'')^3+e^{-2x}y'=0$ 是_____阶微分方程.

(4) 微分方程 $(x-xy^2)dx+2xydy=0$ 是_____(类型)微分方程.

(5) 微分方程 $x^3(y'')^4-yy'=0$ 的阶数是_____.

(6) $y''=e^{2x}-\sin2x$ 的通解为_____.

2. 单项选择题:

(1) 下列等式中为微分方程的是( ).

A. $u'v+uv'=(uv)'$

B. $\dfrac{dy}{dx}+e^x=\dfrac{d(y+e^x)}{dx}$

C. $(u+v)'=u'+v'$

D. $y'=e^x+\sin x$

(2) 微分方程 $y''-2y'-8y=0$ 的通解为( ).

A. $y=c_1e^{4x}-c_2e^{-2x}$

B. $y=c_1e^{-4x}+c_2e^{2x}$

C. $y=c_1(e^{4x}+e^{-2x})+c_2$

D. $y=3e^{-4x}-e^{2x}$

(3) 方程 $xy'+3y=0$ 的通解是 (　　).

A. x^{-3}　　　　B. Cxe^x　　　　C. $x^{-3}+C$　　　　D. Cx^{-3}

(4) 方程 $x\mathrm{d}y-y\mathrm{d}x=0$ 的一个解为 (　　).

A. $y=Cx$　　　　B. $y=\dfrac{C}{x}$　　　　C. $y=Ce^x$　　　　D. $y=C\ln x$

(5) 方程 $\dfrac{\mathrm{d}^2y}{\mathrm{d}x^2}+\left(\dfrac{\mathrm{d}y}{\mathrm{d}x}\right)^2+xy=5$ 是 (　　).

A. 线性方程　　　　B. 齐次方程　　　　C. 常系数方程　　　　D. 二阶方程

(6) $y''+y=0$ 有一个解为 $y=$ (　　).

A. e^x　　　　B. $\sin 2x$　　　　C. $\sin x$　　　　D. e^x+e^{-x}

3. 解答题:

(1) 求方程 $\dfrac{\mathrm{d}y}{\mathrm{d}x}=y^2\sin x$ 满足初始条件 $y|_{x=0}=-1$ 的特解.

(2) 求下列微分方程的通解:

1) $3x^2+5x-5y'=0$;　　　　　　　　2) $\sqrt{1-x^2}\,y'=\sqrt{1-y^2}$;

3) $\dfrac{\mathrm{d}y}{\mathrm{d}x}=10^{x+y}$;　　　　　　　　4) $y\mathrm{d}x+(x^2-4x)\mathrm{d}y=0$;

5) $y'+2y=1$;　　　　　　　　6) $y''=y'+x$.

4. 已知曲线通过点 (1，2)，且在该曲线上任意点 $P(x，y)$ 处的切线斜率为 $3x^2$，求此曲线的方程.

复习题六 (2)

1. 单项选择题:

(1) 下列函数中，(　　) 是微分方程 $y'+\dfrac{x}{y}=x$ 的解.

A. $\dfrac{x^2}{3}+1$　　　　B. $\dfrac{x^3}{3}+\dfrac{1}{x}$　　　　C. $-\dfrac{x^2}{3}+1$　　　　D. $\dfrac{x^2}{3}+\dfrac{1}{x}$

(2) 方程 $x\mathrm{d}y+\mathrm{d}x=e^y\mathrm{d}x$ 的通解是 (　　).

A. $y=Cxe^x$　　　　　　　　B. $y=xe^x+C$

C. $y=-\ln(1-Cx)$　　　　　　D. $y=-\ln(1+x)+C$

(3) 函数 $y=\cos x$ 是方程 (　　) 的解.

A. $y''+y=0$　　B. $y'+2y=0$　　C. $y'+y=0$　　D. $y''+y=\cos x$

(4) $y''-y'=2x$ 的特解为 (　　).

A. $y=-x-2$　　B. $y=-x^2-2x$　　C. $y=x+2$　　D. $y=x^2+2x$

(5) 微分方程 $y''=x^2$ 的解是 (　　).

A. $y=\dfrac{1}{x}$　　　　B. $y=\dfrac{x^3}{3}+C$　　　　C. $\dfrac{x^4}{12}$　　　　D. $\dfrac{x^4}{6}$

(6) 微分方程 $y''+y=0$ 的满足初始条件 $y|_{x=0}=1$、$y'|_{x=0}=2$ 的特解为 (　　).

A. $y=\cos x+\sin x$　　　　　　B. $y=\cos x+2\sin x$

C. $y=x^2+2x+1$ 　　　　　　　　　　　D. $y=c_1\cos x+c_2\sin x$

2. 填空题：

(1) 试说出下列各方程的阶数：

$y=x(y')^2-2yy'+x=0$ _____，$(y'')^3+5(y')^4-y^5+x^7=0$ _____.

(2) 微分方程 $y'=\dfrac{y}{x}\ln\dfrac{y}{x}$，$y|_{x=1}=1$ 的特解为_____.

(3) 微分方程 $x\dfrac{\mathrm{d}y}{\mathrm{d}x}+y=xy\dfrac{\mathrm{d}y}{\mathrm{d}x}$ 的一般解为_____.

(4) 方程 $y''+2y'+3y=0$ 的通解是_____.

(5) 方程 $y''-2y'+5y=1$ 的通解是_____.

3. 解答题：

(1) 求下列微分方程的通解：

1) $xy'-y\ln y=0$；

2) $3x^2+5x-5y'=0$.

(2) 求下列微分方程满足所给初始条件的特解：

1) $y'=\mathrm{e}^{2x-y}$，$y|_{x=0}=0$；

2) $y'\sin x=y\ln y$，$y|_{x=\frac{\pi}{2}}=\mathrm{e}$.

4. 方程 $y''+4y=\sin x$ 的一条积分曲线过点 $(0，1)$，并在这一点与直线 $y=1$ 相切，求该曲线的方程.

附 录 积 分 表

（一）含有 $ax+b$ 的积分 $(a \neq 0)$

1. $\displaystyle \int \frac{\mathrm{d}x}{ax+b} = \frac{1}{a}\ln|ax+b| + C$

2. $\displaystyle \int (ax+b)^{\mu}\mathrm{d}x = \frac{1}{a(\mu+1)}(ax+b)^{\mu+1} + C \quad (\mu \neq -1)$

3. $\displaystyle \int \frac{x}{ax+b}\mathrm{d}x = \frac{1}{a^2}(ax+b-b\ln|ax+b|) + C$

4. $\displaystyle \int \frac{x^2}{ax+b}\mathrm{d}x = \frac{1}{a^3}\left[\frac{1}{2}(ax+b)^2 - 2b(ax+b) + b^2\ln|ax+b|\right] + C$

5. $\displaystyle \int \frac{\mathrm{d}x}{x(ax+b)} = -\frac{1}{b}\ln\left|\frac{ax+b}{x}\right| + C$

6. $\displaystyle \int \frac{\mathrm{d}x}{x^2(ax+b)} = -\frac{1}{bx} + \frac{a}{b^2}\ln\left|\frac{ax+b}{x}\right| + C$

7. $\displaystyle \int \frac{x}{(ax+b)^2}\mathrm{d}x = \frac{1}{a^2}\left(\ln|ax+b| + \frac{b}{ax+b}\right) + C$

8. $\displaystyle \int \frac{x^2}{(ax+b)^2}\mathrm{d}x = \frac{1}{a^3}\left(ax+b-2b\ln|ax+b| - \frac{b^2}{ax+b}\right) + C$

9. $\displaystyle \int \frac{\mathrm{d}x}{x(ax+b)^2} = \frac{1}{b(ax+b)} - \frac{1}{b^2}\ln\left|\frac{ax+b}{x}\right| + C$

（二）含有 $\sqrt{ax+b}$ 的积分

10. $\displaystyle \int \sqrt{ax+b}\,\mathrm{d}x = \frac{2}{3a}\sqrt{(ax+b)^3} + C$

11. $\displaystyle \int x\sqrt{ax+b}\,\mathrm{d}x = \frac{2}{15a^2}(3ax-2b)\sqrt{(ax+b)^3} + C$

12. $\displaystyle \int x^2\sqrt{ax+b}\,\mathrm{d}x = \frac{2}{105a^3}(15a^2x^2 - 12abx + 8b^2)\sqrt{(ax+b)^3} + C$

13. $\displaystyle \int \frac{x}{\sqrt{ax+b}}\mathrm{d}x = \frac{2}{3a^2}(ax-2b)\sqrt{ax+b} + C$

14. $\displaystyle \int \frac{x^2}{\sqrt{ax+b}}\mathrm{d}x = \frac{2}{15a^3}(3a^2x^2 - 4abx + 8b^2)\sqrt{ax+b} + C$

15. $\displaystyle \int \frac{\mathrm{d}x}{x\sqrt{ax+b}} = \begin{cases} \dfrac{1}{\sqrt{b}}\ln\left|\dfrac{\sqrt{ax+b}-\sqrt{b}}{\sqrt{ax+b}+\sqrt{b}}\right| + C & (b>0) \\[2mm] \dfrac{2}{\sqrt{-b}}\arctan\sqrt{\dfrac{ax+b}{-b}} + C & (b<0) \end{cases}$

16. $\displaystyle\int \frac{\mathrm{d}x}{x^2\sqrt{ax+b}} = -\frac{\sqrt{ax+b}}{bx} - \frac{a}{2b}\int \frac{\mathrm{d}x}{x\sqrt{ax+b}}$

17. $\displaystyle\int \frac{\sqrt{ax+b}}{x}\mathrm{d}x = 2\sqrt{ax+b} + b\int \frac{\mathrm{d}x}{x\sqrt{ax+b}}$

18. $\displaystyle\int \frac{\sqrt{ax+b}}{x^2}\mathrm{d}x = -\frac{\sqrt{ax+b}}{x} + \frac{a}{2}\int \frac{\mathrm{d}x}{x\sqrt{ax+b}}$

（三）含有 $x^2\pm a^2$ 的积分

19. $\displaystyle\int \frac{\mathrm{d}x}{x^2+a^2} = \frac{1}{a}\arctan \frac{x}{a} + C$

20. $\displaystyle\int \frac{\mathrm{d}x}{(x^2+a^2)^n} = \frac{x}{2(n-1)a^2(x^2+a^2)^{n-1}} + \frac{2n-3}{2(n-1)a^2}\int \frac{\mathrm{d}x}{(x^2+a^2)^{n-1}}$

21. $\displaystyle\int \frac{\mathrm{d}x}{x^2-a^2} = \frac{1}{2a}\ln\left|\frac{x-a}{x+a}\right| + C$

（四）含有 ax^2+b $(a>0)$ 的积分

22. $\displaystyle\int \frac{\mathrm{d}x}{ax^2+b} = \begin{cases} \dfrac{1}{\sqrt{ab}}\arctan\sqrt{\dfrac{a}{b}}\,x + C & (b>0) \\[3mm] \dfrac{1}{2\sqrt{-ab}}\ln\left|\dfrac{\sqrt{a}x-\sqrt{-b}}{\sqrt{a}x+\sqrt{-b}}\right| + C & (b<0) \end{cases}$

23. $\displaystyle\int \frac{x}{ax^2+b}\mathrm{d}x = \frac{1}{2a}\ln|ax^2+b| + C$

24. $\displaystyle\int \frac{x^2}{ax^2+b}\mathrm{d}x = \frac{x}{a} - \frac{b}{a}\int \frac{\mathrm{d}x}{ax^2+b}$

25. $\displaystyle\int \frac{\mathrm{d}x}{x(ax^2+b)} = \frac{1}{2b}\ln\frac{x^2}{|ax^2+b|} + C$

26. $\displaystyle\int \frac{\mathrm{d}x}{x^2(ax^2+b)} = -\frac{1}{bx} - \frac{a}{b}\int \frac{\mathrm{d}x}{ax^2+b}$

27. $\displaystyle\int \frac{\mathrm{d}x}{x^3(ax^2+b)} = \frac{a}{2b^2}\ln\frac{|ax^2+b|}{x^2} - \frac{1}{2bx^2} + C$

28. $\displaystyle\int \frac{\mathrm{d}x}{(ax^2+b)^2} = \frac{x}{2b(ax^2+b)} + \frac{1}{2b}\int \frac{\mathrm{d}x}{ax^2+b}$

（五）含有 ax^2+bx+c $(a>0)$ 的积分

29. $\displaystyle\int \frac{\mathrm{d}x}{ax^2+bx+c} = \begin{cases} \dfrac{2}{\sqrt{4ac-b^2}}\arctan\dfrac{2ax+b}{\sqrt{4ac-b^2}} + C & (b^2<4ac) \\[3mm] \dfrac{1}{\sqrt{b^2-4ac}}\ln\left|\dfrac{2ax+b-\sqrt{b^2-4ac}}{2ax+b+\sqrt{b^2-4ac}}\right| + C & (b^2>4ac) \end{cases}$

30. $\displaystyle\int \frac{x}{ax^2+bx+c}\mathrm{d}x = \frac{1}{2a}\ln|ax^2+bx+c| - \frac{b}{2a}\int \frac{\mathrm{d}x}{ax^2+bx+c}$

（六）含有 $\sqrt{x^2+a^2}$ $(a>0)$ 的积分

31. $\displaystyle\int \frac{\mathrm{d}x}{\sqrt{x^2+a^2}} = \operatorname{arsh}\frac{x}{a} + C_1 = \ln(x+\sqrt{x^2+a^2}) + C$

32. $\displaystyle\int \frac{\mathrm{d}x}{\sqrt{(x^2+a^2)^3}} = \frac{x}{a^2\sqrt{x^2+a^2}} + C$

33. $\displaystyle\int \frac{x}{\sqrt{x^2+a^2}}\mathrm{d}x = \sqrt{x^2+a^2} + C$

34. $\displaystyle\int \frac{x}{\sqrt{(x^2+a^2)^3}}\mathrm{d}x = -\frac{1}{\sqrt{x^2+a^2}} + C$

35. $\displaystyle\int \frac{x^2}{\sqrt{x^2+a^2}}\mathrm{d}x = \frac{x}{2}\sqrt{x^2+a^2} - \frac{a^2}{2}\ln(x+\sqrt{x^2+a^2}) + C$

36. $\displaystyle\int \frac{x^2}{\sqrt{(x^2+a^2)^3}}\mathrm{d}x = -\frac{x}{\sqrt{x^2+a^2}} + \ln(x+\sqrt{x^2+a^2}) + C$

37. $\displaystyle\int \frac{\mathrm{d}x}{x\sqrt{x^2+a^2}} = \frac{1}{a}\ln\frac{\sqrt{x^2+a^2}-a}{|x|} + C$

38. $\displaystyle\int \frac{\mathrm{d}x}{x^2\sqrt{x^2+a^2}} = -\frac{\sqrt{x^2+a^2}}{a^2 x} + C$

39. $\displaystyle\int \sqrt{x^2+a^2}\,\mathrm{d}x = \frac{x}{2}\sqrt{x^2+a^2} + \frac{a^2}{2}\ln(x+\sqrt{x^2+a^2}) + C$

40. $\displaystyle\int \sqrt{(x^2+a^2)^3}\,\mathrm{d}x = \frac{x}{8}(2x^2+5a^2)\sqrt{x^2+a^2} + \frac{3}{8}a^4\ln(x+\sqrt{x^2+a^2}) + C$

41. $\displaystyle\int x\sqrt{x^2+a^2}\,\mathrm{d}x = \frac{1}{3}\sqrt{(x^2+a^2)^3} + C$

42. $\displaystyle\int x^2\sqrt{x^2+a^2}\,\mathrm{d}x = \frac{x}{8}(2x^2+a^2)\sqrt{x^2+a^2} - \frac{a^4}{8}\ln(x+\sqrt{x^2+a^2}) + C$

43. $\displaystyle\int \frac{\sqrt{x^2+a^2}}{x}\mathrm{d}x = \sqrt{x^2+a^2} + a\ln\frac{\sqrt{x^2+a^2}-a}{|x|} + C$

44. $\displaystyle\int \frac{\sqrt{x^2+a^2}}{x^2}\mathrm{d}x = -\frac{\sqrt{x^2+a^2}}{x} + \ln(x+\sqrt{x^2+a^2}) + C$

（七）含有 $\sqrt{x^2-a^2}$ （$a>0$）的积分

45. $\displaystyle\int \frac{\mathrm{d}x}{\sqrt{x^2-a^2}} = \frac{x}{|x|}\operatorname{arch}\frac{|x|}{a} + C_1 = \ln\left|x+\sqrt{x^2-a^2}\right| + C$

46. $\displaystyle\int \frac{\mathrm{d}x}{\sqrt{(x^2-a^2)^3}} = -\frac{x}{a^2\sqrt{x^2-a^2}} + C$

47. $\displaystyle\int \frac{x}{\sqrt{x^2-a^2}}\mathrm{d}x = \sqrt{x^2-a^2} + C$

48. $\displaystyle\int \frac{x}{\sqrt{(x^2-a^2)^3}}\mathrm{d}x = -\frac{1}{\sqrt{x^2-a^2}} + C$

49. $\displaystyle\int \frac{x^2}{\sqrt{x^2-a^2}}\mathrm{d}x = \frac{x}{2}\sqrt{x^2-a^2} + \frac{a^2}{2}\ln\left|x+\sqrt{x^2-a^2}\right| + C$

50. $\displaystyle\int \frac{x^2}{\sqrt{(x^2-a^2)^3}}\mathrm{d}x = -\frac{x}{\sqrt{x^2-a^2}} + \ln\left|x+\sqrt{x^2-a^2}\right| + C$

51. $\int \dfrac{\mathrm{d}x}{x\ \sqrt{x^2-a^2}}=\dfrac{1}{a}\arccos\dfrac{a}{|x|}+C$

52. $\int \dfrac{\mathrm{d}x}{x^2\ \sqrt{x^2-a^2}}=\dfrac{\sqrt{x^2-a^2}}{a^2 x}+C$

53. $\int \sqrt{x^2-a^2}\,\mathrm{d}x=\dfrac{x}{2}\ \sqrt{x^2-a^2}-\dfrac{a^2}{2}\ln\left|\,x+\sqrt{x^2-a^2}\,\right|+C$

54. $\int \sqrt{(x^2-a^2)^3}\,\mathrm{d}x=\dfrac{x}{8}(2x^2-5a^2)\ \sqrt{x^2-a^2}+\dfrac{3}{8}a^4\ln\left|\,x+\sqrt{x^2-a^2}\,\right|+C$

55. $\int x\ \sqrt{x^2-a^2}\,\mathrm{d}x=\dfrac{1}{3}\ \sqrt{(x^2-a^2)^3}+C$

56. $\int x^2\ \sqrt{x^2-a^2}\,\mathrm{d}x=\dfrac{x}{8}(2x^2-a^2)\ \sqrt{x^2-a^2}-\dfrac{a^4}{8}\ln\left|\,x+\sqrt{x^2-a^2}\,\right|+C$

57. $\int \dfrac{\sqrt{x^2-a^2}}{x}\,\mathrm{d}x=\sqrt{x^2-a^2}-a\arccos\dfrac{a}{|x|}+C$

58. $\int \dfrac{\sqrt{x^2-a^2}}{x^2}\,\mathrm{d}x=-\dfrac{\sqrt{x^2-a^2}}{x}+\ln\left|\,x+\sqrt{x^2-a^2}\,\right|+C$

(八) 含有 $\sqrt{a^2-x^2}$ ($a>0$) 的积分

59. $\int \dfrac{\mathrm{d}x}{\sqrt{a^2-x^2}}=\arcsin\dfrac{x}{a}+C$

60. $\int \dfrac{\mathrm{d}x}{\sqrt{(a^2-x^2)^3}}=\dfrac{x}{a^2\ \sqrt{a^2-x^2}}+C$

61. $\int \dfrac{x}{\sqrt{a^2-x^2}}\,\mathrm{d}x=-\ \sqrt{a^2-x^2}+C$

62. $\int \dfrac{x}{\sqrt{(a^2-x^2)^3}}\,\mathrm{d}x=\dfrac{1}{\sqrt{a^2-x^2}}+C$

63. $\int \dfrac{x^2}{\sqrt{a^2-x^2}}\,\mathrm{d}x=-\dfrac{x}{2}\ \sqrt{a^2-x^2}+\dfrac{a^2}{2}\arcsin\dfrac{x}{a}+C$

64. $\int \dfrac{x^2}{\sqrt{(a^2-x^2)^3}}\,\mathrm{d}x=\dfrac{x}{\sqrt{a^2-x^2}}-\arcsin\dfrac{x}{a}+C$

65. $\int \dfrac{\mathrm{d}x}{x\ \sqrt{a^2-x^2}}=\dfrac{1}{a}\ln\dfrac{a-\sqrt{a^2-x^2}}{|x|}+C$

66. $\int \dfrac{\mathrm{d}x}{x^2\ \sqrt{a^2-x^2}}=-\dfrac{\sqrt{a^2-x^2}}{a^2 x}+C$

67. $\int \sqrt{a^2-x^2}\,\mathrm{d}x=\dfrac{x}{2}\ \sqrt{a^2-x^2}+\dfrac{a^2}{2}\arcsin\dfrac{x}{a}+C$

68. $\int \sqrt{(a^2-x^2)^3}\,\mathrm{d}x=\dfrac{x}{8}(5a^2-2x^2)\ \sqrt{a^2-x^2}+\dfrac{3}{8}a^4\arcsin\dfrac{x}{a}+C$

69. $\int x\ \sqrt{a^2-x^2}\,\mathrm{d}x=-\dfrac{1}{3}\ \sqrt{(a^2-x^2)^3}+C$

70. $\int x^2\ \sqrt{a^2-x^2}\,\mathrm{d}x=\dfrac{x}{8}(2x^2-a^2)\ \sqrt{a^2-x^2}+\dfrac{a^4}{8}\arcsin\dfrac{x}{a}+C$

71. $\int \dfrac{\sqrt{a^2-x^2}}{x}\mathrm{d}x=\sqrt{a^2-x^2}+a\ln\dfrac{a-\sqrt{a^2-x^2}}{|x|}+C$

72. $\int \dfrac{\sqrt{a^2-x^2}}{x^2}\mathrm{d}x=-\dfrac{\sqrt{a^2-x^2}}{x}-\arcsin\dfrac{x}{a}+C$

（九）含有 $\sqrt{\pm ax^2+bx+c}$ $(a>0)$ 的积分

73. $\int \dfrac{\mathrm{d}x}{\sqrt{ax^2+bx+c}}=\dfrac{1}{\sqrt{a}}\ln\left|2ax+b+2\sqrt{a}\sqrt{ax^2+bx+c}\right|+C$

74. $\int \sqrt{ax^2+bx+c}\,\mathrm{d}x=\dfrac{2ax+b}{4a}\sqrt{ax^2+bx+c}$
$$+\dfrac{4ac-b^2}{8\sqrt{a^3}}\ln\left|2ax+b+2\sqrt{a}\sqrt{ax^2+bx+c}\right|+C$$

75. $\int \dfrac{x}{\sqrt{ax^2+bx+c}}\mathrm{d}x=\dfrac{1}{a}\sqrt{ax^2+bx+c}$
$$-\dfrac{b}{2\sqrt{a^3}}\ln\left|2ax+b+2\sqrt{a}\sqrt{ax^2+bx+c}\right|+C$$

76. $\int \dfrac{\mathrm{d}x}{\sqrt{c+bx-ax^2}}=-\dfrac{1}{\sqrt{a}}\arcsin\dfrac{2ax-b}{\sqrt{b^2+4ac}}+C$

77. $\int \sqrt{c+bx-ax^2}\,\mathrm{d}x=\dfrac{2ax-b}{4a}\sqrt{c+bx-ax^2}+\dfrac{b^2+4ac}{8\sqrt{a^3}}\arcsin\dfrac{2ax-b}{\sqrt{b^2+4ac}}+C$

78. $\int \dfrac{x}{\sqrt{c+bx-ax^2}}\mathrm{d}x=-\dfrac{1}{a}\sqrt{c+bx-ax^2}+\dfrac{b}{2\sqrt{a^3}}\arcsin\dfrac{2ax-b}{\sqrt{b^2+4ac}}+C$

（十）含有 $\sqrt{\pm\dfrac{x-a}{x-b}}$ 或 $\sqrt{(x-a)(b-x)}$ 的积分

79. $\int \sqrt{\dfrac{x-a}{x-b}}\,\mathrm{d}x=(x-b)\sqrt{\dfrac{x-a}{x-b}}+(b-a)\ln(\sqrt{|x-a|}+\sqrt{|x-b|})+C$

80. $\int \sqrt{\dfrac{x-a}{b-x}}\,\mathrm{d}x=(x-b)\sqrt{\dfrac{x-a}{b-x}}+(b-a)\arcsin\sqrt{\dfrac{x-a}{b-x}}+C$

81. $\int \dfrac{\mathrm{d}x}{\sqrt{(x-a)(b-x)}}=2\arcsin\sqrt{\dfrac{x-a}{b-x}}+C\quad(a<b)$

82. $\int \sqrt{(x-a)(b-x)}\,\mathrm{d}x=\dfrac{2x-a-b}{4}\sqrt{(x-a)(b-x)}+\dfrac{(b-a)^2}{4}\arcsin\sqrt{\dfrac{x-a}{b-x}}+C$
$$(a<b)$$

（十一）含有三角函数的积分

83. $\int \sin x\,\mathrm{d}x=-\cos x+C$

84. $\int \cos x\,\mathrm{d}x=\sin x+C$

85. $\int \tan x\,\mathrm{d}x=-\ln|\cos x|+C$

86. $\int \cot x\,\mathrm{d}x=\ln|\sin x|+C$

87. $\displaystyle\int \sec x \mathrm{d}x = \ln\left|\tan\left(\frac{\pi}{4}+\frac{x}{2}\right)\right| + C = \ln|\sec x + \tan x| + C$

88. $\displaystyle\int \csc x \mathrm{d}x = \ln\left|\tan\frac{x}{2}\right| + C = \ln|\csc x - \cot x| + C$

89. $\displaystyle\int \sec^2 x \mathrm{d}x = \tan x + C$

90. $\displaystyle\int \csc^2 x \mathrm{d}x = -\cot x + C$

91. $\displaystyle\int \sec x \tan x \mathrm{d}x = \sec x + C$

92. $\displaystyle\int \csc x \cot x \mathrm{d}x = -\csc x + C$

93. $\displaystyle\int \sin^2 x \mathrm{d}x = \frac{x}{2} - \frac{1}{4}\sin 2x + C$

94. $\displaystyle\int \cos^2 x \mathrm{d}x = \frac{x}{2} + \frac{1}{4}\sin 2x + C$

95. $\displaystyle\int \sin^n x \mathrm{d}x = -\frac{1}{n}\sin^{n-1} x \cos x + \frac{n-1}{n}\int \sin^{n-2} x \mathrm{d}x$

96. $\displaystyle\int \cos^n x \mathrm{d}x = \frac{1}{n}\cos^{n-1} x \sin x + \frac{n-1}{n}\int \cos^{n-2} x \mathrm{d}x$

97. $\displaystyle\int \frac{\mathrm{d}x}{\sin^n x} = -\frac{1}{n-1}\cdot\frac{\cos x}{\sin^{n-1} x} + \frac{n-2}{n-1}\int \frac{\mathrm{d}x}{\sin^{n-2} x}$

98. $\displaystyle\int \frac{\mathrm{d}x}{\cos^n x} = \frac{1}{n-1}\cdot\frac{\sin x}{\cos^{n-1} x} + \frac{n-2}{n-1}\int \frac{\mathrm{d}x}{\cos^{n-2} x}$

99. $\displaystyle\int \cos^m x \sin^n x \mathrm{d}x = \frac{1}{m+n}\cos^{m-1} x \sin^{n+1} x + \frac{m-1}{m+n}\int \cos^{m-2} x \sin^n x \mathrm{d}x$
$$= -\frac{1}{m+n}\cos^{m+1} x \sin^{n-1} x + \frac{n-1}{m+n}\int \cos^m x \sin^{n-2} x \mathrm{d}x$$

100. $\displaystyle\int \sin ax \cos bx \mathrm{d}x = -\frac{1}{2(a+b)}\cos(a+b)x - \frac{1}{2(a-b)}\cos(a-b)x + C$

101. $\displaystyle\int \sin ax \sin bx \mathrm{d}x = -\frac{1}{2(a+b)}\sin(a+b)x + \frac{1}{2(a-b)}\sin(a-b)x + C$

102. $\displaystyle\int \cos ax \cos bx \mathrm{d}x = \frac{1}{2(a+b)}\sin(a+b)x + \frac{1}{2(a-b)}\sin(a-b)x + C$

103. $\displaystyle\int \frac{\mathrm{d}x}{a+b\sin x} = \frac{2}{\sqrt{a^2-b^2}}\arctan\frac{a\tan\frac{x}{2}+b}{\sqrt{a^2-b^2}} + C \quad (a^2 > b^2)$

104. $\displaystyle\int \frac{\mathrm{d}x}{a+b\sin x} = \frac{1}{\sqrt{b^2-a^2}}\ln\left|\frac{a\tan\frac{x}{2}+b-\sqrt{b^2-a^2}}{a\tan\frac{x}{2}+b+\sqrt{b^2-a^2}}\right| + C \quad (a^2 < b^2)$

105. $\displaystyle\int \frac{\mathrm{d}x}{a+b\cos x} = \frac{2}{a+b}\sqrt{\frac{a+b}{a-b}}\arctan\left(\sqrt{\frac{a-b}{a+b}}\tan\frac{x}{2}\right) + C \quad (a^2 > b^2)$

106. $\displaystyle\int\frac{\mathrm{d}x}{a+b\cos x}=\frac{1}{a+b}\sqrt{\frac{a+b}{b-a}}\ln\left|\frac{\tan\dfrac{x}{2}+\sqrt{\dfrac{a+b}{b-a}}}{\tan\dfrac{x}{2}-\sqrt{\dfrac{a+b}{b-a}}}\right|+C\quad(a^2<b^2)$

107. $\displaystyle\int\frac{\mathrm{d}x}{a^2\cos^2x+b^2\sin^2x}=\frac{1}{ab}\arctan\left(\frac{b}{a}\tan x\right)+C$

108. $\displaystyle\int\frac{\mathrm{d}x}{a^2\cos^2x-b^2\sin^2x}=\frac{1}{2ab}\ln\left|\frac{b\tan x+a}{b\tan x-a}\right|+C$

109. $\displaystyle\int x\sin ax\,\mathrm{d}x=\frac{1}{a^2}\sin ax-\frac{1}{a}x\cos ax+C$

110. $\displaystyle\int x^2\sin ax\,\mathrm{d}x=-\frac{1}{a}x^2\cos ax+\frac{2}{a^2}x\sin ax+\frac{2}{a^3}\cos ax+C$

111. $\displaystyle\int x\cos ax\,\mathrm{d}x=\frac{1}{a^2}\cos ax+\frac{1}{a}x\sin ax+C$

112. $\displaystyle\int x^2\cos ax\,\mathrm{d}x=\frac{1}{a}x^2\sin ax+\frac{2}{a^2}x\cos ax-\frac{2}{a^3}\sin ax+C$

（十二）含有反三角函数的积分（其中 $a>0$）

113. $\displaystyle\int\arcsin\frac{x}{a}\mathrm{d}x=x\arcsin\frac{x}{a}+\sqrt{a^2-x^2}+C$

114. $\displaystyle\int x\arcsin\frac{x}{a}\mathrm{d}x=\left(\frac{x^2}{2}-\frac{a^2}{4}\right)\arcsin\frac{x}{a}+\frac{x}{4}\sqrt{a^2-x^2}+C$

115. $\displaystyle\int x^2\arcsin\frac{x}{a}\mathrm{d}x=\frac{x^3}{3}\arcsin\frac{x}{a}+\frac{1}{9}(x^2+2a^2)\sqrt{a^2-x^2}+C$

116. $\displaystyle\int\arccos\frac{x}{a}\mathrm{d}x=x\arccos\frac{x}{a}-\sqrt{a^2-x^2}+C$

117. $\displaystyle\int x\arccos\frac{x}{a}\mathrm{d}x=\left(\frac{x^2}{2}-\frac{a^2}{4}\right)\arccos\frac{x}{a}-\frac{x}{4}\sqrt{a^2-x^2}+C$

118. $\displaystyle\int x^2\arccos\frac{x}{a}\mathrm{d}x=\frac{x^3}{3}\arccos\frac{x}{a}-\frac{1}{9}(x^2+2a^2)\sqrt{a^2-x^2}+C$

119. $\displaystyle\int\arctan\frac{x}{a}\mathrm{d}x=x\arctan\frac{x}{a}-\frac{a}{2}\ln(a^2+x^2)+C$

120. $\displaystyle\int x\arctan\frac{x}{a}\mathrm{d}x=\frac{1}{2}(a^2+x^2)\arctan\frac{x}{a}-\frac{a}{2}x+C$

121. $\displaystyle\int x^2\arctan\frac{x}{a}\mathrm{d}x=\frac{x^3}{3}\arctan\frac{x}{a}-\frac{a}{6}x^2+\frac{a^3}{6}\ln(a^2+x^2)+C$

（十三）含有指数函数的积分

122. $\displaystyle\int a^x\mathrm{d}x=\frac{1}{\ln a}a^x+C$

123. $\displaystyle\int\mathrm{e}^{ax}\mathrm{d}x=\frac{1}{a}\mathrm{e}^{ax}+C$

124. $\displaystyle\int x\mathrm{e}^{ax}\mathrm{d}x=\frac{1}{a^2}(ax-1)\mathrm{e}^{ax}+C$

125. $\displaystyle\int x^n\mathrm{e}^{ax}\mathrm{d}x=\frac{1}{a}x^n\mathrm{e}^{ax}-\frac{n}{a}\int x^{n-1}\mathrm{e}^{ax}\mathrm{d}x$

126. $\int xa^x\,\mathrm{d}x=\dfrac{x}{\ln a}a^x-\dfrac{1}{(\ln a)^2}a^x+C$

127. $\int x^na^x\,\mathrm{d}x=\dfrac{1}{\ln a}x^na^x-\dfrac{n}{\ln a}\int x^{n-1}a^x\,\mathrm{d}x$

128. $\int \mathrm{e}^{ax}\sin bx\,\mathrm{d}x=\dfrac{1}{a^2+b^2}\mathrm{e}^{ax}(a\sin bx-b\cos bx)+C$

129. $\int \mathrm{e}^{ax}\cos bx\,\mathrm{d}x=\dfrac{1}{a^2+b^2}\mathrm{e}^{ax}(b\sin bx+a\cos bx)+C$

130. $\int \mathrm{e}^{ax}\sin^n bx\,\mathrm{d}x=\dfrac{1}{a^2+b^2n^2}\mathrm{e}^{ax}\sin^{n-1}bx(a\sin bx-nb\cos bx)$
$$+\dfrac{n(n-1)b^2}{a^2+b^2n^2}\int \mathrm{e}^{ax}\sin^{n-2}bx\,\mathrm{d}x$$

131. $\int \mathrm{e}^{ax}\cos^n bx\,\mathrm{d}x=\dfrac{1}{a^2+b^2n^2}\mathrm{e}^{ax}\cos^{n-1}bx(a\cos bx+nb\sin bx)$
$$+\dfrac{n(n-1)b^2}{a^2+b^2n^2}\int \mathrm{e}^{ax}\cos^{n-2}bx\,\mathrm{d}x$$

（十四）含有对数函数的积分

132. $\int \ln x\,\mathrm{d}x=x\ln x-x+C$

133. $\int \dfrac{\mathrm{d}x}{x\ln x}=\ln|\ln x|+C$

134. $\int x^n\ln x\,\mathrm{d}x=\dfrac{1}{n+1}x^{n+1}\left(\ln x-\dfrac{1}{n+1}\right)+C$

135. $\int (\ln x)^n\,\mathrm{d}x=x(\ln x)^n-n\int (\ln x)^{n-1}\,\mathrm{d}x$

136. $\int x^m(\ln x)^n\,\mathrm{d}x=\dfrac{1}{m+1}x^{m+1}(\ln x)^n-\dfrac{n}{m+1}\int x^m(\ln x)^{n-1}\,\mathrm{d}x$

（十五）含有双曲函数的积分

137. $\int \operatorname{sh}x\,\mathrm{d}x=\operatorname{ch}x+C$

138. $\int \operatorname{ch}x\,\mathrm{d}x=\operatorname{sh}x+C$

139. $\int \operatorname{th}x\,\mathrm{d}x=\ln\operatorname{ch}x+C$

140. $\int \operatorname{sh}^2x\,\mathrm{d}x=-\dfrac{x}{2}+\dfrac{1}{4}\operatorname{sh}2x+C$

141. $\int \operatorname{ch}^2x\,\mathrm{d}x=\dfrac{x}{2}+\dfrac{1}{4}\operatorname{sh}2x+C$

（十六）定积分

142. $\displaystyle\int_{-\pi}^{\pi}\cos nx\,\mathrm{d}x=\int_{-\pi}^{\pi}\sin nx\,\mathrm{d}x=0$

143. $\displaystyle\int_{-\pi}^{\pi}\cos mx\sin nx\,\mathrm{d}x=0$

144. $\displaystyle\int_{-\pi}^{\pi}\cos mx\cos nx\,\mathrm{d}x=\begin{cases}0,& m\neq n\\\pi,& m=n\end{cases}$

145. $\displaystyle\int_{-\pi}^{\pi}\sin mx\sin nx\,\mathrm{d}x=\begin{cases}0,&m\neq n\\\pi,&m=n\end{cases}$

146. $\displaystyle\int_{0}^{\pi}\sin mx\sin nx\,\mathrm{d}x=\int_{0}^{\pi}\cos mx\cos nx\,\mathrm{d}x=\begin{cases}0,&m\neq n\\[2mm]\dfrac{\pi}{2},&m=n\end{cases}$

147. $I_{n}=\displaystyle\int_{0}^{\frac{\pi}{2}}\sin^{n}x\,\mathrm{d}x=\int_{0}^{\frac{\pi}{2}}\cos^{n}x\,\mathrm{d}x$

$I_{n}=\dfrac{n-1}{n}I_{n-2}$

$I_{n}=\dfrac{n-1}{n}\cdot\dfrac{n-3}{n-2}\cdot\cdots\cdot\dfrac{4}{5}\cdot\dfrac{2}{3}$　（n 为大于 1 的正奇数），$I_{1}=1$

$I_{n}=\dfrac{n-1}{n}\cdot\dfrac{n-3}{n-2}\cdot\cdots\cdot\dfrac{3}{4}\cdot\dfrac{1}{2}\cdot\dfrac{\pi}{2}$（$n$ 为正偶数），$I_{0}=\dfrac{\pi}{2}$

参 考 答 案

习题 1-1

1. (1) D；(2) C；(3) B.

2. (1) $\dfrac{1}{n}$；(2) $\dfrac{n}{n+1}$；(3) $2n-1$；(4) 2^{n-1}；(5) $(-0.1)^n$.

3. $4n-2$.

4. $4n+2$.

5. $a_n=2 \cdot 3^{n-1}$.

6. 第 7 项.

7. $S_{10}=\dfrac{85}{3}$.

8. $S_8=255$.

9. $a_{13}=-\dfrac{1}{256}$.

10. 小明钓了 2 条鱼，小刚钓了 4 条鱼，小强钓了 8 条鱼.

习题 1-2

1. (1) B；(2) B；(3) D；(4) A；(5) C.

2. (1) 3；(2) $\dfrac{7}{6}$.

3. (1) 4；(2) $-\dfrac{2}{5}$；(3) 1；(4) $\dfrac{1}{3}$；(5) $\dfrac{1}{4}$；(6) -4；(7) $-\dfrac{2}{3}$；(8) $\dfrac{4}{3}$.

4. $\dfrac{8}{9}$；$\dfrac{5}{33}$；$3\dfrac{427}{990}$.

习题 1-3

1. (1) C；(2) D；(3) B；(4) B；(5) A.

2. (1) 0；(2) 0；(3) -1；(4) 0；(5) 0；(6) 0；(7) 0；(8) 5.

3. 1；2；否.

4. 不存在.

5. -3.

习题 1-4

1. (1) C；(2) B；(3) B；(4) C；(5) A；(6) D.

2. (1) 2；(2) 4；(3) 不存在；(4) 0；(5) $\frac{1}{2}$；(6) 2.

3. (1) $\frac{1}{2}$；(2) 2；(3) $\frac{1}{3}$；(4) $\frac{5}{2}$；(5) $\frac{1}{2}$；(6) $\frac{1}{2}$.

4. $a=-3$, $b=-2$.

5. (1) 1；(2) 0.

习题 1-5

1. (1) D；(2) C；(3) B；(4) B；(5) A；(6) B.

2. (1) 3；(2) 0；(3) 2；(4) 2.

3. (1) e^{-1}；(2) e^6；(3) e^2；(4) e^3.

习题 1-6

1. (1) D；(2) C；(3) D；(4) A；(5) A；(6) B；(7) C.

2. (1) 无穷大；(2) 无穷小；(3) 无穷大；(4) 无穷小.

3. 等价无穷小.

4. 同阶无穷小.

5. (1) 0；(2) 3；(3) 1；(4) 2.

习题 1-7

1. (1) D；(2) B；(3) A；(4) A；(5) C.

2. 略.

3. (1) 连续；(2) $x=2$ 是第一类间断点，x＝3 是第二类间断点.

4. (1) $\frac{\sqrt{2}}{2}$；(2) 0；(3) 2；(4) 0.

5. $a=\frac{1}{2}$, $b=1$.

习题 1-8

1. (1) B；(2) D；(3) C；(4) C.

2. 略.

3. 略.

4. 略.

复习题一 (1)

1. (1) $\frac{1+\sqrt{5}}{2}$；(2) 1, 4；(3) $[-1, 5]$；(4) 1；(5) $x=0$.

2. (1) B；(2) D；(3) C；(4) C；(5) D；(6) C.

3. (1) 1；(2) $\frac{3}{10}$；(3) $\frac{1}{6}$；(4) 0.

4. $x=0$ 是分段点. $f(0^-)=-3$，$f(0^+)=1$；$f(0^-)\neq f(0^+)$，所以此函数当 $x\to 0$ 时极限不存在.

5. 在 $x=\dfrac{1}{2}$，2 处连续，在 $x=1$ 处间断，连续区间为 $[0,1]\bigcup(1,+\infty)$.

复习题一 (2)

1. (1) 0；(2) 7；(3) ∞，-4；(4) $(3,4)\bigcup(4,+\infty)$；(5) 第一类的可去；(6) $(-2,2)$.

2. (1) D；(2) D；(3) A；(4) B；(5) B；(6) A.

3. (1) 3；(2) 1；(3) $3-\sqrt{3}$；(4) $-\dfrac{2}{3}$.

4. $a=-6$，$b=8$.

5. 证略.

习题 2-1

1. (1) C；(2) C；(3) D；(4) C；(5) D；(6) A.

2. (1) $f'(x_0)$；(2) $f'(0)$；(3) 10.

3. $a=2$，$b=-1$.

4. (1) $\Delta y=0.481201$；(2) $\dfrac{\Delta y}{\Delta x}=48.1201$.

5. (1) $3x-y-2=0$；(2) 有，$(-2,-8)$.

习题 2-2

1. (1) A；(2) A；(3) D；(4) D；(5) D.

2. (1) $\dfrac{1+\sqrt{3}}{2}$；(2) 0，$\dfrac{3}{25}$，$\dfrac{12}{25}$.

3. (1) $y'=12x^{11}$；(2) $y'=-4x^{-5}$；(3) $y'=\dfrac{3}{5}x^{-\frac{2}{5}}$；(4) $15x^2+3e^x$；

(5) $y'=4\left(2x^3-x+\dfrac{1}{x}\right)^3\left(6x^2-1-\dfrac{1}{x^2}\right)$；(6) $y'=\dfrac{2x\sqrt{1-2x^2}}{(1-2x^2)^2}$；(7) $y'=2\sin\left(4x+\dfrac{2\pi}{3}\right)$；

(8) $y'=\dfrac{1+2x^2}{\sqrt{1+x^2}}$.

4. (1) $3(\ln x)^2$；(2) $-\dfrac{1}{2}e^{-\frac{x}{2}}\cos 3x-3e^{-\frac{x}{2}}\sin 3x$；(3) $-\dfrac{1}{x^2}\cos\dfrac{1}{x}$；(4) $\dfrac{2x\cos 2x-\sin 2x}{x^2}$.

5. (1) $y'=\ln x+1$；(2) $y=x-1$.

6. 1.

7. 0.08 元/年.

8. $\dfrac{25}{4}\pi$m/s.

习题 2-3

1. (1) $\dfrac{\mathrm{d}y}{\mathrm{d}x}=\dfrac{y}{y-x}$; (2) $\dfrac{\mathrm{d}y}{\mathrm{d}x}=\dfrac{ay-x^2}{y^2-ax}$; (3) $\dfrac{\mathrm{d}y}{\mathrm{d}x}=\dfrac{xy-y}{x-xy}$;

(4) $\dfrac{\mathrm{d}y}{\mathrm{d}x}=-\dfrac{\mathrm{e}^y}{2-y}$; (5) $\dfrac{\mathrm{d}y}{\mathrm{d}x}=\dfrac{y\cos(x+y)+y\sin x\ln y}{\cos x-y\cos(x+y)}$; (6) $\dfrac{\mathrm{d}y}{\mathrm{d}x}=\dfrac{y^2-xy\ln y}{x^2-xy\ln x}$;

(7) $\dfrac{\mathrm{d}y}{\mathrm{d}x}=\dfrac{-\sqrt{y}}{\sqrt{x}}$; (8) $\dfrac{\mathrm{d}y}{\mathrm{d}x}=-\dfrac{x^2}{y^2}$; (9) $\dfrac{\mathrm{d}y}{\mathrm{d}x}=-\dfrac{y^2}{xy+1}$; (10) $\dfrac{\mathrm{d}y}{\mathrm{d}x}=\dfrac{x+y}{x-y}$.

2. (1) $y'=\left(\dfrac{x}{1+x}\right)^x\left(\ln\dfrac{x}{1+x}+\dfrac{1}{1+x}\right)$;

(2) $y'=\dfrac{\sqrt{x+2}\,(3-x)^4}{(x+1)^5}\left[\dfrac{1}{2(x+2)}+\dfrac{4}{x-3}-\dfrac{5}{x-1}\right]$;

(3) $y=(\sin x)^{\tan x}\,(\sec^2 x\ln\sin x+1)$;

(4) $y=(\sin x)^x\,(\ln(\sin x)+x\cot x)++x^{\tan x}\left(\ln x\sec^2 x+\dfrac{\tan x}{x}\right)$.

习题 2-4

1. (1) $y''=2ax+b$, $y'''=2a$, $y^{(4)}=0$; (2) $y''=-\dfrac{1}{\sqrt{1+x^2}}$; (3) $y'''=-2\sin 2x$;

(4) $y''=2\mathrm{e}^x\cos x$.

2. $f''(-4)=120$; $f^{(6)}(-4)=720$; $f^{(20)}(-4)=03\,(\ln x)^2$.

3. $\dfrac{1}{x^2}[f''(\ln x)-f'(\ln x)]$.

4. $(-1)^{n-1}(n-1)!\,x^{-n}$.

5. $n!$.

6. $a^n f^{(n)}(ax+b)$.

习题 2-5

1. (1) D; (2) A; (3) B; (4) B; (5) A.

2. (1) $2x+C$; (2) $\ln(1+x)+C$; (3) $2\sqrt{x}+C$; (4) $-\dfrac{1}{2}\mathrm{e}^{-2x}+C$; (5) $-\dfrac{1}{\omega}\cos\omega x+C$;

(6) $\dfrac{1}{3}\tan 3x+C$.

3. (1) $\Delta y=0.04$, $\mathrm{d}y=0.04$; (2) $\Delta y=-0.0199$, $\mathrm{d}y=-0.198$.

4. (1) $\mathrm{d}y=\left(-\dfrac{1}{x^2}\mathrm{e}^{\frac{1}{x}}+\dfrac{3}{2}\sqrt{x}\right)\mathrm{d}x$; (2) $\mathrm{d}y=(-2x+2)\mathrm{e}^{-x^2+2x-1}\mathrm{d}x$; (3) $\mathrm{d}y=\dfrac{\mathrm{e}^x}{1+\mathrm{e}^x}$;

(4) $\mathrm{d}y=[-2^{\cos x}\,(\ln 2)\,\sin x-\mathrm{e}^{-x}]\,\mathrm{d}x$.

5. (1) 0.017; (2) 1.007; (3) 0.95.

复习题二 (1)

1. (1) $-\dfrac{\sqrt{3}}{3}$; (2) $y=4x-14$, $y=-\dfrac{x}{4}+3$; (3) $2x\Delta x+(\Delta x)^2$, $2x$; (4) $\ln x+1$;

(5) 4；(6) $\dfrac{\cos\ (x+y)}{1-\cos\ (x+y)}$.

2. (1) C；(2) A；(3) C；(4) B；(5) B；(6) B.

3. (1) 1) $y'=2\cos(2x+1)$，$dy=2\cos(2x+1)\ dx$；2) $y'=5e^{5x+2}$，$dy=5e^{5x+2}\ dx$；

3) $y'=\sin x+x\cos x$，$dy=(\sin x+x\cos x)\,dx$；4) $y'=a^x\ln a+ax^{a-1}$，$dy=(a^x\ln a+ax^{a-1})\,dx$.

(2) 1) $y'=\dfrac{\cos\ (x+y)}{1-\cos\ (x+y)}$；2) $y'=\dfrac{e^y}{1-xe^y}$.

4. $\dfrac{8}{9\pi}$.

5. 切线方程：$y=-\dfrac{\sqrt{3}}{2}\left(x-\dfrac{\pi}{3}\right)+\dfrac{1}{2}$；法线方程：$y=\dfrac{2\sqrt{3}}{3}\left(x-\dfrac{\pi}{3}\right)+\dfrac{1}{2}$.

复习题二 (2)

1. (1) $a=2$，$b=-1$；(2) $2x+5$，9；(3) $\dfrac{4}{e}$；(4) -1；(5) 1，e；(6) 160.

2. (1) C；(2) C；(3) A；(4) A；(5) C；(6) A.

3. (1) $\dfrac{4}{\sin 4x}$；(2) $\dfrac{x\cos\sqrt{x^2+1}}{\sqrt{x^2+1}}$；(3) $\dfrac{1}{x\cdot\ln x\cdot\ln\ (\ln x)}$；(4) $\dfrac{e^x}{1+e^{2x}}$.

4. 证略.

习题 3-1

1. 罗尔定理成立，$x=0$.

2. 拉格朗日中值定理成立，$\xi=\dfrac{1-\ln 2}{\ln 2}$.

3. 拉格朗日中值定理成立，$\xi=\dfrac{3}{2}$.

4. 略.

5. 略.

6. 略.

7. 略.

习题 3-2

1. (1) D；(2) A；(3) A；(4) B.

2. 略.

3. (1) $(3,+\infty)$ 内单调增加，$(-\infty,3)$ 内单调减少，极小值 $f(3)=-16$；

(2) $(-\infty,-1)$、$(3,+\infty)$ 内单调增加，$[-1,3]$ 上单调减少，极大值 $f(-1)=17$，极小值 $f(3)=-47$；

(3) $(-\infty,-2]$、$(1,+\infty)$ 内单调增加，$(-2,1)$ 内单调减少，极大值 $f(1)=3$，极小值 $f(-2)=30$；

(4) $\left(0,\dfrac{1}{2}\right)$内单调减少，$\left(\dfrac{1}{2},+\infty\right)$单调增加，极小值 $f\left(\dfrac{1}{2}\right)=\dfrac{1}{2}-\ln\dfrac{1}{2}$.

4. $a=\dfrac{1}{2}$时取得极小值，$f\dfrac{\pi}{3}=\dfrac{\sqrt{3}}{4}$.

习题 3-3

1. (1) D；(2) A；(3) A；(4) A；(5) D；(6) B.

2. (1) 最大值80，最小值-5；(2) 最大值$\dfrac{\pi}{2}$，最小值$-\dfrac{\pi}{2}$；(3) 最大值$\dfrac{5}{4}$，最小值 $\sqrt{6}-5$.

3. $x=1$.

4. $\dfrac{a}{2}$，$\dfrac{a}{2}$.

5. 长 10m，宽 5m.

6. 剪去的小正方形的边长为 1.

7. $h=\dfrac{\sqrt{S}}{\sqrt[4]{3}}$时，$b=\dfrac{2\sqrt[4]{3}}{3}\sqrt{S}$.

习题 3-4

1. (1) B；(2) D；(3) C；(4) A；(5) B.

2. (1) 拐点 $(0,0)$，在 $(-\infty,0)$ 内是凸的，在 $(0,+\infty)$ 内是凹的；

(2) 拐点 $(0,0)$，在 $(-\infty,0)$ 内是凸的，在 $(0,+\infty)$ 内是凹的；

(3) 拐点 $\left(\dfrac{5}{3},\dfrac{20}{27}\right)$，在 $\left(-\infty,\dfrac{5}{3}\right)$内是凸的，在 $\left(\dfrac{5}{3},+\infty\right)$内是凹的；

(4) 拐点 $(-1,\ln2)$、$(1,\ln2)$，在 $(-\infty,-1]$、$[1,+\infty)$ 内是凸的，在 $[-1,1]$ 内是凹的.

3. $a=1$，$b=-3$，$c=-24$，$d=16$，$y=x^{3}-3x^{2}-24x+16$.

习题 3-5

1. (1) 水平渐近线 $y=0$，$y=\pi$；

(2) 水平渐近线 $y=0$，垂直渐近线 $x=-1$、$x=1$；

(3) 水平渐近线 $y=-1$，垂直渐近线 $x=0$；

(4) 水平渐近线 $y=1$，垂直渐近线 $x=1$.

2. 略.

复习题三 (1)

1. (1) $\dfrac{1}{2}$；(2) $-\dfrac{3}{2}$，$\dfrac{9}{2}$；(3) -2，4；(4) $y=1$，$x=0$；(5) 5，1；(6) $(1,0)$.

2. (1) D；(2) C；(3) C；(4) D；(5) A；(6) C.

3. (1) 函数在 $(-\infty,+\infty)$ 上单调递增；

(2) 函数在 $(-\infty,+\infty)$ 上单调递增.

4. (1) $(-\infty, -1)$、$(1, +\infty)$ 为凸区间，$(-1, 1)$ 为凹区间；

(2) $(-\infty, 0)$、$(2, +\infty)$ 为凹区间，$(0, 2)$ 为凸区间.

5. 解　设小块的边长为 x，则方盒的底边长为 $a-2x$，方盒容积为

$$V = x(a-2x)^2, x \in \left(0, \frac{a}{2}\right),$$

$$V' = (a-2x)^2 - 4x(a-2x) = (a-2x)(a-6x).$$

令 $V'=0$，得函数有 $x \in \left(0, \frac{a}{2}\right)$ 内的唯一驻点 $x=\frac{a}{6}$，

又 $V''=24x-8a$，$v''|_{x=\frac{a}{6}}=-4a<0$，

所以 $x=\frac{a}{6}$ 是函数 $V=x(x-2a)^2$ 在 $\left(0, \frac{a}{2}\right)$ 内唯一的极大值点，故当剪去的小方块的边长

为 $\frac{a}{6}$ 时，所得方形盒子的容积最大.

复习题三（2）

1. (1) 0；　(2) $\frac{1}{\ln 2}-1$；　(3) 59，-22；　(4) $y=-6$，$x=0$；　(5) $(-\infty, -1)$、

$(1, +\infty)$，$(-1, 1)$；(6) 1.

2. (1) B；(2) D；(3) B；(4) A；(5) D；(6) A.

3. (1) 单调递减区间：$(-\infty, -2) \cup (0, 2)$；单调递增区间：$[-2, 0] \cup [2, +\infty]$；

(2) 单调递减区间：$\left(0, \frac{1}{2}\right)$；单调递增区间：$\left(\frac{1}{2}, +\infty\right)$.

4. (1) 最大值 $\frac{5}{4}$，最小值 $-5+\sqrt{6}$；(2) 最大值 5，最小值 0.

5. $2x+y=6$.

习题 4-1

1. (1) $\frac{1}{4}$；(2) $e-1$.

2. (1) 4；(2) $\frac{1}{2}\pi r^2$；(3) 0.

3. (1) $>$；(2) $<$；(3) $<$.

习题 4-2

1. (1) $-x^{-2}+C$；(2) $\frac{9}{8}x^{\frac{8}{3}}-\frac{3}{5}x^{\frac{5}{3}}+C$；(3) $\arctan x+C$；(4) $e^2 x+\frac{1}{4}\ln|x|-e^x+C$；

(5) $\tan x+C$；(6) $\frac{4}{7}x^{\frac{7}{4}}+C$；(7) $\sin x+C$；(8) $\ln\left|\frac{x}{1+x}\right|+C$.

2. $f(x)=2x^{\frac{3}{2}}+1$.

3. $s(t)=\sin t+9$.

4. (1) 0；(2) $\frac{1}{3}$；(3) $\frac{\pi}{12}$；(4) $\frac{\pi}{3}$.

习题 4-3

1. (1) $-3\cos\frac{1}{3}x+C$; (2) $-\frac{1}{2}(5-3x)^{\frac{2}{3}}+C$; (3) $\frac{1}{2}\sin(2x-3)+C$;

(4) $-\frac{1}{3}\cos x^3+C$; (5) $-\frac{1}{2}e^{-x^2}+C$; (6) $-e^{\frac{1}{x}}+C$; (7) $e^{\sin x}+C$; (8) $-\frac{1}{\sin x}+C$;

(9) $\ln(1+e^x)+C$; (10) $\ln|\ln x|+C$; (11) $\frac{1}{2}\arctan\frac{x}{2}+C$; (12) $\frac{1}{3}\arcsin\frac{3}{2}x+C$.

2. (1) $\frac{1}{2}(e^2-1)$; (2) $-\frac{455}{2}$; (3) $\frac{\pi}{12}$.

习题 4-4

1. (1) $x-2\sqrt{x}+2\ln(1+\sqrt{x})+C$; (2) $\frac{3}{2}(x+1)^{\frac{2}{3}}-3\sqrt[3]{x+1}+3\ln|1+\sqrt[3]{x+1}|+$

C; (3) $(x+1)-4\sqrt{x+1}+4\ln|\sqrt{x+1}+1|+C$.

2. (1) $\frac{38}{15}$; (2) $7+2\ln2$; (3) $\frac{2}{5}(1+\ln2)$.

习题 4-5

1. (1) $\sin x-x\cos x+C$;   (2) $(1-x)e^{-x}+C$;

  (3) $x\ln x-x+C$;   (4) $x\arccos x+\sqrt{1-x^2}+C$;

  (5) $xf'(x)-f(x)+C$.

2. (1) π; (2) $e-2$; (3) $\frac{1}{4}e^2-\frac{3}{4}$; (4) $\frac{\pi}{4}-1+\ln2$; (5) $\frac{1}{4}e^2-\frac{1}{4}$.

习题 4-6

1. 1; 2. $\frac{1}{3}$; 3. $\frac{3}{2}\ln2-\frac{1}{2}$; 4. 0.125 (J); 5. 1969.4 (kJ); 6. $\frac{g}{6}ah^2$ (kN).

习题 4-7

(1) $\frac{1}{2(2+x)}-\frac{1}{4}\ln\left|\frac{2+x}{x}\right|+C$; (2) $\frac{\sqrt{3}}{3}\ln\frac{2\tan x+1-\sqrt{3}}{2\tan x+1+\sqrt{3}}+C$;

(3) $\frac{1}{2}x\sqrt{3x^2+2}+\frac{1}{4}\ln(x+\sqrt{3x^2+2})+C$; (4) $\left(\frac{x^2}{2}-1\right)\arcsin\frac{x}{2}+\frac{x}{2}\sqrt{1-\frac{x^2}{4}}+C$;

(5) $-\frac{e^{-2x}}{13}(2\sin3x+3\cos bx)+C$; (6) $\frac{x^2\ln^4x}{4}+C$.

复习题四 (1)

1. (1) x^3dx; (2) $x+c$, dx; (3) $-e^{-x}$; (4) $\frac{3}{2}$; (5) $1-\frac{\pi}{3}$; (6) $\frac{1}{2}\ln3$.

2. (1) A; (2) D; (3) B; (4) B; (5) C; (6) B.

3. (1) $\dfrac{\sqrt{3}}{3}\arcsin x+C$; (2) $\dfrac{2}{7}x^{\frac{7}{2}}+C$; (3) $-\dfrac{1}{14}\cos 7x-\dfrac{1}{6}\cos 3x+C$; (4) $\dfrac{1}{3}x^3\ln x-$

$\dfrac{1}{9}x^3+C$.

4. (1) $\dfrac{8}{3}$; (2) $\dfrac{11}{12}$; (3) 1; (4) $\dfrac{1}{5}$.

5. $A=\displaystyle\int_0^\pi \sin x\,dx=\big[-\cos x\big]_0^\pi=2$.

复习题四 (2)

1. (1) $f(x)+C$; (2) $-\dfrac{1}{3x^3}+C$; (3) $\dfrac{1}{5}x^5+\dfrac{1}{2}x^2+C$; (4) -2; (5) $\ln(1+e^x)+C$;

(6) $-\dfrac{455}{2}$.

2. (1) C; (2) A; (3) D; (4) B; (5) B; (6) C.

3. (1) $\dfrac{(3e)^x}{\ln(3e)}+C$; (2) π; (3) $\dfrac{1}{2}x^2\ln x-\dfrac{1}{4}x^2+C$; (4) 1; (5) $x\ln x-x+C$;

(6) $2e$.

4. 18.

习题 5-1

1. (1) $\sqrt{5}$, $\sqrt{5}$, $\sqrt{2}$; (2) $-\dfrac{1}{2}$; (3) 3.

2. (1) $\overrightarrow{P_1P_2}=\{-3,\ 6,\ 2\}$; (2) $|\overrightarrow{P_1P_2}|=7$.

3. $z=7$ 或 $z=-5$.

4. $A(-2,\ 3,\ 0)$.

5. $m=0$, $n=0$.

习题 5-2

1. (1) 5, $(-5,\ 1,\ -3)$; (2) 0; (3) $2\sqrt{29}$; (4) $|\boldsymbol{a}|^2|\boldsymbol{b}|^2$.

2. (1) 4; (2) $2\sqrt{2}$; (3) $\dfrac{\pi}{3}$.

3. 7.

4. $\{-5,\ 3,\ 1\}$, $\{5,\ -3,\ -1\}$.

5. $\angle ABC=\dfrac{\pi}{4}$.

6. (1) -19; (2) $\sqrt{7}$.

7. $\dfrac{3\sqrt{10}}{2}$.

习题 5-3

1. (1) $3x+y-z=0$; (2) $x+2y+z-2=0$; (3) $4x-11y-3z-11=0$.

2. (1) $x+y+z=1$; (2) $x=1$; (3) $2x-y=0$; (4) $5x+2y+3z-9=0$.

3. $A=-\dfrac{3}{2}$, $B=4$.

习题 5-4

1. (1) $\dfrac{x-1}{2}=\dfrac{y-1}{1}=\dfrac{z-1}{2}$; (2) $\begin{cases}\dfrac{x-1}{3}=\dfrac{y-2}{-1}\\ z+3=0\end{cases}$; (3) $\dfrac{x-1}{2}=-\dfrac{y-2}{2}=\dfrac{z-3}{1}$.

2. $\begin{cases}x=2\\ y+2z+7=0\end{cases}$.

3. $Q=0$.

4. $d=1$.

5. $\dfrac{x}{1}=\dfrac{y-7}{-3}=\dfrac{z-8}{-5}$.

复习题五 (1)

1. (1) $\sqrt{2}$, $\sqrt{5}$, $\sqrt{5}$; (2) $2x-y-z=0$; (3) $\dfrac{x-4}{1}=\dfrac{y+1}{2}=\dfrac{z}{1}$; (4) $\left(0,\ 0,\ \dfrac{1}{4}\right)$, $\dfrac{1}{4}$; (5) $\left(\dfrac{\sqrt{6}}{6},\ -\dfrac{\sqrt{6}}{6},\ \dfrac{\sqrt{6}}{3}\right)$; (6) 平行.

2. (1) D; (2) C; (3) A; (4) D; (5) A; (6) A.

3. (1) ①$-5\boldsymbol{i}-\boldsymbol{j}+3\boldsymbol{k}$; ②21; ③10; (2) $(0,\ 2,\ 0)$; (3) $\dfrac{\pi}{3}$.

4. $x-2y-z+1=0$.

5. (1) $3x-y+2z=4$; (2) $x+5y+3z=14$; (3) $\dfrac{x}{2}+\dfrac{y}{-3}+\dfrac{z}{-1}=1$.

复习题五 (2)

1. (1) 7, $-\dfrac{2}{7}$, $\dfrac{6}{7}$, $-\dfrac{3}{7}$; (2) -1; (3) $(-1,\ -6,\ -2)$; (4) $|\boldsymbol{a}|^2\,|\boldsymbol{b}|^2$; (5) $(1,\ -1,\ 0)$, $\sqrt{3}$; (6) $2x^2+2y^2+z=1$.

2. (1) C; (2) D; (3) D; (4) B.

3. $4x-5y-z=0$.

4. $x+3y=0$.

5. $\arccos\dfrac{2}{15}$.

6. $\begin{cases}x^2+y^2=2\\ z=0\end{cases}$.

习题 6-1

1. (1) 是; (2) 是; (3) 是.

2. (1) 一阶；(2) 二阶；(3) 三阶；(4) 一阶；(5) 一阶；(6) 三阶.

3. (1) $y=-\cos x+2$；(2) $y=x^3+2x$.

4. 略.

习题 6-2

1. (1) $y=Ce^{x^3}$；(2) $y=\ln|x^2+C|$；(3) $y=-\dfrac{3}{x^3+3C}$；(4) $y=Ce^{\arcsin x}$；

(5) $y=Ce^{-\frac{1}{2}x^2}$；(6) $(1-y)(1+x)=C$.

2. (1) $y=\dfrac{1}{2}(\arctan x)^2$；(2) $y=e^{\frac{1}{3}x^3+\frac{1}{2}x^2+x+1}$；(3) $y=\ln(e^x+e-1)$；

习题 6-3

1. (1) 变量可分离方程；(2) 齐次方程；(3) 一阶线性方程；(4) 齐次方程；(5) 一阶线性方程；(6) 变量可分离方程.

2. (1) $y=\dfrac{1}{2}x^2+C$；(2) $y=(-\arctan x+C)x$；(3) $y=Ce^{2x}-e^x$；(4) $y=x^2(C+$

$\sin x)$；(5) $y=(x+1)^2(C+x)$；(6) $y=\dfrac{C}{x}+\dfrac{x}{2}$.

3. (1) $y=x+\sqrt{1-x^2}$；(2) $y=\dfrac{\sin x+\pi}{x}$；(3) $y=\dfrac{1}{2x^2}-\dfrac{1}{x}+\dfrac{1}{2}$；(4) $y=-e^x$.

习题 6-4

1. (1) $y=\dfrac{1}{4}(e^{2x}+\sin 2x)+C_1x+C_2$；

(2) $y=\dfrac{1}{840}x^7+\dfrac{1}{72}x^6-\dfrac{1}{40}x^5+\dfrac{1}{6}C_1x^3+\dfrac{C_2}{2}x^2+C_3x+C_4$.

2. (1) 线性无关；(2) 线性相关；(3) 线性相关；(4) 线性无关；(5) 线性无关.

3. 略.

4. (1) $y=C_1e^{-2x}+C_2e^x$；　　　　(2) $y=C_1+C_2e^{4x}$；

(3) $y=e^x\left(C_1\cos\dfrac{x}{2}+C_2\sin\dfrac{x}{2}\right)$；(4) $y=C_1\cos x+C_2\sin^x$；

(5) $y=(C_1+C_2x)e^x$；　　　　　　(6) $y=C_1e^{-x}+C_2xe^{-x}$.

5. (1) $y=4e^x+2e^{3x}$；(2) $y=e^{-3x}+3e^x$；

(3) $y=(2+x)e^{-\frac{1}{2}x}$；(4) $y=5e^x-5e^{2x}$.

习题 6-5

1. $y^2=2x^2-1$.

2. $T(t)=(T_0-T_1)e^{-Kt}+T_1$.

3. 158s.

4. 运动规律为：$x=\dfrac{1}{5}(4e^t+e^{-4t})$.

复习题六 (1)

1. (1) $y=e^{Cx}$；(2) 齐次方程、非齐次方程；(3) 二；(4) 可分离变量的；(5) 2；(6) $y=\dfrac{1}{4}(e^{2x}+\sin 2x)+C_1x+C_2$.

2. (1) D；(2) A；(3) D；(4) A；(5) D；(6) C.

3. (1) $y=\dfrac{1}{\cos x-2}$；

(2) 1) $y=\dfrac{1}{5}x^3+\dfrac{1}{2}x^2+C$；2) $y=\sin(\arcsin x+C)$；3) $y=-\lg(C-10^x)$；4) $y^4(4-x)=Cx$；5) $y=Ce^{-2x}+\dfrac{1}{2}$；6) $y=-\dfrac{x^2}{2}-x+C_1e^x+C_2$.

4. $y=x^3+1$.

复习题六 (2)

1. (1) D；(2) C；(3) A；(4) B；(5) C；(6) B.

2. (1) 一阶，二阶；(2) $y=xe^{1-x}$；(3) $y=C_1+C_2e^{-7x}+C_3e^{5x}$；(4) $y=e^{-x}(C_1\cos\sqrt{2}x+C_2\sin\sqrt{2}x)$；(5) $y=e^x(C_1\cos 2x+C_2\sin 2x)+\dfrac{1}{5}$.

3. (1) 1) $y=e^{Cx}$；2) $y=\dfrac{1}{5}x^3+\dfrac{1}{2}x^2+C$. (2) 1) $y=\ln\left(\dfrac{1}{2}e^{2x}+\dfrac{1}{2}\right)$；2) $y=e^{\tan\frac{x}{2}}$.

4. $y=\dfrac{1}{3}\sin x-\dfrac{1}{6}\sin 2x+\cos 2x$.

参 考 文 献

[1]　侯风波. 高等数学 ［M］. 北京：高等教育出版社，2001.

[2]　李心灿. 高等数学 ［M］. 2 版. 北京：高等教育出版社，2005.

[3]　孙晓晔. 高等数学学习指导 ［M］. 北京：高等教育出版社，2005.

[4]　何春江. 高等数学 ［M］. 北京：中国水利水电出版社，2006.

[5]　陆庆乐. 高等数学 ［M］. 西安：西安交通大学出版社，2000.